模具CAD/CAM

主 审 祝诗平

主 编 赵 勇

副主编 陈 义 李东明

参 编 刘钰莹 黄福林 张波涛 肖世明

周 松 樊 敏 鲁红梅 周 露

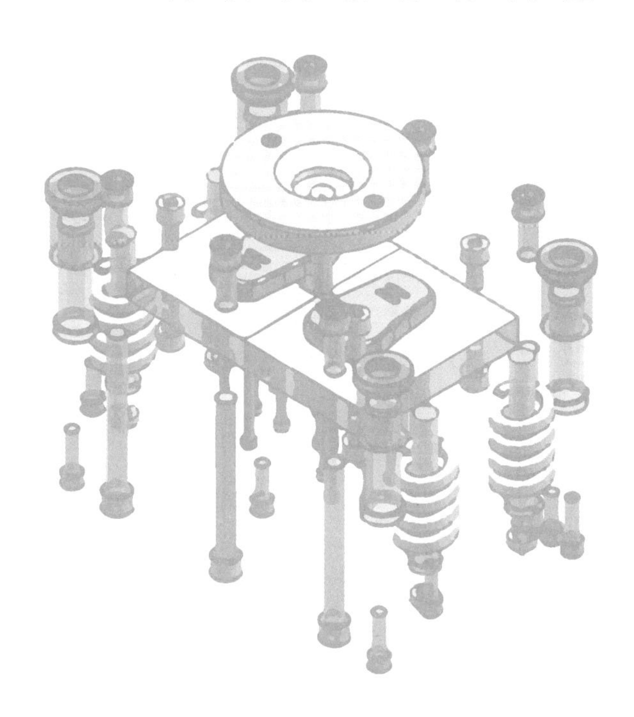

西南大学出版社

SWUP 国家一级出版社 全国百佳图书出版单位

图书在版编目(CIP)数据

模具CAD/CAM / 赵勇主编. — 2版. — 重庆：西南大学出版社，2022.12
ISBN 978-7-5621-8025-8

Ⅰ. ①模… Ⅱ. ①赵… Ⅲ. ①模具－计算机辅助设计 ②模具－计算机辅助制造 Ⅳ. ①TG76-39

中国版本图书馆CIP数据核字(2022)第239165号

模具CAD/CAM

主　编：赵勇

策　　划：刘春卉　杨景罡
责任编辑：路兰香　曾　文
责任校对：周明琼
封面设计：畅想设计
出版发行：西南大学出版社(原西南师范大学出版社)
地址：重庆市北碚区天生路2号
邮编：400715
电话：023-68868624
经　　销：全国新华书店
印　　刷：重庆天旭印务有限责任公司
幅面尺寸：185mm × 260mm
印　　张：16.25
字　　数：416千字
版　　次：2024年7月　第2版
印　　次：2024年7月　第1次
书　　号：ISBN 978-7-5621-8025-8

定　　价：49.00元

尊敬的读者，感谢你使用西大版教材！如对本书有任何建议或要求，请发送邮件至xszjfs@126.com。

编委会

前言

PREFACE

本书以《国家中长期教育改革和发展规划纲要(2010—2020年)》《中国制造2025》为指导，围绕智能制造产业高素质技术技能人才培养目标，参考教育部最新颁布的中等职业学校模具制造技术专业《模具CAD/CAM》教学大纲、“模具设计师”国家职业技能鉴定标准以及历年全国职业院校技能大赛现代模具制造技术竞赛项目竞赛资料，借鉴德国“双元制”职业教育模式编写而成。

教材是实现教学目标、呈现教学内容的一种教学媒介，高质量的教育内容需要以高质量的呈现方式来展示。党的二十大报告提出，“深化教育领域综合改革，加强教材建设和管理”。为打造高质量教材，编者结合我国智能制造产业最新发展，认真梳理读者反馈意见，联合深度合作行业领域专家、企业资深工程师和兄弟院校骨干教师，对全书进行了修订。

本书在UG NX 8.5软件平台上，以模具企业产品工程设计为背景，以产品生产为项目，以工作任务为引导，以典型案例学习和项目操作应用为主体，全面介绍软件中CAD部分的二维绘图、三维实体造型、部件装配、曲面建模和工程图；CAM部分的平面铣削、型腔铣削、钻削、固定轮廓铣削等功能。

本书采用“项目引领、任务驱动”的项目式体例模式，以行业主流软件为平台，还原典型模具产品设计与制造过程，聚焦三维实体建模、塑料模具设计和数控编程加工三大核心技能，浸润团结互助精神、创新精神、工匠精神三大核心素养，让读者在实践中学习、思考、理解，最终熟练运用，进而实现教学做一体化。项目以“项目描述”“知识目标”“技能目标”和“情感目标”的框架来列出该项目要掌握的核心素养，任务以“任务目标”“任务分析”“任务实施”“任务评价”“练一练”的格式引导读者在实例操作过程中轻松掌握和领悟相关技能和技巧。

本书共十个项目，赵勇任主编，西南大学祝诗平教授任主审，参与人员及分工是：鲁红梅编写项目一 花瓶建模，黄福林编写项目二 开瓶器的绘制，李东明编写项目三 典型零件实体建模，刘钰莹编写项目四 支承架装配，周露编写项目五 阀塞工程图，周松编写项目六 曲面建模，陈义编写项目七 灯架盒塑料模具设计，樊敏编写项目八 冲压模主要零件的平面加工，肖世明编写项目九 塑料模主要零件固定轮廓加工，张波涛编写项目十 花盖塑料模具设计与制造。全书由赵勇统稿。

本书是中等职业学校模具制造技术专业教学用书，也可作为机械设计制造类其他专业CAD/CAM教材以及高等职业院校模具设计与制造专业参考教材，还可作为社会UG初中级培训教材。建议教学课时为90~120课时，分两学期开设，可在学完制造加工、塑料模具、冲压模具等课程后学习本书的CAM和MOLD部分。

本书编写及修订过程中，得到了重庆模具工业协会、重庆平伟模具有限公司、重庆宝利根精密模具有限公司、重庆工业职业技术学院等行业、企业、学校在素材和技术上的大力支持，在此深表感谢。但限于作者水平，加之时间仓促，书中难免有缺陷和不足，恳请广大读者批评指正，以利于我们今后改进。如有任何疑问或建议可发送至邮箱：CQZHAOYONG@163.COM，我们将及时反馈。

本书配套数字教学资源包，含工作手册、电子教案、课件、微课、操作视频等，所有练习和涉及的PRT文件可与出版社联系获取，可拷贝到电脑中使用。

编者

目录
CONTENTS

项目一 花瓶建模

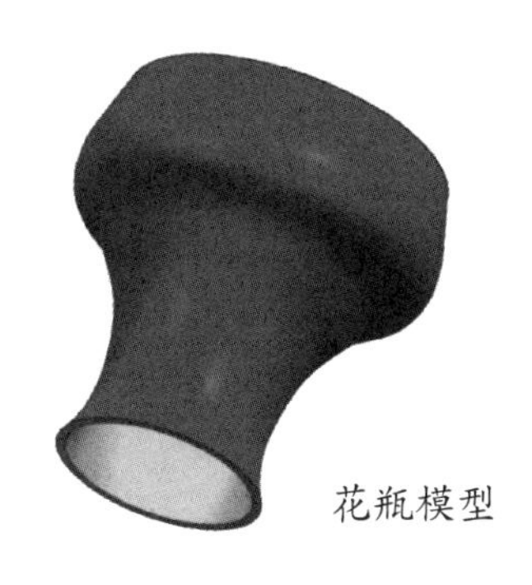
花瓶模型

花瓶是生活中最常见的日用品，如右图所示，其外形简单，由光滑的曲线绕轴而旋转构成。通过介绍花瓶建模的绘制过程，学生能初步掌握草图绘制、旋转建模、模型色彩渲染功能的使用，从而激发对三维绘图的兴趣和爱好。

本项目以花瓶绘制为例，让学生建立模型、建模等基本概念，熏陶学生的审美情趣，提升学生信息素养；通过教师的操作演示，让学生初步认识UG软件，规范绘制过程中文件的建立和保存等基本操作流程，规范绘图、旋转、渲染等工具的操作步骤；通过学生的实际练习，引导学生实现“做中学”，培养学生自主探究的学习习惯，从而激发学生的创新意识。

目标类型	目标要求
知识目标	(1)掌握UG软件的新建、打开等常用功能 (2)学会使用草图的建立、旋转等功能 (3)学会图形的色彩渲染 (4)学会工具条的定制
技能目标	(1)能应用UG软件常用功能 (2)掌握建立草图的方法和常用命令使用 (3)能对模型进行渲染 (4)能调用工具条和设置常用参数
情感目标	(1)能激发对本课程的兴趣 (2)能树立学习新知识的信心 (3)能有坚持继续学习的意志 (4)会与他人沟通，共同完成绘图

任务一　花瓶模型绘制

任务目标

掌握UG软件的新建、打开和基本的绘图能力，通过花瓶的绘制，掌握草图的建立方法和常用命令的使用，能通过旋转功能建立三维模型。

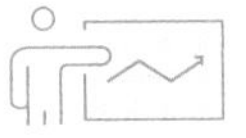

任务分析

本任务工作流程如下：

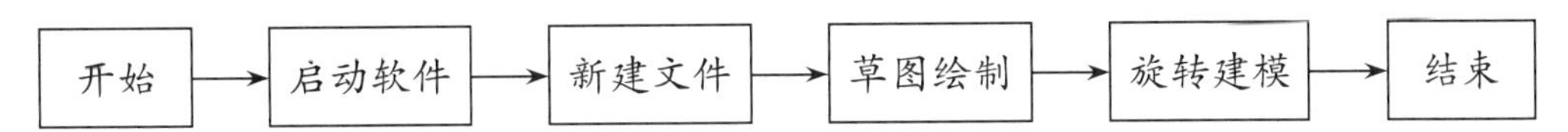

任务实施

一、任务准备

在计算机上安装UG NX 8.5软件，建议用WIN7系统。

二、操作步骤

1. 新建绘图文件，进入绘图环境

（1）双击桌面图标，或者单击“开始”/“所有程序”/“siemens NX 8.5”/图标 NX 8.5，运行UG NX 8.5软件，其界面如图1-1-1所示。

（2）点击“新建”按钮，弹出如图1-1-2所示对话框，修改文件名称和存储路径。

（3）按“确定”进入如图1-1-3所示画图界面。

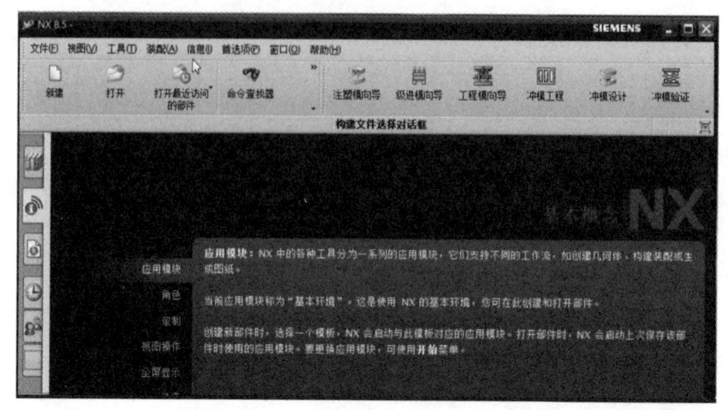

图 1-1-1

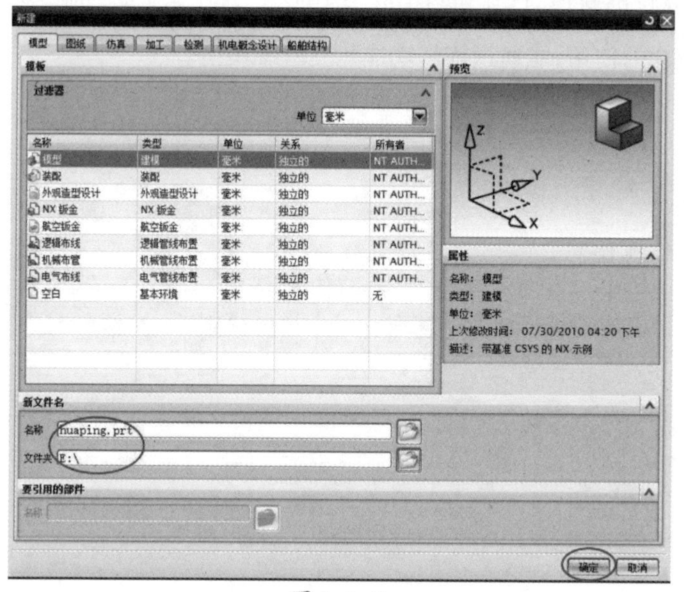

图 1-1-2

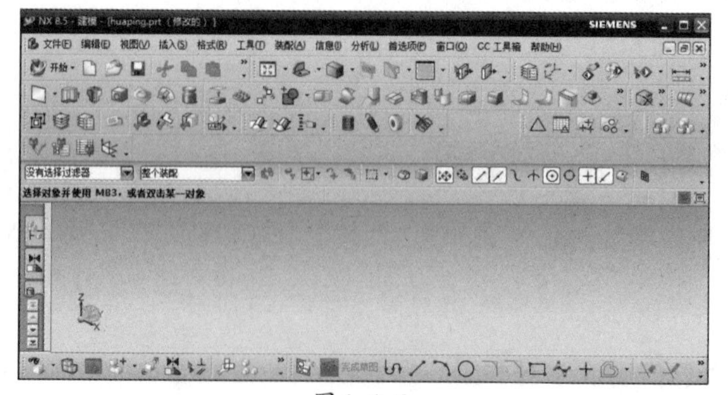

图 1-1-3

2. 绘制花瓶轮廓形状

(1)进入“创建草图”对话框，如图1-1-4所示。

(2)点击“指定平面”的下三角处，选择如图1-1-5所示坐标。

(3)创建XY平面[①]为绘图平面，如图1-1-6所示。

(4)在工具条上点击“样条曲线 ”按钮，进入“艺术样条”对话框，如图1-1-7所示。

(5)在绘图区域绘制如图1-1-8所示曲线形状，尺寸不做要求。点击 完成草图 退出草图界面。

图1-1-4

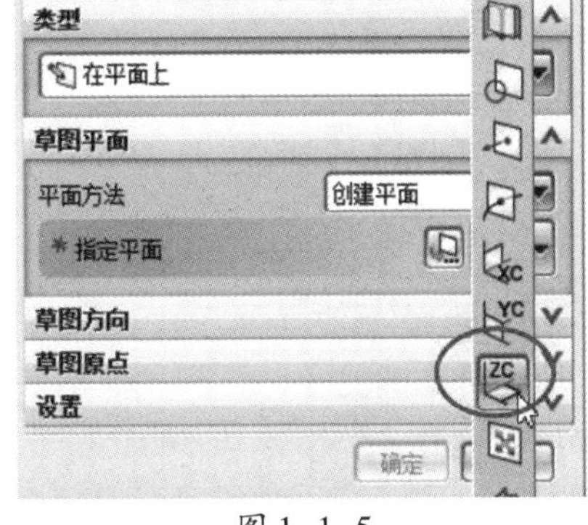

图1-1-5

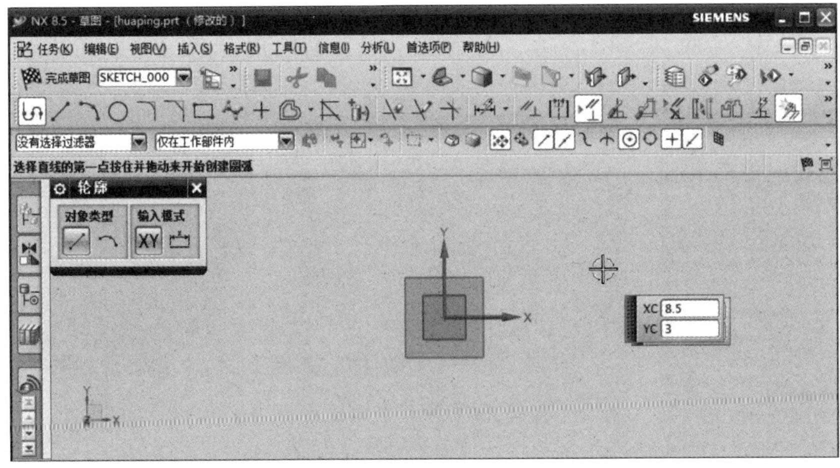

图1-1-6

①由于本书是软件操作指导性教材，侧重图与说明文字的对应，故书中涉及的平面、坐标系字母均用正体表示，以免混淆，特此说明。

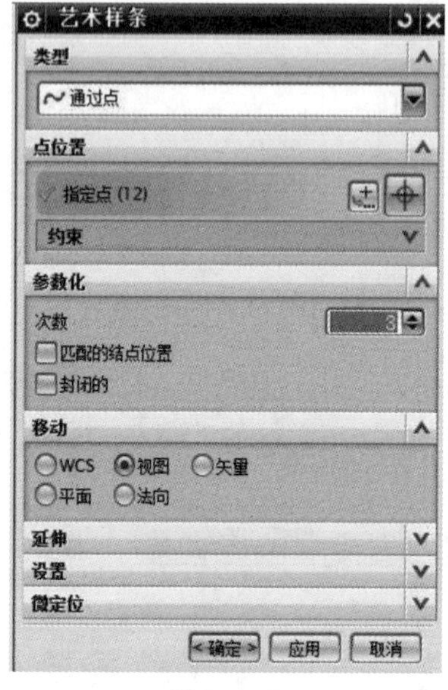

图 1-1-7

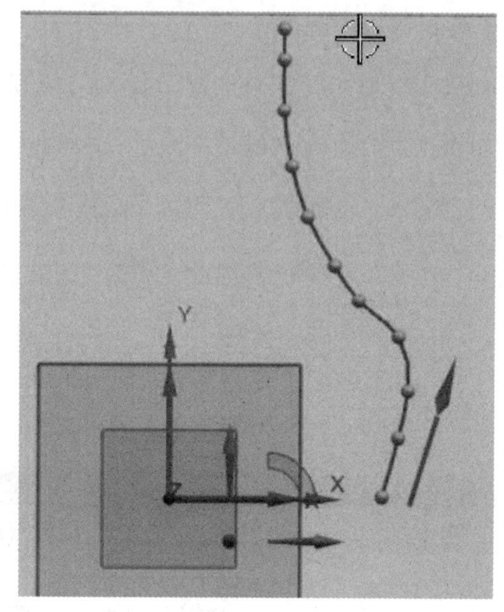

图 1-1-8

3. 绘制花瓶立体图

(1)点击“旋转 ”按钮，弹出如图 1-1-9 所示对话框，在“截面”的“选择曲线”处点击已经绘制的曲线，在“轴”的“指定矢量”处选 Y 方向。

(2)“指定点”选择如图 1-1-10 所示。

(3)按“确定”按钮，得到如图 1-1-11 所示立体花瓶形状。

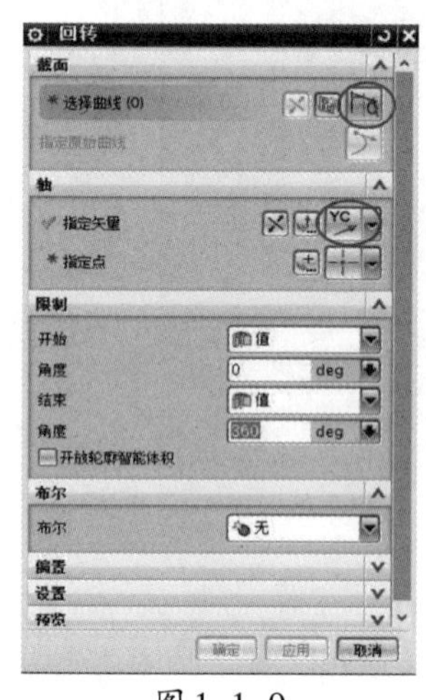

图 1-1-9

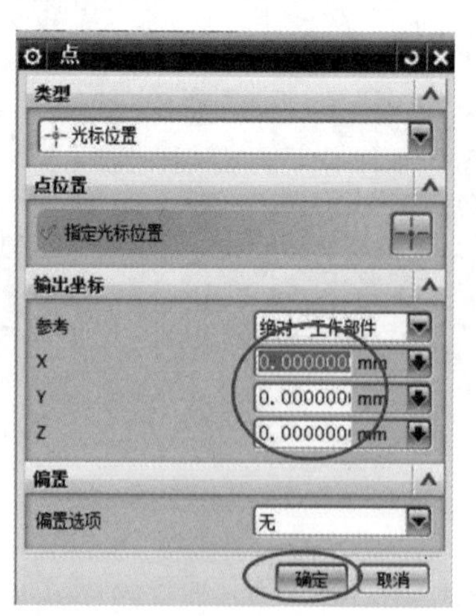

图 1-1-10

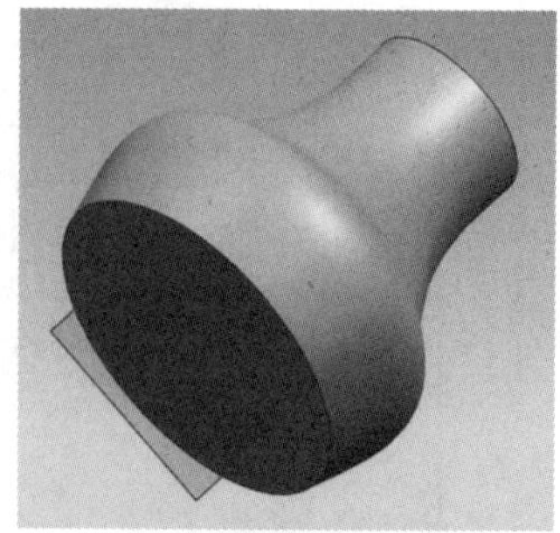

图 1-1-11

4. 隐藏草图平面

（1）将光标放在草图基准平面上，长按鼠标右键，并将光标移到如图 1-1-12 所示的隐藏按钮。

（2）松开鼠标右键，得到如图 1-1-13 所示立体图。

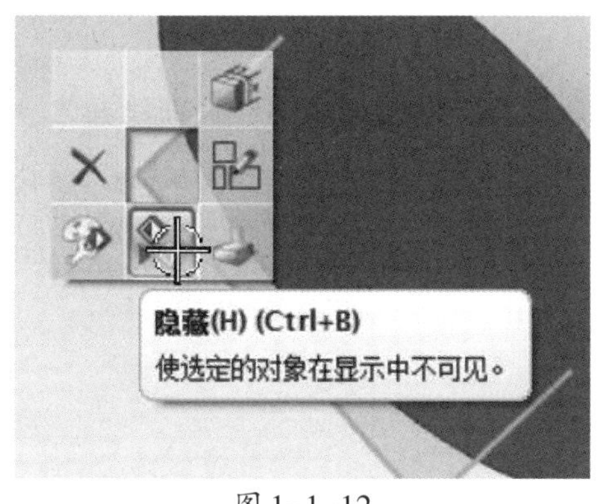

图 1-1-12

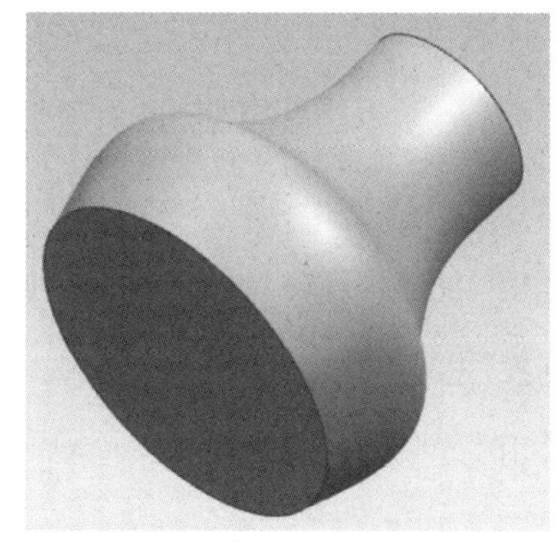

图 1-1-13

5. 对花瓶空心抽壳

（1）点击“抽壳 ”按钮，弹出如图 1-1-14 所示对话框，在“厚度”处输入“0.1”（根据前面所画图形大小可以自定）。

（2）点击如图 1-1-15 所示花瓶的开口平面。

（3）点击“确定”，得到如图 1-1-16 所示空心花瓶。

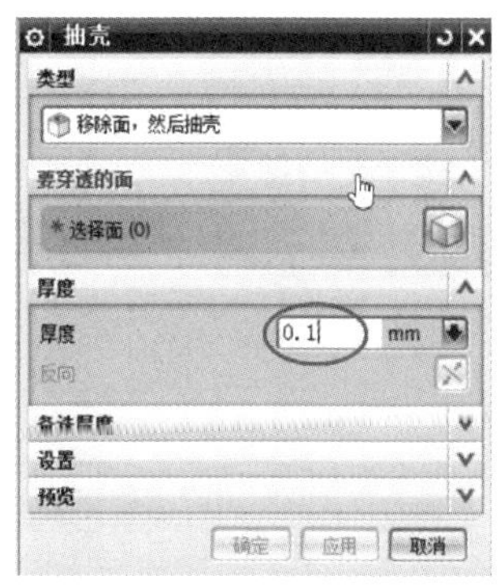

图 1-1-14

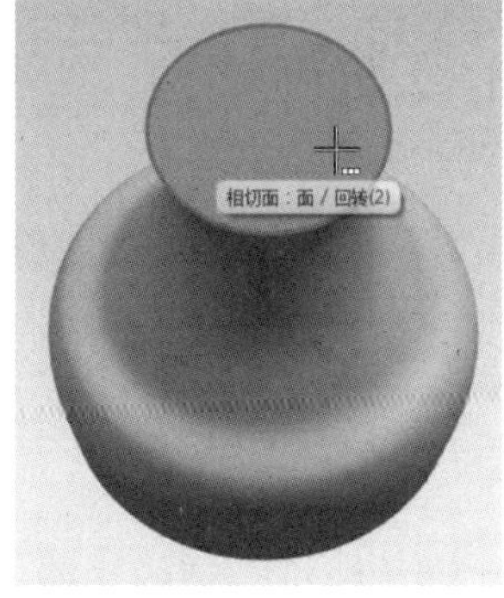

图 1-1-15

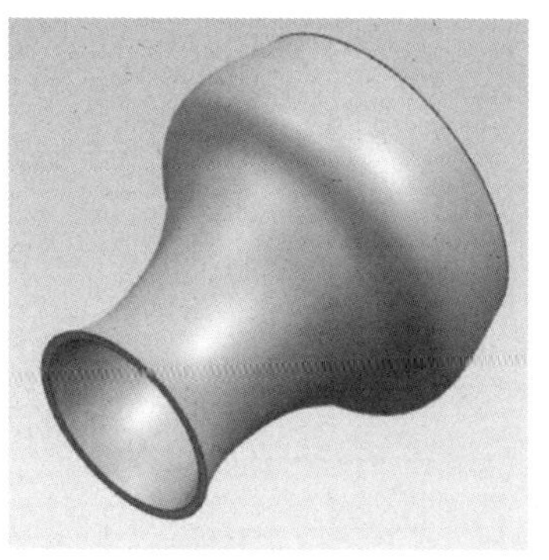

图 1-1-16

相关知识

什么是模型？怎么进行建模？用哪些软件可以建模？

模型：是指通过主观意识借助实体或虚拟表现构成客观阐述形态结构的一种表达目的的物件。模型构成形式分为实体模型和虚拟模型。模型展示形式分为平面展示和立体展示。

建模：全称为建立模型，是为了理解事物而对事物做出的一种抽象表达，是对事物的一种无歧义的书面描述。凡是用模型描述系统的因果关系或相互关系的过程都属于建模。我们可以根据事物的机理、系统本身运动规律等，通过分析、系统实验、统计数据处理等实现建模。

常用的建模软件有：3DMax、CAD、UG等。

一、UG NX 8.5用户界面简介

如图1-1-17所示，UG NX 8.5用户界面主要分为绘图区、菜单栏、工具栏和导航器等。

图1-1-17

二、鼠标的使用方法

如图1-1-18所示，鼠标分为三个键，每个键的功能见表1-1-1。

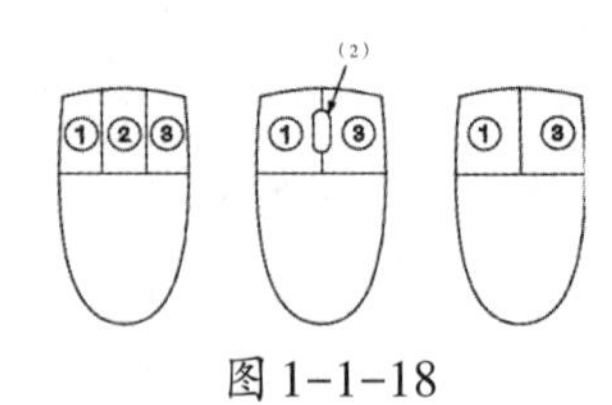

图1-1-18

表 1-1-1

鼠标键	动作的效果
鼠标左键①	选择或拖拽对象
鼠标中键②	(1)当在一操作中点击时,表示OK或确认 (2)当在图形窗口中时按下和保持,旋转视图 (3)按下Shift和鼠标中键,平移视图 (4)按下Ctrl和鼠标中键,缩放视图
鼠标右键③	(1)显示各种功能的捷径菜单 (2)显示对当前选择的对象的动作信息
滚动鼠标轮(2)	(1)在图形窗口中缩放视图 (2)在列表框中、菜单中和信息窗口中上下滚动

三、常用快捷键

在绘图过程中,为了提高绘图速度,可以使用快捷键,见表 1-1-2。

表 1-1-2

Ctrl + C	复制	Ctrl + J	编辑对象显示	Ctrl + B	隐藏
Ctrl + V	粘贴	Ctrl + T	移动对象	Ctrl + Shift + K	指定显示
Ctrl + X	剪切	Ctrl + A	全部选择	Ctrl + Shift + U	全部显示
Ctrl + Z	撤销操作	Esc	取消选择在图形窗口中的所有已选对象或退出某种工作状态	Ctrl + Shift + B	反转显示和隐藏
Ctrl + Y	重做	Ctrl + F	图形适合窗口显示器	Ctrl + D	删除
Home	改变当前视图到正三轴视图		End	改变当前视图到正等轴测图	
F8	改变当前视图到一个选择的平表面或基准平面或与当前视图方位最接近的平面视图(俯视、前视、右视、后视、仰视、左视)				

任务评价

花瓶模型的绘制评价表,见表1-1-3。

表1-1-3

评价内容	评价标准	分值	学生自评	教师评估
软件启动	新建文件	10分		
草图绘制	曲线绘制完成	30分		
三维图建立	旋转功能使用	20分		
抽壳处理	抽壳功能使用	20分		
工具条定制	工具使用	10分		
情感评价	能主动积极绘图	7分		
	能与他人讨论图形创新	3分		
学习体会				

运用草图中的任意绘图功能制作旋转类实物,尺寸自定。

任务二　花瓶的渲染

任务目标

本任务是在上一任务的基础上，对产品外形进行颜色渲染，应掌握图形的显示方法、颜色调整和参数设置。

任务分析

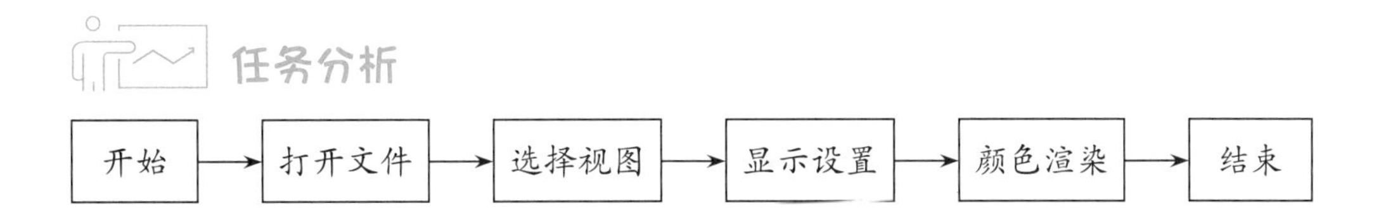

任务实施

一、任务准备

用UG NX 8.5打开上一任务制作的花瓶。

二、操作步骤

1. 对花瓶渲染颜色

（1）选择主菜单 编辑(E) 下的 对象显示(J)... Ctrl+J 栏，系统弹出如图1-2-1所示“类选择”对话框。

（2）点击花瓶外形，按“确定”按钮后得到如图1-2-2所示“编辑对象显示”对话框。

（3）点击“颜色”项，弹出如图1-2-3所示的颜色选择对话框，选择蓝色。

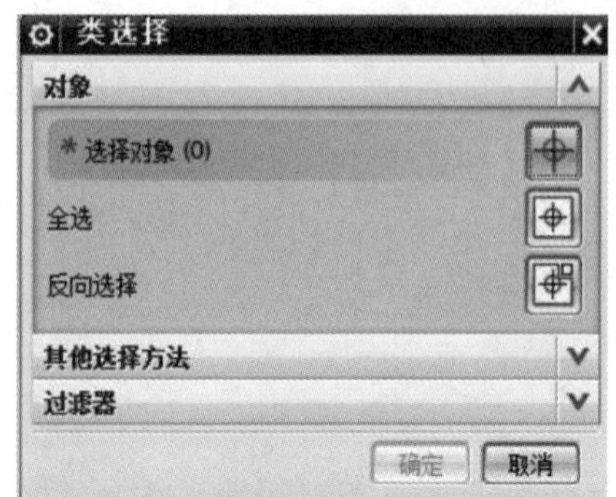

图1-2-1

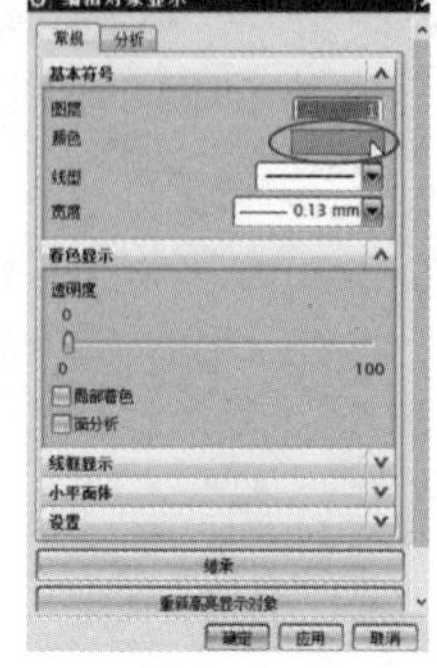

图1-2-2

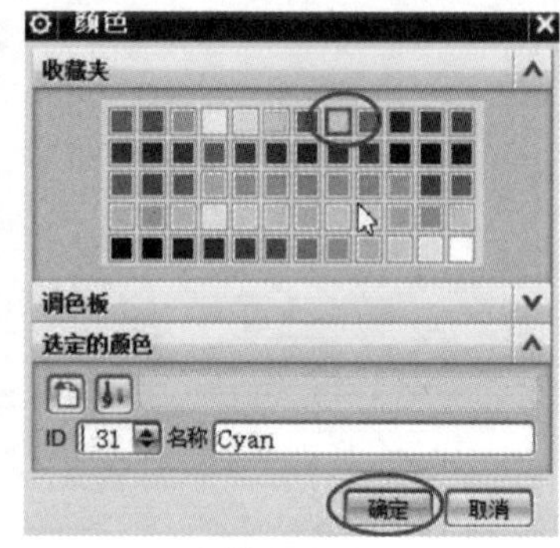

图1-2-3

(4)按“确定”按钮后返回“编辑对象显示”对话框,如图1-2-4所示。

(5)再按“确定”按钮得到如图1-2-5所示渲染图形。

(6)重复前面的(1)步骤,在“过滤器”工具栏中选择“面”,如图1-2-6所示。

(7)点击花瓶外表面,在“编辑对象显示”的“颜色”项中,选择红色,如图1-2-7所示。

(8)按“确定”按钮,得到如图1-2-8所示的渲染图形。

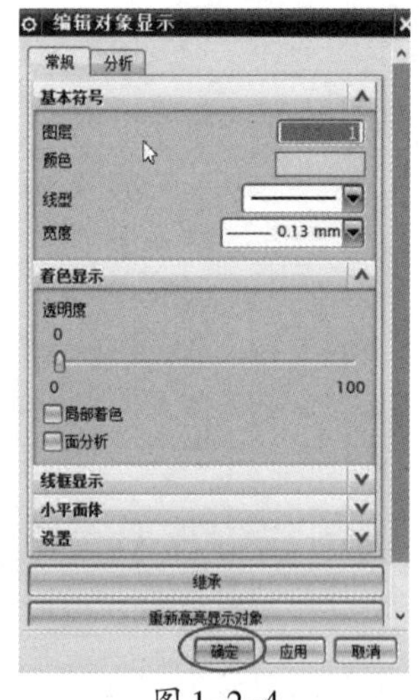

图1-2-4

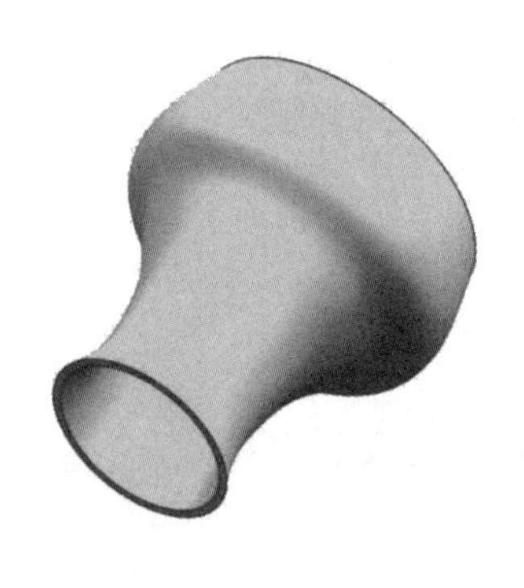

图1-2-5

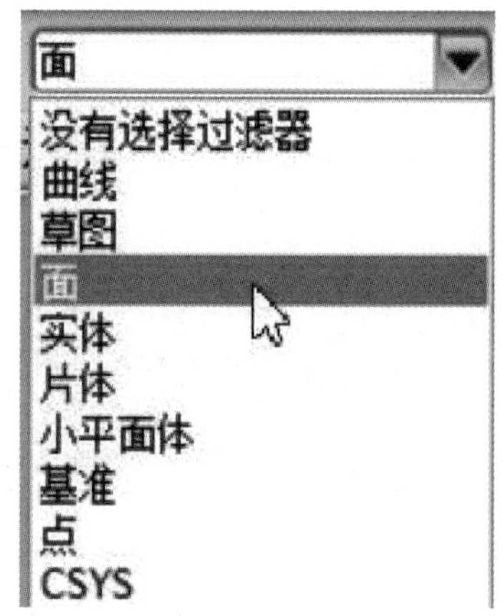

图1-2-6

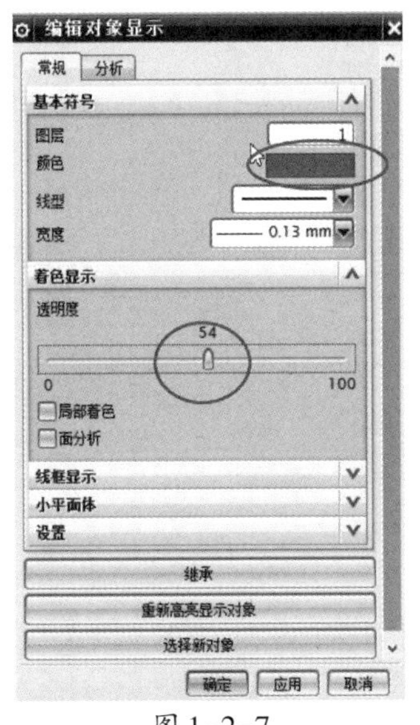

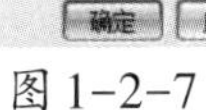
图 1-2-7

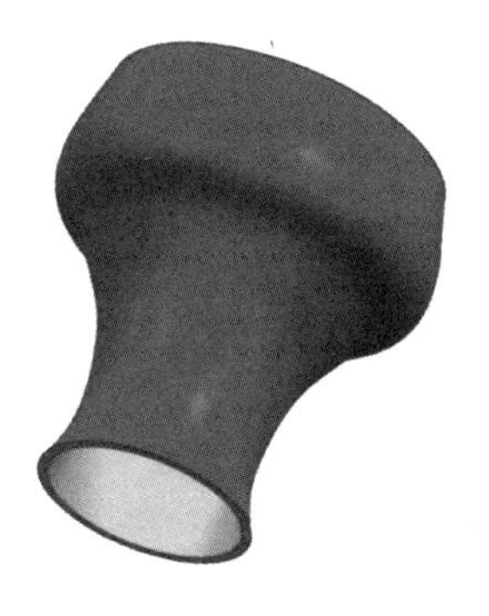
图 1-2-8

相关知识

一、用户界面的定制

（1）建模环境下选择下拉菜单 工具(T) 下的 定制(Z)... 命令。

（2）工具条设置，如图 1-2-9 所示。

（3）命令设置，如图 1-2-10 所示。

（4）选项设置。

对菜单的显示、工具条图标大小、菜单图标大小以及快捷工具条图标大小进行设置，如图 1-2-11 所示。

（5）布局设置。

可以保存和恢复菜单、工具条的布局，还可以设置“提示/状态”的位置以及窗口融合优先级，如图 1-2-12 所示。

（6）角色设置。

可以加载和创建角色（角色就是满足用户需求的工作界面），体现在下拉菜单中工具图标的多少，如图 1-2-13 所示。

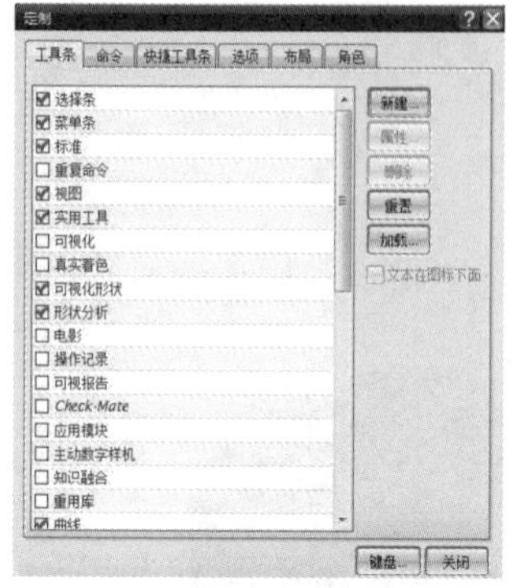

图 1-2-9

图 1-2-10

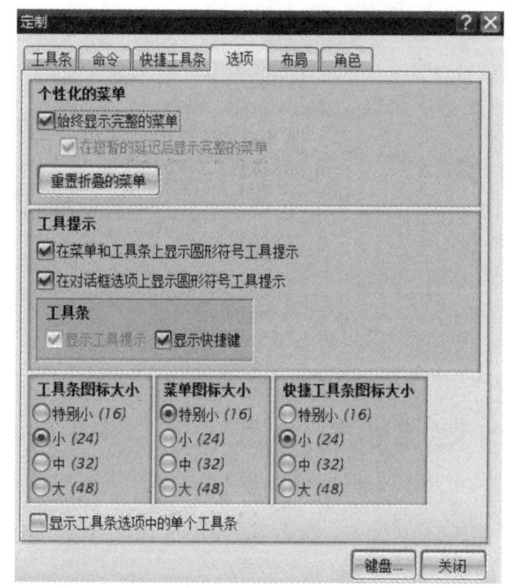

图 1-2-11

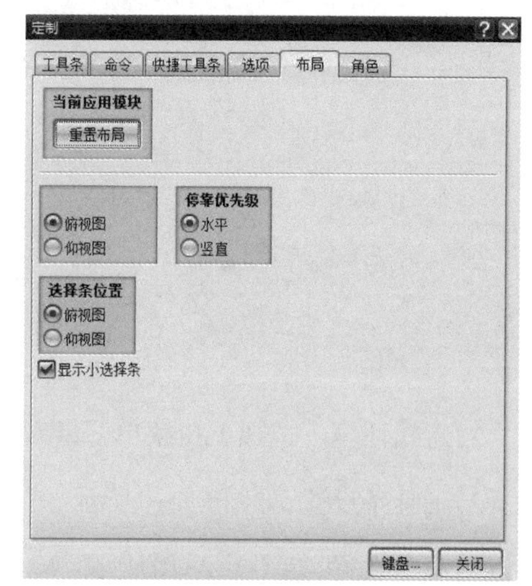

图 1-2-12

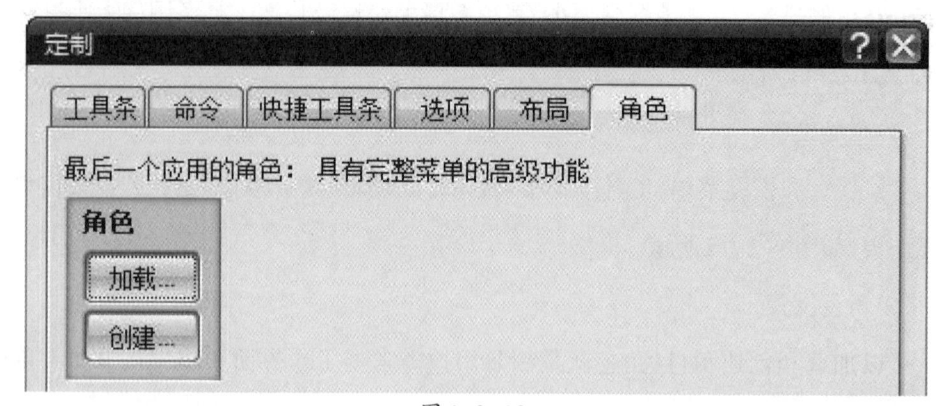

图 1-2-13

二、UG NX 8.5软件的参数设置

选择主菜单中的 选择(E)... 下的 首选项(P) ,如图1-2-14所示。

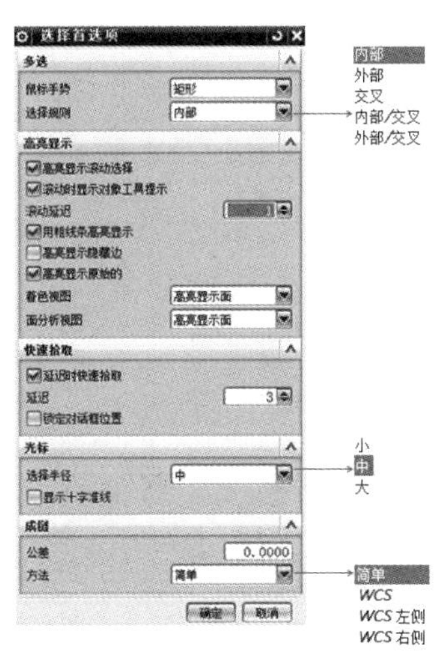

图 1-2-14

花瓶的图形渲染评价表,见表1-2-1。

表 1-2-1

评价内容	评价标准	分值	学生自评	教师评估
文件打开	正确打开文件	20分		
视图观察	旋转观察视图状态	20分		
视图选择	选择实体、表面	20分		
颜色渲染	颜色调配	30分		
情感评价	能鉴赏他人的作品	5分		
	会欣赏图形美感	5分		
学习体会				

打开任意一实体图形进行颜色渲染,并与他人交流心得体会。

项目二 开瓶器的绘制

中国的酒文化历史悠久，招待贵客、走亲访友等，都离不开酒，把酒言欢时，需要有一个工具(开瓶器)开启酒瓶，让酒的浓香散发。开瓶器的结构多种多样，开瓶器的材质丰富多样，开瓶器的颜色鲜艳夺目。

本项目以啤酒的开瓶器为实例，如右图所示，外形像人体轮廓构，由多条直线和规则圆弧构成，通过分析开瓶器的结构，培养学生解决问题的能力。通过绘制草图，让学生学会草图环境中常用的曲线命令、编辑命令、拉伸命令等，实现三维建模；让学生在实践中自主探究，在探究中创新发展，培养自主探究意识，养成规范操作习惯，提升信息素养和审美情趣，进而激发学习热情和创作激情。

开瓶器模型

目标类型	目标要求
知识目标	(1)掌握在草图环境中常用绘图命令的使用 (2)掌握编辑草图命令的使用 (3)掌握位置约束功能的运用 (4)掌握尺寸约束功能的运用
技能目标	(1)掌握草图常用命令的绘图方法 (2)能编辑修改草图 (3)能熟练运用位置约束功能 (4)能灵活运用尺寸约束功能
情感目标	(1)有循序渐进地绘图意识 (2)会对产品形状产生兴趣 (3)能与他人相互学习 (4)找到学会后的自豪感

任务一　开瓶器草图的绘制

任务目标

掌握草图环境中常用绘图命令的使用，学会直线、圆、圆弧、倒圆的运用方法，能正确运用位置约束和尺寸约束功能，达到准确绘图的目的。

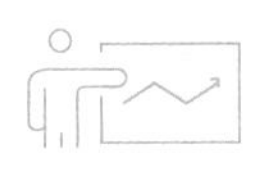

任务分析

如图2-1-1所示，开瓶器草图由简单的直线和圆弧组成。

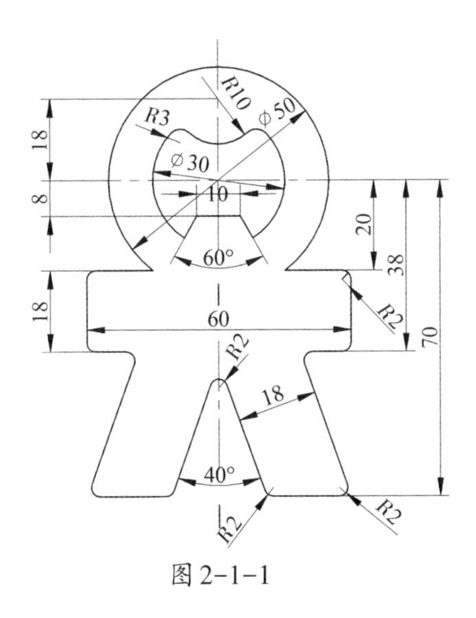

图2-1-1

本任务工作流程如下：

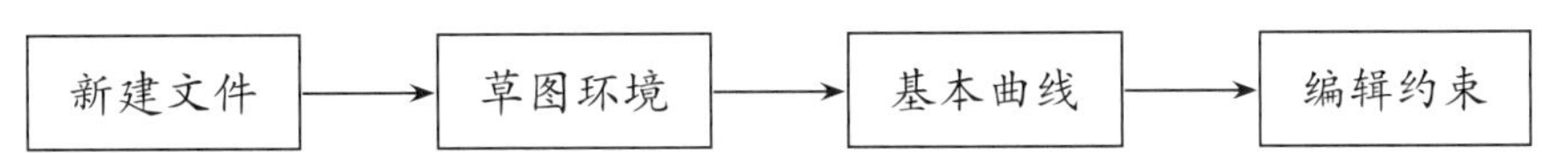

任务实施

一、任务准备

分析图纸，初定画图的先后顺序。

二、操作步骤

1. 进入草图环境

（1）开启UG软件，新建文件名为kaipingqi，进入建模界面。

（2）点击主菜单的“插入”中的 在任务环境中绘制草图(V)... ，在“创建草图”对话框中的“草图平面”下选择“创建平面”，如图2-1-2所示。

（3）按“确定”按钮进入如图2-1-3所示的草图界面。

（4）点击工具条上的最后一个“自动标尺寸 ”按钮，让其关闭，以方便后面标注尺寸。

图2-1-2

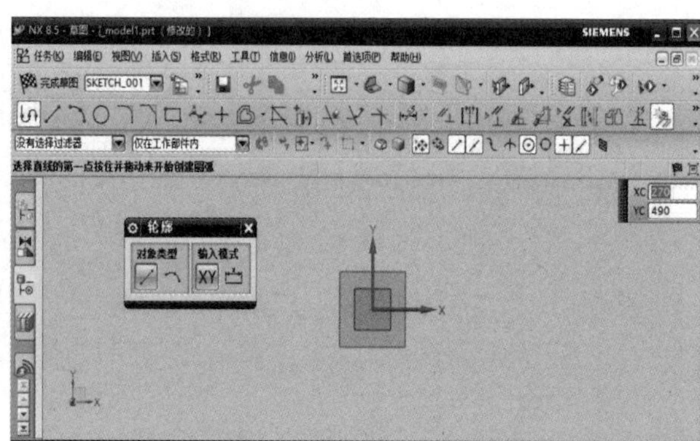

图2-1-3

2. 绘制开瓶器主要轮廓

（1）点击“圆”按钮，绘制如图2-1-4所示圆形，注意图形大小大致与标注尺寸接近。

（2）点击“矩形”按钮，利用“”绘制如图2-1-5所示图形。

（3）点击“快速修剪”按钮，将多余的线条剪掉，如图2-1-6所示。

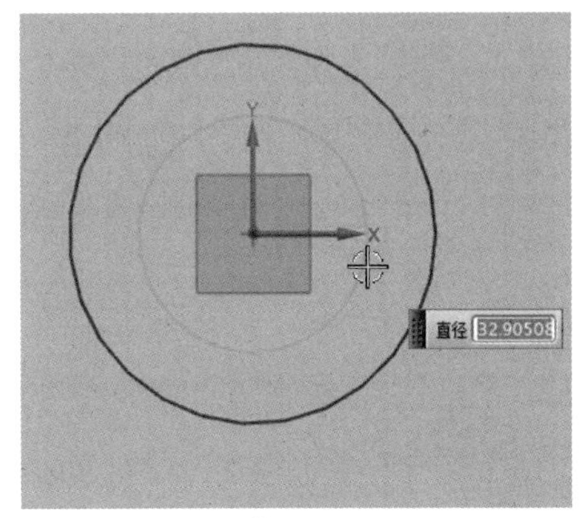

图2-1-4

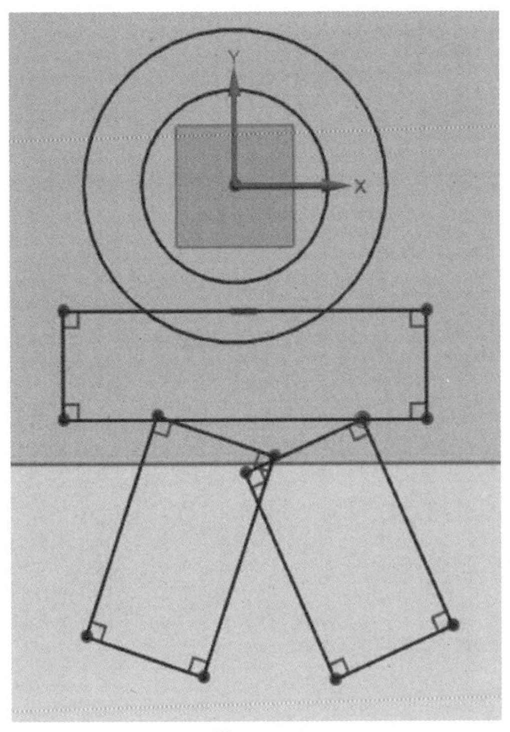

图2-1-5

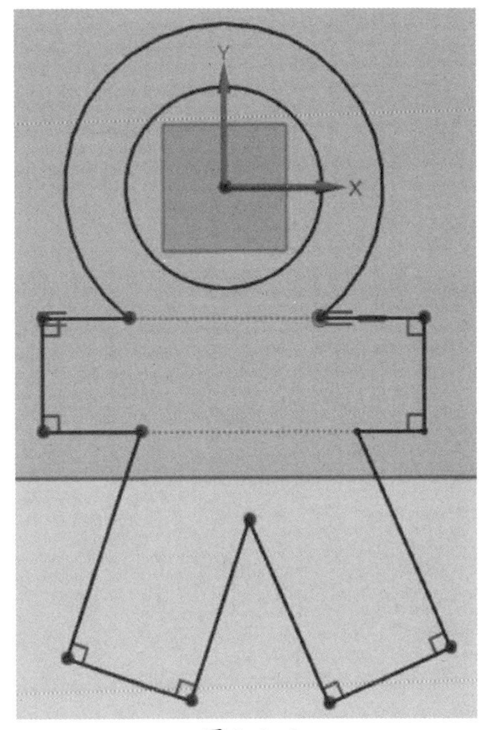

图2-1-6

3. 对开瓶器相关形状进行约束

（1）点击“轮廓 ”按钮和“圆 ”按钮，绘制如图2–1–7所示图形。

（2）点击“几何约束 ”按钮，在弹出的对话框中选择“相切”按钮，如图2–1–8所示，分别选择图形中的小圆和中圆，得到如图2–1–9所示的两圆相切。

（3）重复“快速修剪”功能，将多余的线条剪掉，得到如图2–1–10所示图形。

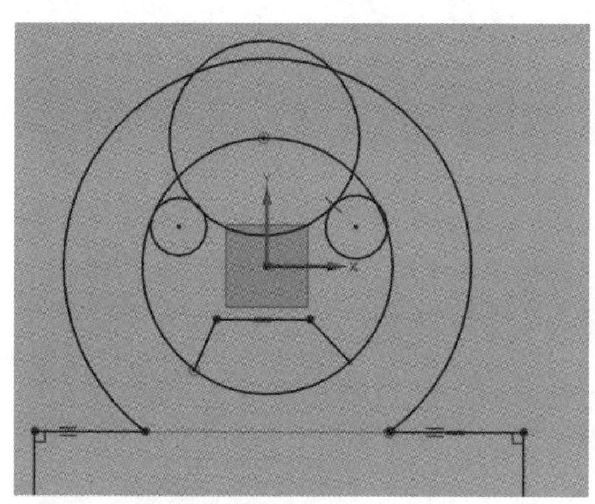

图2–1–7

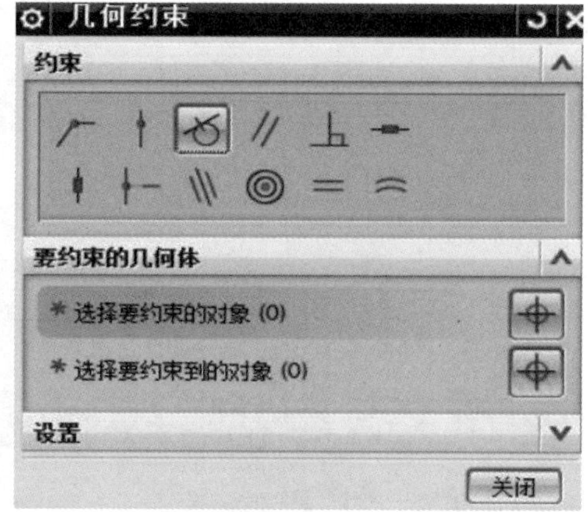

图2–1–8

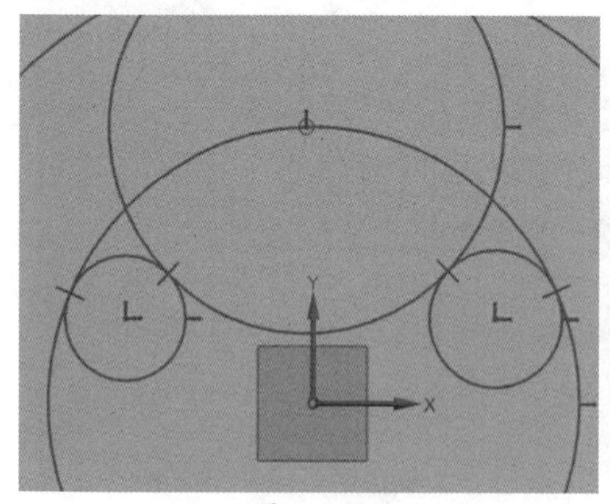

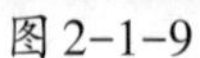

图2–1–9

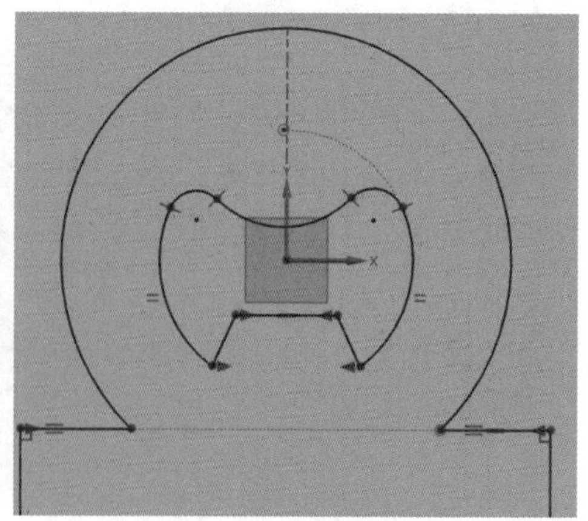

图2–1–10

(4)点击"设为对称 [icon] "按钮,在弹出的对话框中将"选择中心线"设置为图形中的Y轴,如图2-1-11所示。

主对象和次对象分别选择各对称点1~6,如图2-1-12所示。

图2-1-11

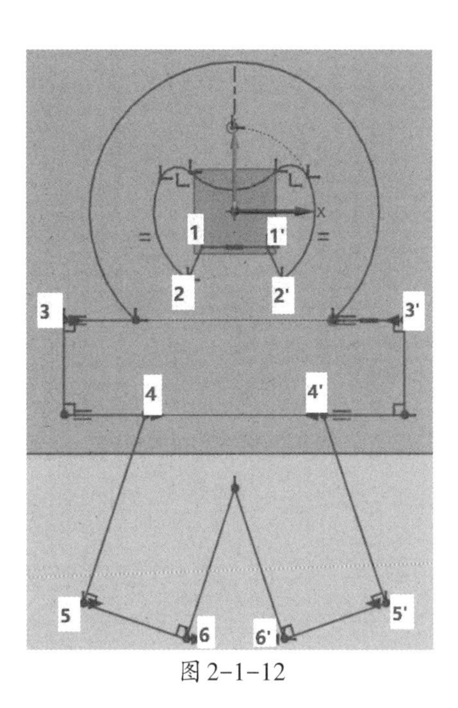

图2-1-12

4. 作辅助线

(1)点击"直线 [icon] "按钮,通过Y轴作如图2-1-13所示的中间辅助线和另外两点连线。

(2)点击"几何约束 [icon] "按钮,点击"点在线上 [icon] "按钮,让圆弧的中心在直线上,点击"竖直[icon]"按钮,让另外一直线变为竖直直线,如图2-1-14所示。

(3)点击"转换参考 [icon] "按钮,将图中的中心辅助线和刚才的竖线转换成参考线(虚线),如图2-1-15所示。

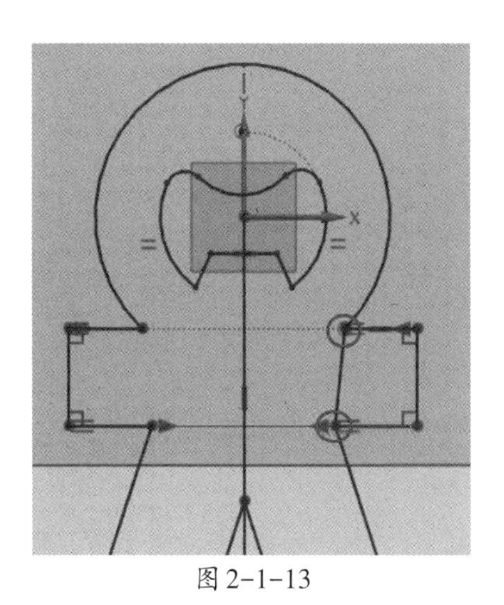

图2-1-13

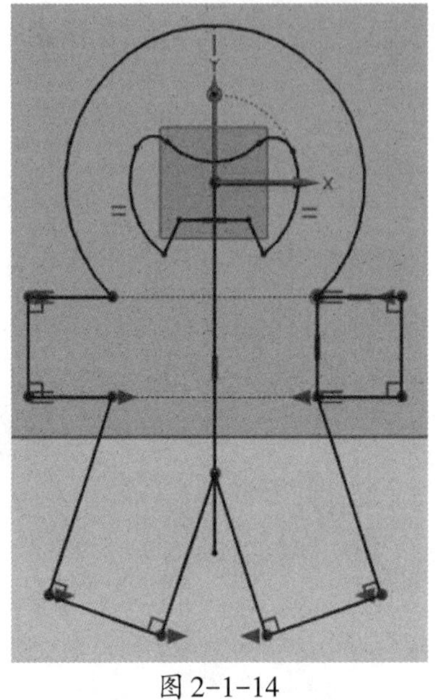

图 2-1-14

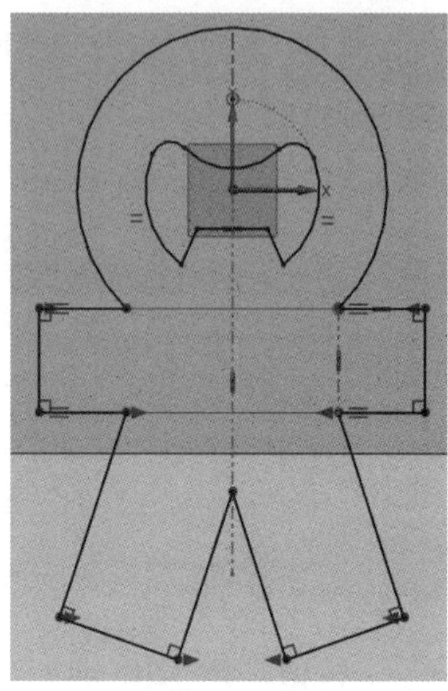

图 2-1-15

5. 修改图形中的几何约束关系

(1)将光标移到垂直符号处，点击鼠标右键，在弹出的菜单中点击“删除”，如图2-1-16所示的四处。

(2)点击“几何约束”中的“水平”按钮，选择图中的最底两条线变为水平线，再点击“平行”按钮，将另外的四条线分别变为平行线，如图2-1-17所示。

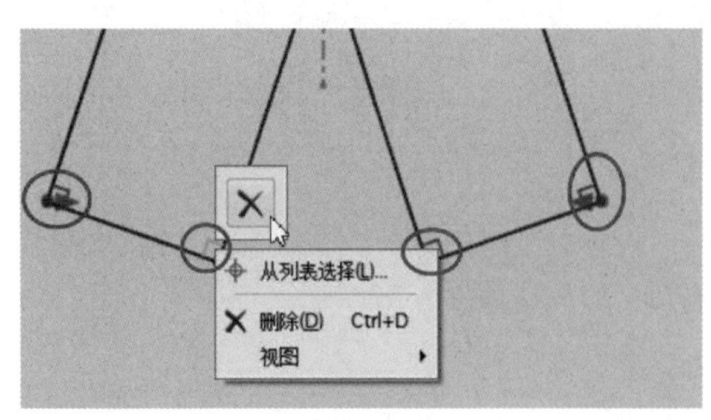

图 2-1-16

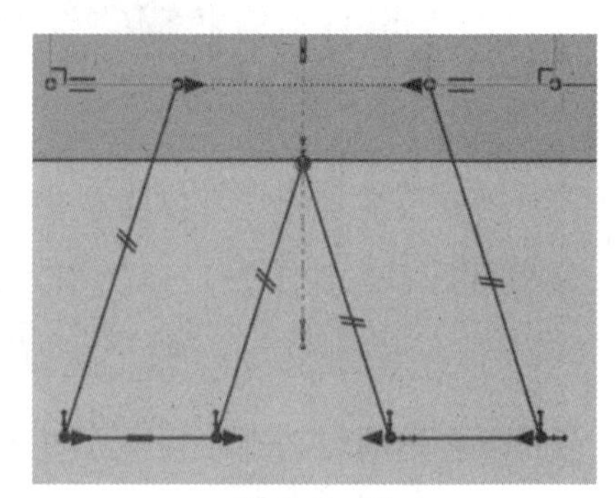

图 2-1-17

（3）点击“圆角”按钮，分别对图形进行倒圆弧，得到如图2-1-18所示图形。

（4）点击“完成草图”按钮，完成草图，退出草图绘制界面，系统回到建模界面，按保存后退出。

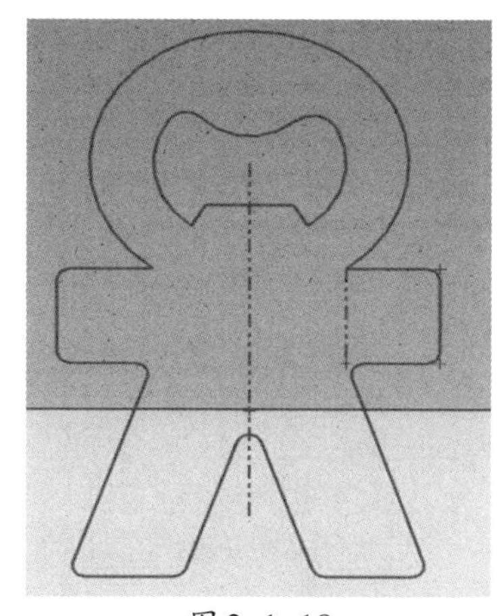

图2-1-18

相关知识

什么是草图？草图能够说明事物的基本意向和概念。“草”，指初始化的表达设计或者形体概念的阶段，具有继续推敲的可能性和不确定性，能够表达初期的意向和概念。“图”，指具有图纸的特点，有大致的比例和形体的准确度。

一、二维草图设计知识

1. 理解草图环境中的关键术语

（1）对象：二维草图中的任何几何元素。

（2）尺寸：对象大小或对象之间位置的量度。

（3）约束：定义对象几何关系或对象间的位置关系。

（4）参数：草图中的辅助元素。

（5）过约束：两个或多个约束可能会产生矛盾或多余约束。

2. 坐标系的介绍

UG NX 8.5中有五种坐标系：绝对坐标系、工作坐标系、基准坐标系、加工坐标系和参考坐标系，均采用右手定则，如图2-1-19所示。

图2-1-19

3. 绘制草图前的设置

(1)草图样式设置:在主菜单上点击“自选项”下的“草图”,进入如图2-1-20所示对话框。

(2)会话设置:如图2-1-21所示。

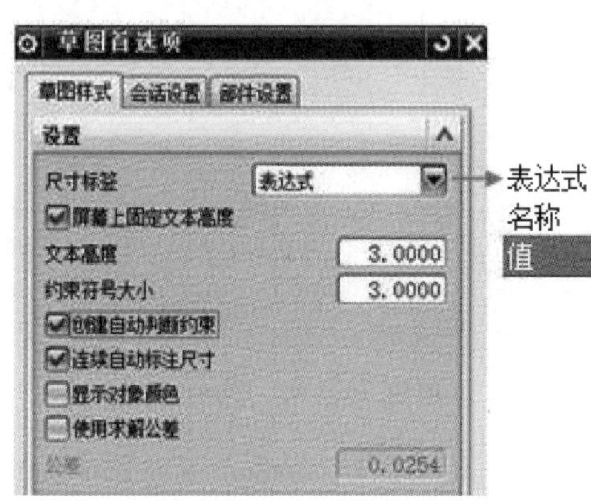

图2-1-20

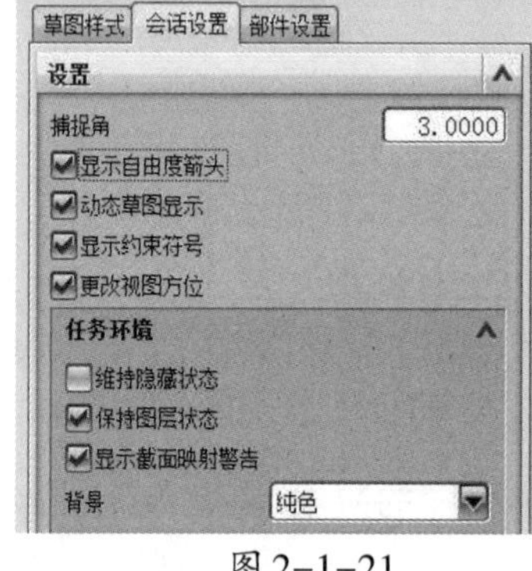

图2-1-21

二、草图的绘制

1. 草图绘制界面介绍,如图2-1-22所示

图2-1-22

2. 草图工具条

(1)绘图功能:如图2-1-23所示,该工具条是常用的绘图命令,与AutoCAD相似。

图2-1-23

(2)编辑功能:如图2-1-24所示,是对曲线进行编辑修改。

图2-1-24

(3)约束功能:如图2-1-25所示,是对图形在位置和尺寸方面的准确约束。

图2-1-25

主要介绍以下几种约束的功能。

几何约束:用户自己对存在的草图对象指定约束类型。

设为对称:将两个点或曲线约束为相对于草图上的对称线对称。

显示草图约束:显示施加到草图上的所有几何约束,画草图时常常按下此按钮。

自动约束:单击该按钮,系统会弹出"自动约束"对话框,用于自动地添加约束。

自动标注尺寸:根据设置的规则在曲线上自动创建尺寸。

显示/移除约束:显示与选定的草图几何图形关联的几何约束,并移除所有这些约束或列出信息。

转换至/自参考对象:将草图曲线或草图尺寸从活动转换为参考,或者反过来。

备选解:备选尺寸或几何约束解算方案。

自动判断约束和尺寸:控制哪些约束或尺寸在曲线构造过程中被自动判断。

创建自动判断约束:在曲线构造过程中启用自动判断约束。

连续自动标注尺寸:在曲线构造过程中启用自动标注尺寸。

3. 添加几何约束的方法

(1)自动几何约束:在作图过程中,在关闭所有的绘图功能和编辑功能的情况下,点击一条或两条曲线,系统会提示自动捕捉相关约束。

(2)手工添加几何约束:点击“几何约束”按钮,弹出如图2-1-26所示对话框,选择“约束类型”,再选择曲线来确定约束关系。

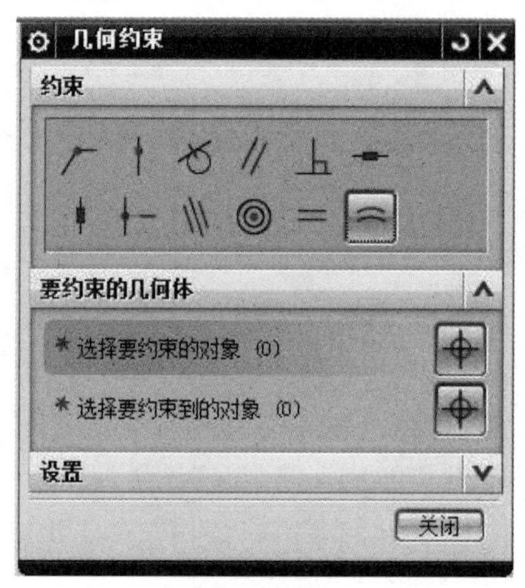

图2-1-26

任务评价

开瓶器草图的绘制评价表,见表2-1-1。

表2-1-1

评价内容	评价标准	分值	学生自评	教师评估
常用绘图功能	会使用直线、圆、倒圆功能	10分		
绘图编辑功能	会使用镜像、修剪功能	20分		
位置约束功能	会使用平行、对称、相等功能	20分		
尺寸约束功能	会使用自动标注和修改功能	20分		
草图绘制结果	绘制完成情况	20分		
情感评价	能独立完成	10分		
学习体会				

(1)用草图绘制如图2-1-27所示图形。

(2)绘制如图2-1-28所示图形,注意相切关系。

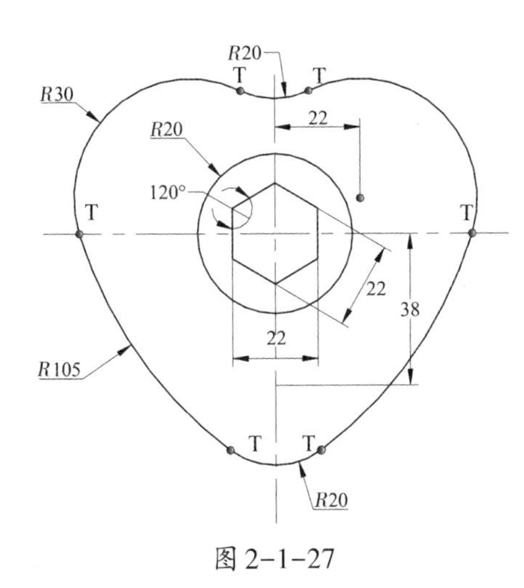

图2-1-27

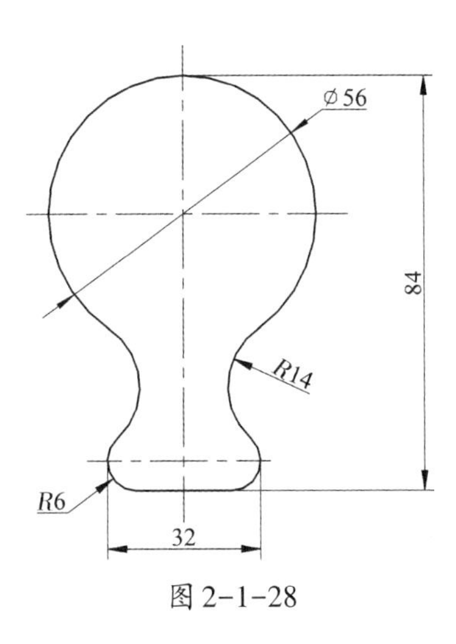

图2-1-28

任务二　开瓶器面积查询及三维建模

任务目标

能在草图环境中对已经绘制好的封闭曲线进行面积查询，以便准确绘图和验证错误。学会面积查询的使用方法，能拉伸出三维模型，达到准确绘图的目的。

任务分析

本任务工作流程如下：

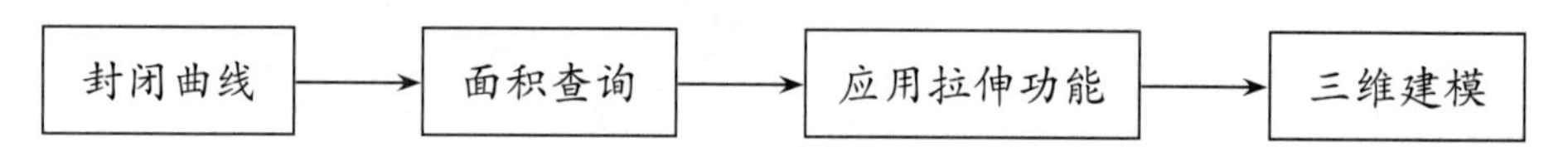

任务实施

一、任务准备

打开上一任务的文件，任意双击窗口中的曲线进入草图环境。

二、操作步骤

1. 对草图进行尺寸标注，并计算面积

（1）点击“自动标注尺寸”按钮，按图形要求标注相关尺寸，如图2-2-1所示。

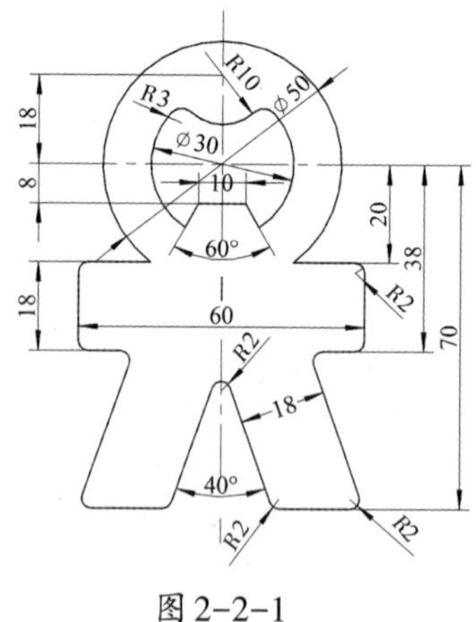

图2-2-1

(2)点击主菜单的“分析”中的 用曲线计算面积(A)... ,在弹出的对话框中选择“面(临时的)”如图2-2-2所示。

(3)按“确定”后,弹出“有界平面”对话框,如图2-2-3所示,直接选择绘制的草图轮廓。

(4)点击“确定”按钮,又点击“返回”按钮,如图2-2-4所示。

(5)接下来弹出的两个对话框中均点击“确定”,出现如图2-2-5所示对话框。

(6)得到如图2-2-6所示的草图周长和面积数值。

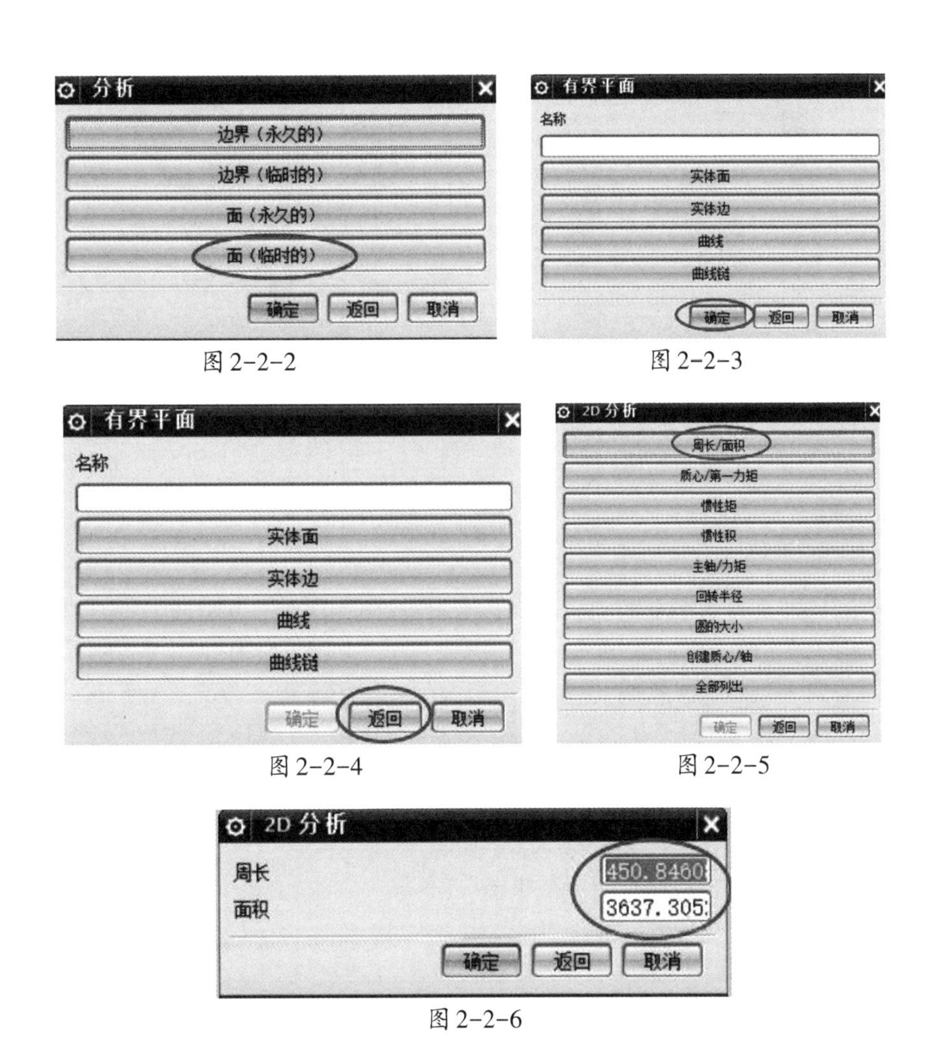

图2-2-2

图2-2-3

图2-2-4

图2-2-5

图2-2-6

2. 拉伸三维建模

(1)点击工具条上的“拉伸”按钮，弹出“拉伸功能”对话框，如图2-2-7所示。

(2)选择所画草图所有曲线，“指定矢量”为ZC轴，“限制”下的“开始距离”为0 mm，“结束距离”为10 mm，“布尔(无)”为自动判断，单击“确定”，得到如图2-2-8所示的图形。

(3)点击“保存”后退出。

图2-2-7

图2-2-8

相关知识

1. 草图的管理

草图的管理是对整个草图的状态进行编辑管理，如图2-2-9所示。

图2-2-9

(1)定向视图到草图。

使视图立即回复到最初草图方位平面。

(2)定向视图到模型。

将视图定向到当前的建模视图，即在进入草图环境之前显示的视图。

(3)重新附着。

①移动草图到不同的平面、基准平面或路径。

②切换原位上的草图到路径上的草图,反之亦然。

③沿着所附着到的路径,更改路径上的草图位置。

(4)创建定位尺寸 。

创建、编辑、删除或重定义草图定位尺寸,并且相对于已存在几何体定位草图。

(5)延迟评估与评估草图 。

系统将延迟草图约束的评估(创建曲线时,系统不显示约束;指定约束时,系统不会更新几何体),直到单击"评估草图"按钮后可查看草图自动更新的情况。

(6)更新模型 。

用于模型的更新,以反映对草图所做的更改。点击该按钮后模型将根据草图的修改直接更新至最新状态。

2. 草图画线自动尺寸约束关闭方法

点击左上角"文件—实用工具—用户默认设置",在打开的对话框中,选择"草图—自动判断的约束和尺寸",点击右侧上方的"尺寸"选项,将如图2-2-10所示的两个选项前面的钩去掉。点击确定回到主界面,重启UG软件,那些烦人的自动标注都没了。

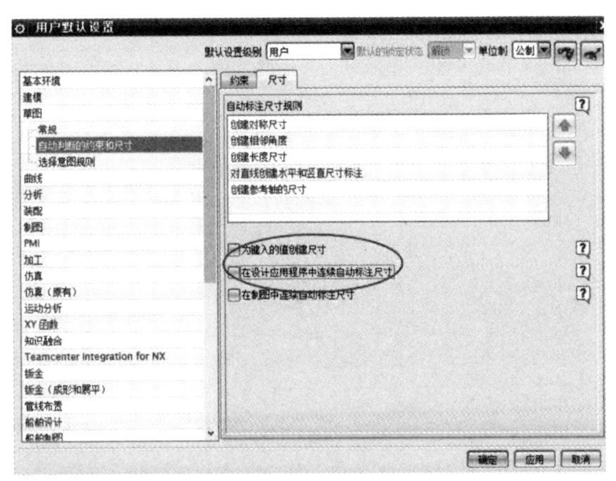

图 2-2-10

任务评价

开瓶器的面积查询和建模评价表，见表2-2-1。

表2-2-1

评价内容	评价标准	分值	学生自评	教师评估
面积查询	会查询的两种方法	30分		
拉伸建模	会选择曲线和高度	30分		
草图管理	会使用相关功能	20分		
情感评价	结果正确后的兴奋和自信程度	10分		
	帮助他人的情况	10分		
学习体会				

(1)该项目任务一“练一练”中的两道题，请查询面积结果。

(2)绘制如图2-2-11所示图形，并计算面积大小，并拉伸成高5 mm的三维模型。

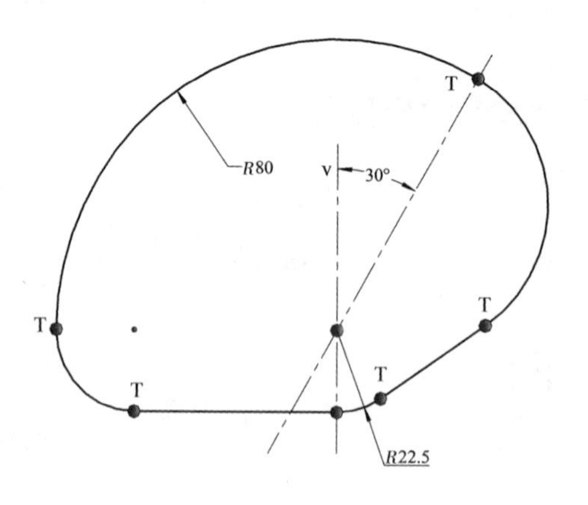

图2-2-11

项目三 典型零件实体建模

立体几何是在初中平面几何的基础上开设的，以空间图形的性质和位置关系为研究对象。学生通过学习立体几何，图形的认知水平从平面图形延拓至空间图形，完成由二维向三维的转化，发展空间想象能力、逻辑推荐能力和分析问题、解决问题的能力。

减速器箱盖模型

本项目通过型腔的拉伸建模、法兰盘的旋转建模、传动主轴的基本体建模、减速器箱盖的抽壳建模四种类型的实例建模(如上图所示)，引导学生掌握三维建模常用特征命令的使用，建立分析图形的画图思路，灵活运用建模命令来实现各类图形的建模，这是UG软件应用的核心。

目标类型	目标要求
知识目标	(1)掌握建模环境中常用建模命令的使用 (2)能分解图形并选用命令功能 (3)掌握编辑、修改建模功能的使用 (4)会使用成型特征功能命令
技能目标	(1)能熟练运用常用建模命令 (2)会分析图形特征 (3)能编辑、修改图形 (4)能灵活运用不同方法绘制图形
情感目标	(1)能通过建模图形激发学习兴趣 (2)能与他人共同完成任务 (3)能有坚持深入学习的意志 (4)能在画图中找到快乐和自信

任务一　型腔的建模

任务目标

通过本任务的学习，掌握UG草图绘制、拉伸建模、布尔运算等建模功能的用法，如图3-1-1所示，注意在正方块上有曲线凹凸槽。

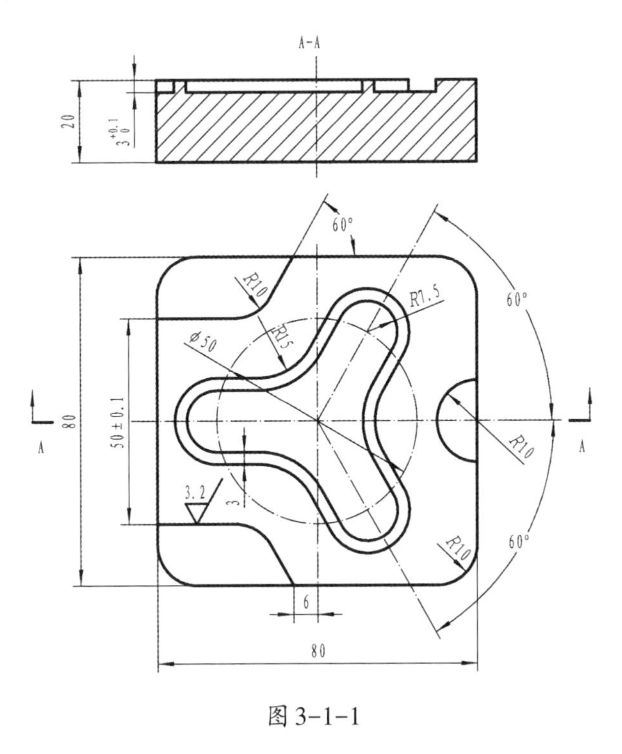

图3-1-1

任务分析

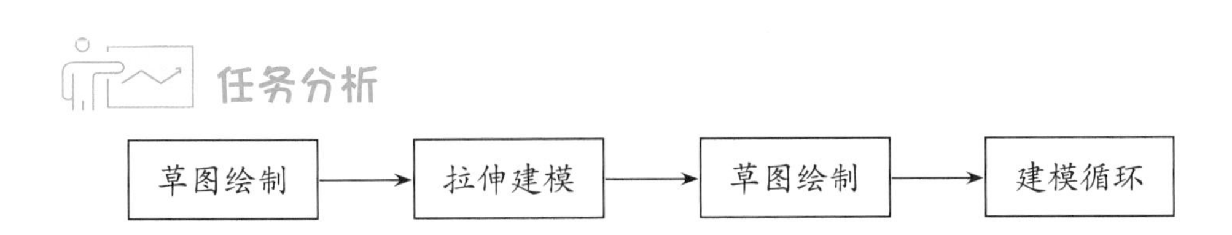

任务实施

一、任务准备

“开始”—“程序”—“UGS NX 8.5”— “NX 8.5”进入UG初始界面。单击“文件”—“新建”(快捷键Ctrl+N)或者单击“新建”按钮,在文件名对话框中输入xingqiang,单位为毫米,选择“模型”模板,单击“确定”进入UG NX8.5建模模块界面。

二、操作步骤

1. 绘制主要轮廓草图

(1)在主菜单中单击“插入”下的“在任务环境中绘制草图”或者单击“草图工具”按钮进入“创建草图”界面,“平面选项”选为“创建平面”,“指定症面”选择“XC- YC平面”,如图3-1-2所示。

(2)运用草图功能,绘制如图3-1-3所示草图。

(3)单击“完成草图”按钮,返回实体建模界面。

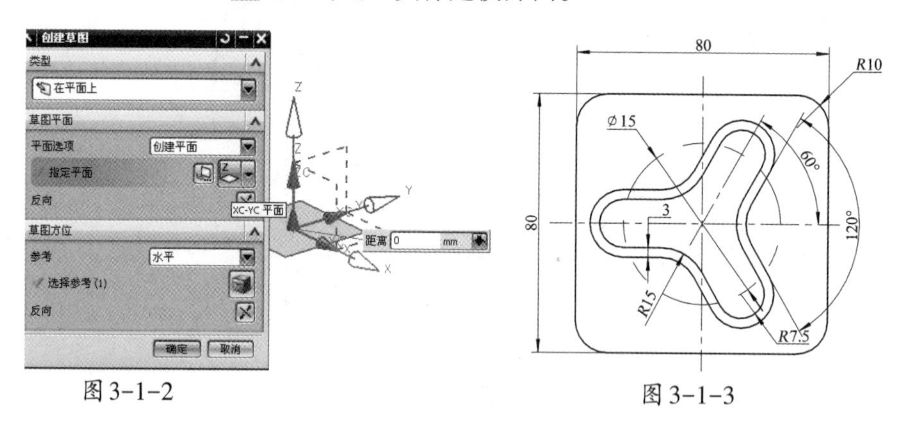

图3-1-2　　　　图3-1-3

2. 拉伸建模

(1)选择“拉伸”按钮,将类选器设为单条线,选择所画草图外圈线框,“指定矢量”为ZC轴,“限制”下的“开始距离”为-3 mm,“结束距离”为-20 mm,“布尔”为无,单击“确定”，如图 3-1-4 所示。

（2）继续选择“拉伸”按钮，选择所画草图中间线框，如图 3-1-5 所示，“指定矢量”为 ZC 轴，“限制”下的“开始距离”为 0 mm，“结束距离”为-3 mm，“布尔”为求和，单击“确定”，得到如图 3-1-6 所示草图。

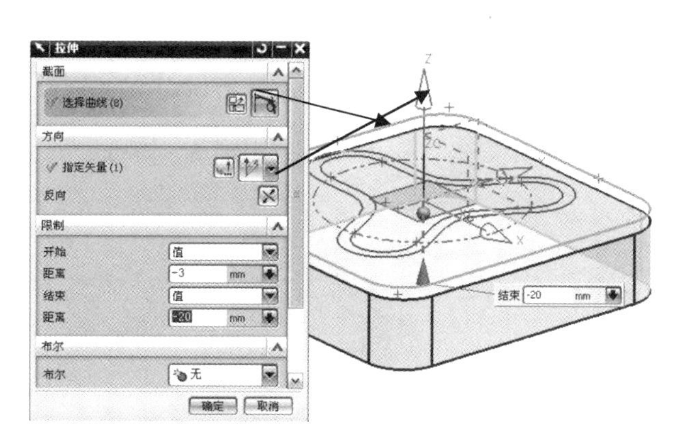

图 3-1-4

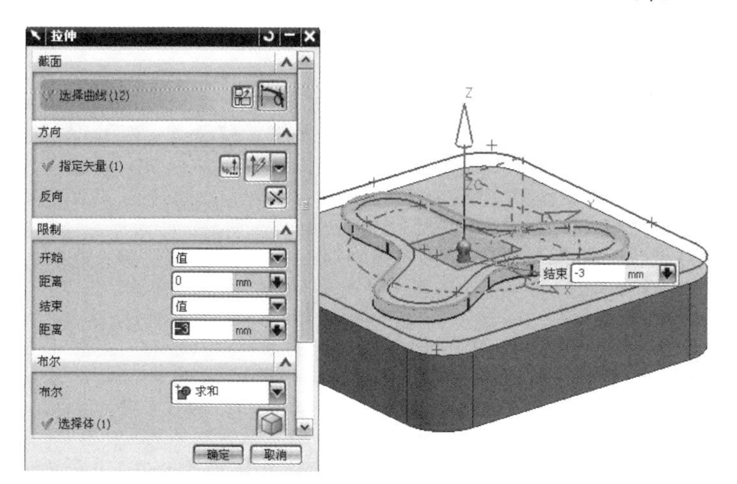

图 3-1-5

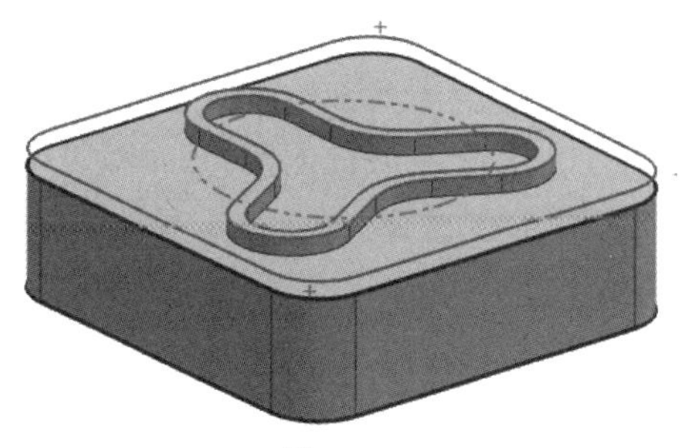

图 3-1-6

3. 绘制其余形状

(1)在主菜单中“插入”—“在任务环境中绘制草图”或者单击“草图工具”按钮进入“创建草图”界面,平面选项选为“创建平面”,选择“XC-YC平面”,进入草图界面。运用草图功能,绘制如图3-1-7所示草图。

(2)单击“完成草图”按钮,返回实体建模空间。

(3)选择“拉伸”特征按钮,选择所画草图外圈线框,“指定矢量”为ZC轴,“限制”下的“开始”距离为0 mm,“结束”距离为-3 mm,“布尔”为求和,单击“确定”,如图3-1-8所示。

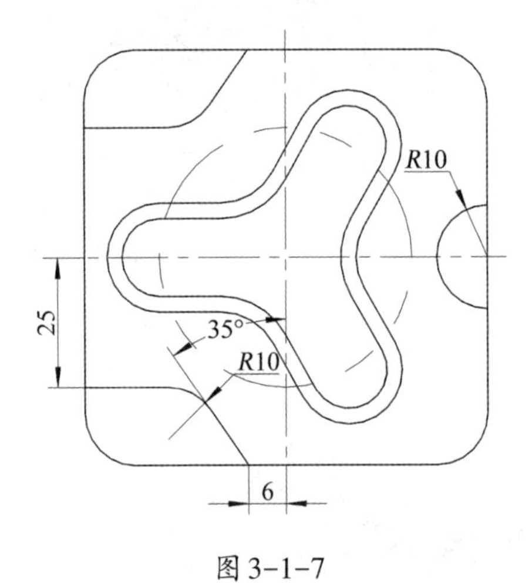

图3-1-7

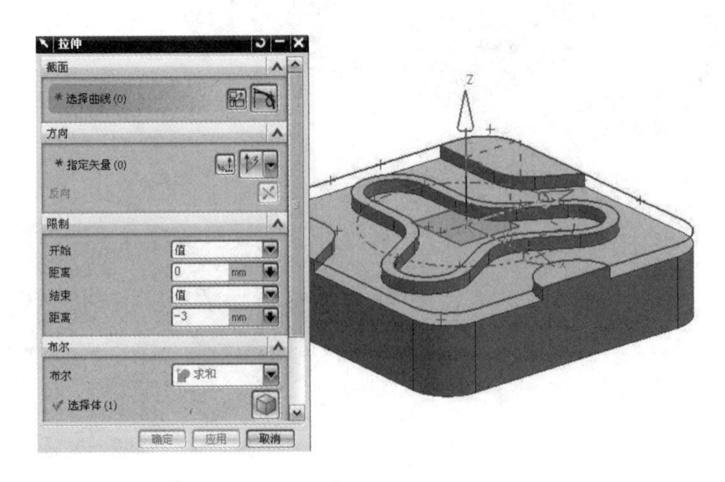

图3-1-8

相关知识

一、实体建模

1. 实体构建方式

(1)创建模型的实体毛坯。

由草图特征扫掠(拉伸、旋转)形成。

(2)创建模型的实体粗略结构。

在实体毛坯上生成各种类型的孔、腔体、凸台、垫块、键槽等特征,通过运用布尔运算来仿真在实体毛坯上移除或添加材料的加工。

(3)完成模型的实体精细结构。

在实体上创建边倒圆、面倒圆、桥接、倒斜角、拔模与拔模体等特征。

2. UG NX 8.5的建模模式

(1)历史记录模式:显示在部件导航器中的有时序的特征线性树来建立与编辑模型,如图3-1-9所示。

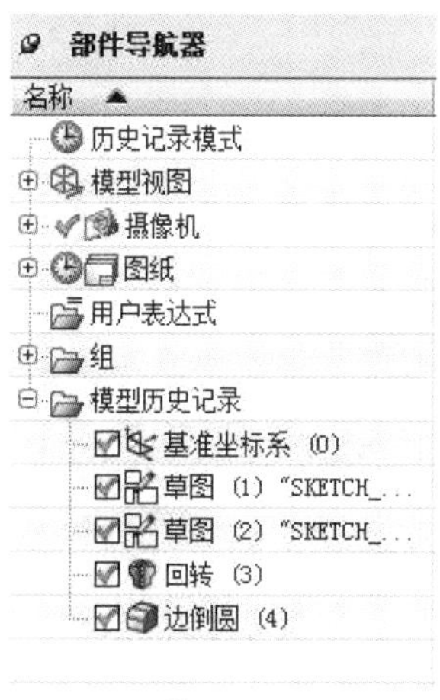

图3-1-9

(2)无历史记录模式：是一种没有线性历史的设计方法，设计改变仅强调修改模型的当前状态，并用同步关系维护存在于模型中的几何条件，如图3-1-10所示。

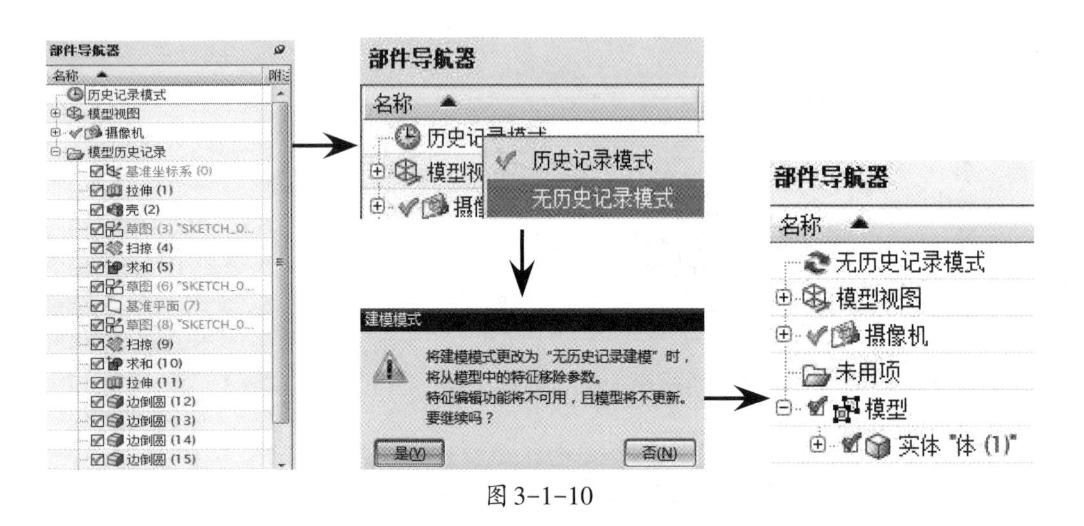

图3-1-10

3. 拉伸特征

(1)选取现有曲线。

(2)绘制截面，如图3-1-11所示。

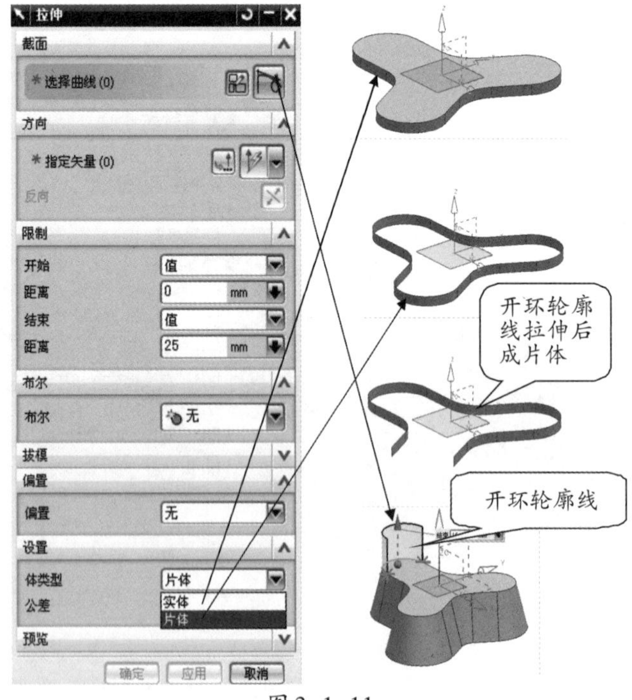

图3-1-11

二、布尔操作

1. 布尔操作概述

布尔操作即对已存在的多个独立的体进行运算,以产生新的体。进行布尔运算时,首先选择目标体,然后选择刀具体。运算完成后,刀具体成为目标体的一部分,且如果目标体和刀具体具有不同的特性,则产生的新实体具有与目标体相同的特性。如果工件文件中已存有体,当新建特征时,新特征可作为刀具体,已存在的体作为目标体。

布尔操作主要包括以下三部分内容:求和、求差、求交。

(1)布尔求和操作。

布尔求和操作用于将刀具体和目标体合并成一体,如图3-1-12所示。

(2)布尔求差操作,如图3-1-13所示。

(3)布尔求交操作。

布尔求交操作用于创建包含两个不同实体的共有部分。进行布尔求交运算时,刀具体与目标体必须相交,如图3-1-14所示。

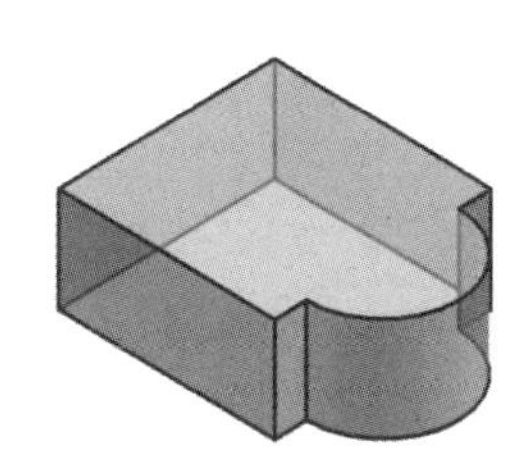

图3-1-12

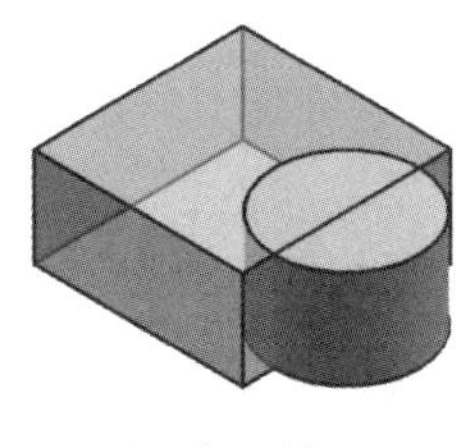

(a)求差前

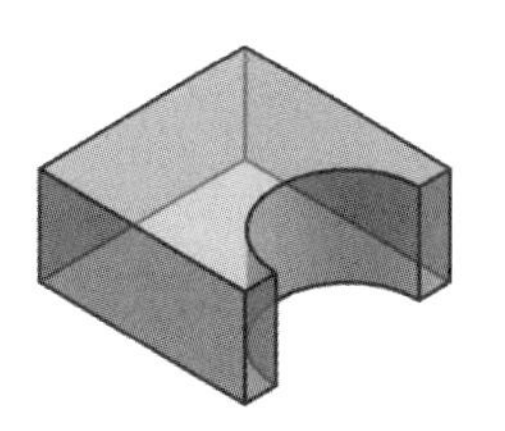

(b)求差后

图3-1-13

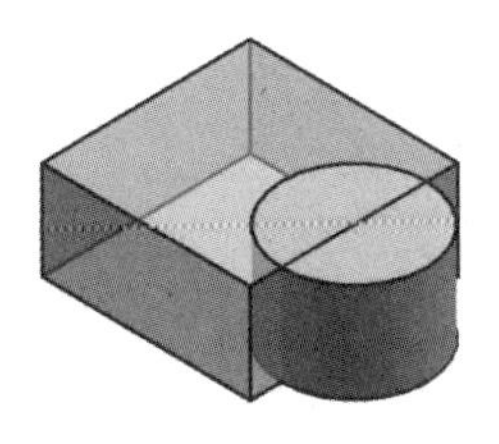

(a)求交前

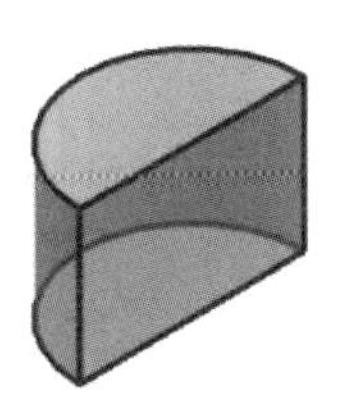

(b)求交后

图3-1-14

任务评价

型腔的建模评价表，见表3-1-1。

表3-1-1

评价内容	评价标准	分值	学生自评	教师评估
草图绘制	能正确绘制图形	30分		
拉伸应用	能正确使用拉伸对话框中各参数	30分		
布尔运算	能正确使用求和、求差和求交	20分		
导航器使用	能正确查看和使用	10分		
情感评价	能独立绘制图形	5分		
	能与他人很好交流	5分		
学习体会				

用三维建模功能绘制如图3-1-15所示的图形。

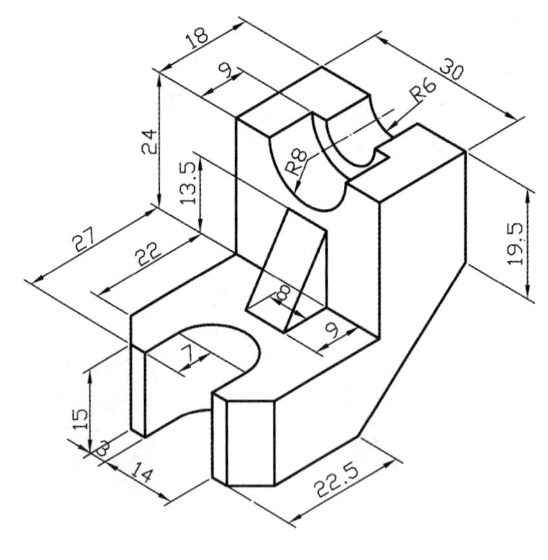

图3-1-15

任务二　法兰盘的建模

任务目标

通过本任务的学习，能灵活运用UG草图功能，掌握回转体特征、倒斜角、边倒圆、孔、螺纹等基本建模功能的用法，在建模模块中灵活运用点构造器和矢量构造器进行建模。

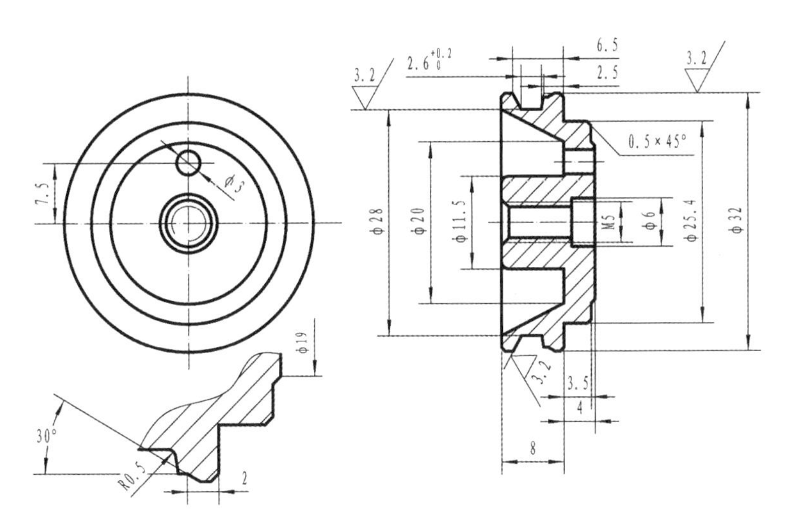

图3-2-1

如图3-2-1所示，该零件是旋转体，其画图流程如下：

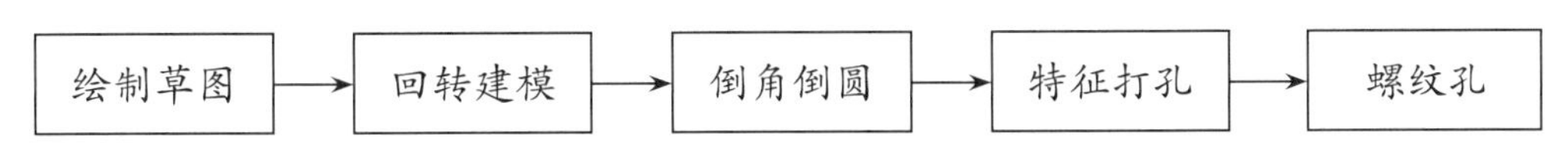

任务实施

一、任务准备

“开始”—“程序”—“UG NX 8.5”— “NX 8.5”进入UG初始界面。单击“文件”—“新建”(快捷键Ctrl+N)或者单击“新建”按钮,在文件名对话框输入falanpan,单位为毫米,选择“模型”模板,单击“确定”进入UG NX 8.5建模模块界面。

二、操作步骤

1. 绘制主要轮廓草图

(1)在主菜单中单击“插入”—“在任务环境中绘制草图”或者单击“草图工具”按钮进入“创建草图”界面,“平面选项”选为“创建平面”,选择XC- YC平面,进入草图界面,如图3-2-2所示。

(2)运用草图功能,绘制如图3-2-3所示草图。单击“完成草图”,返回实体建模空间。

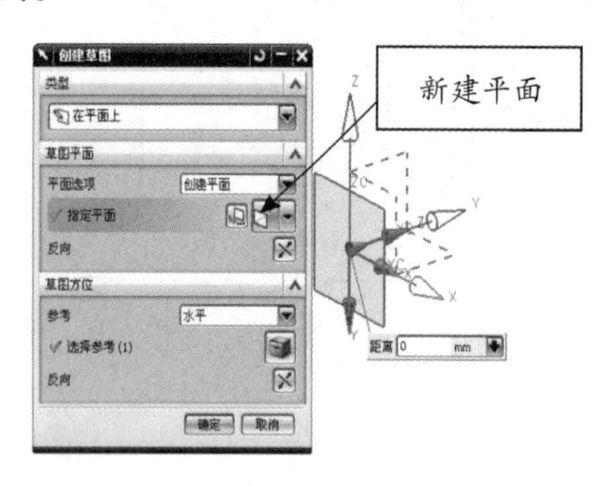

图3-2-2

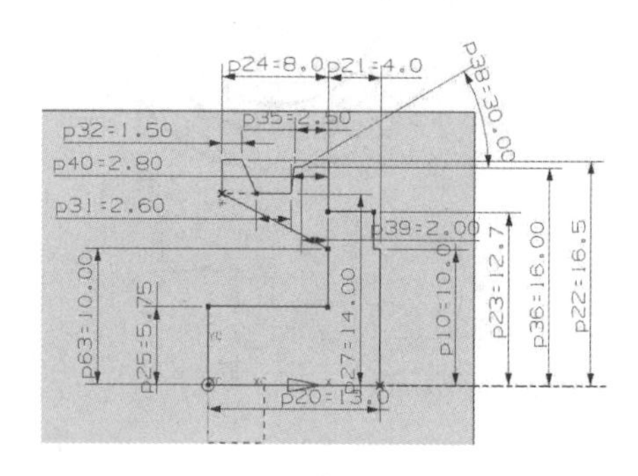

图3-2-3

2. 主要实体建模

(1)点击“回转”按钮,选择所画草图线框,“指定矢量”为XC轴,“指定点”为默认(或为0,0,0),“开始角度”为0,“结束角度”为360,“布尔”为无,单击“确定”,如图3-2-4所示。

(2)点击“倒斜角”按钮,选择4条棱边,在“倒斜角”对话框中“横截面”选择“对称”,“距离”中输入0.5,结果如图3-2-5所示。

(3)点击“边倒圆”按钮,倒圆半径设为1 mm,单击确定,如图3-2-6所示。

(4)同理,设置倒槽底工艺圆角半径为0.5 mm,如图3-2-7所示。

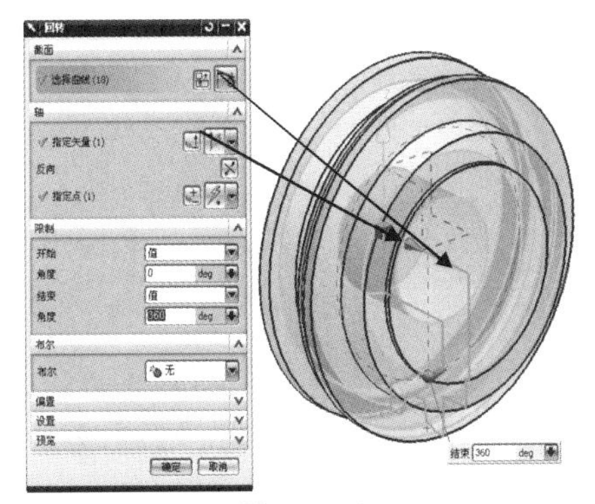
图3-2-4

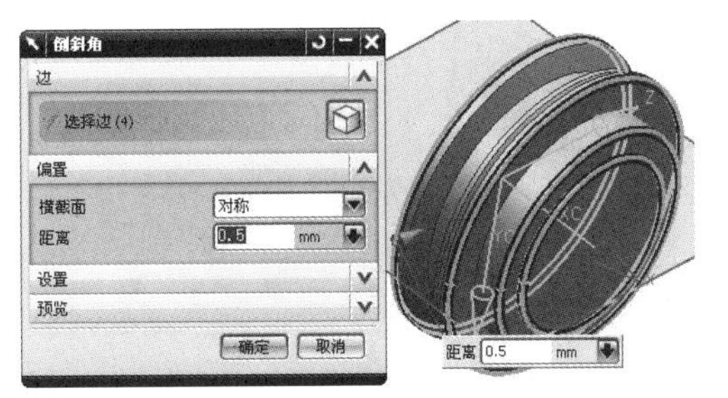

图3-2-5

图3-2-6

图3-2-7

3. 其他特征建模

(1)点击“孔”按钮,“成形”类型选“沉头孔”,设置“沉头孔直径”为6 mm,“沉头孔深度”为3 mm,“直径”为4.2 mm,“深度”为20 mm,如下图3-2-8所示。

(2)运用“倒斜角”按钮,在“倒斜角”对话框中“横截面”选择“对称”,“距离”中输入“1”,如图3-2-9所示。

(3)运用“螺纹功能”按钮,进行内孔螺纹建模,设置“大经”为5 mm,“长度”为9 mm,“螺距”为0.8 mm,“角度”为60deg,结果如图3-2-10所示。

(4)销孔建模,点击“孔”按钮,“成形”类型选简单孔,“孔直径”为3 mm,“沉头孔

深度"为 30 mm,"指定点"激活后,选择选择条中的"点构造器 "，如图 3-2-11 所示，设置坐标为 X13 mm，Y0 mm，Z7.5 mm，结果如图 3-2-12 所示。

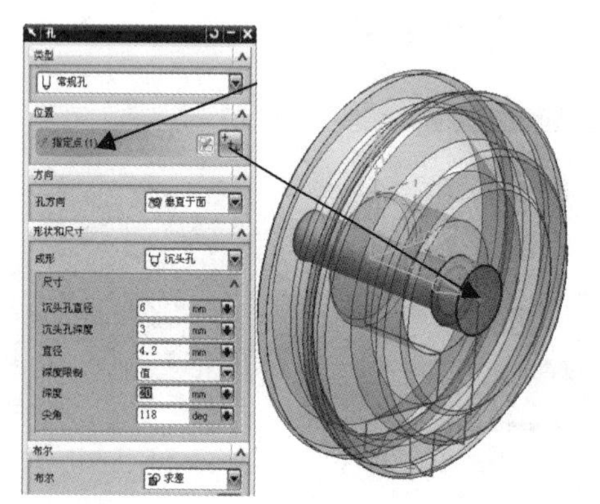

图 3-2-8

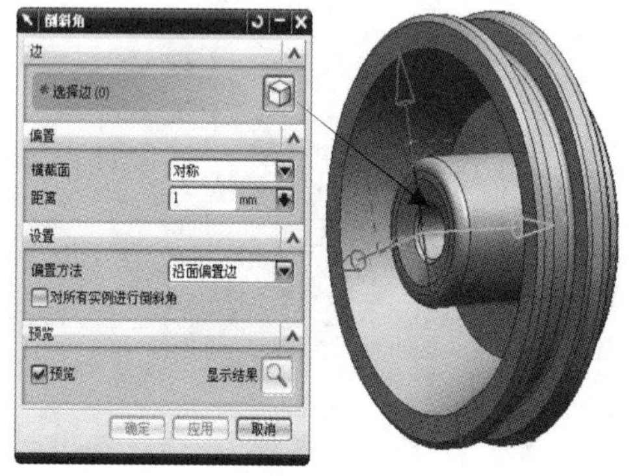

图 3-2-9

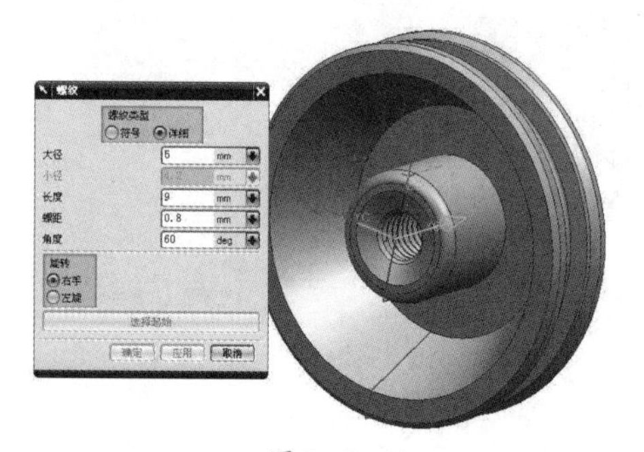

图 3-2-10

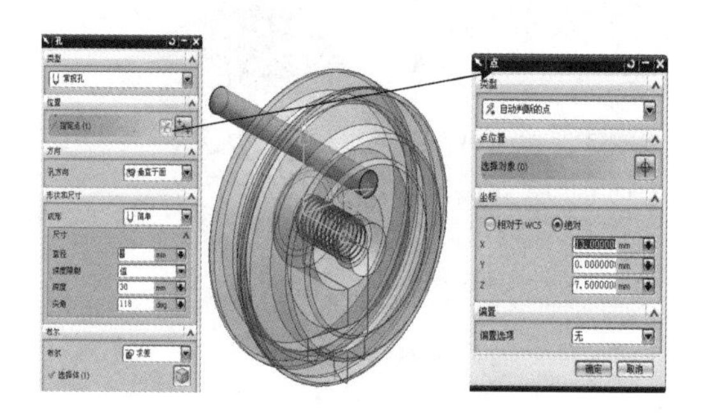

图 3-2-11

图 3-2-12

一、点构造器的操作

1. 点构造器

在对象选取和精确定位的时候,需要使用"点构造器"按钮,点构造器可以通过坐标输入的方式来确定点的位置,也可以通过捕捉的方式来确定点的位置,或者通过选择条工具来捕捉点的位置。如图3-2-13、图3-2-14、图3-2-15所示。

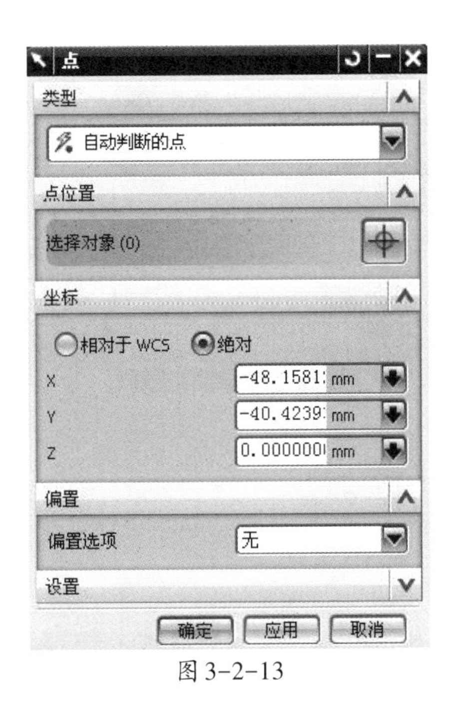

图3-2-13

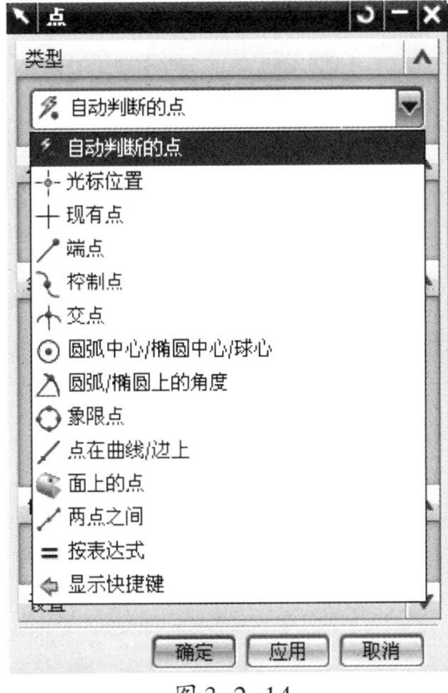

图3-2-14

图3-2-15

2. 矢量构造器

UG在建模过程中，很多建模功能指令都要用“矢量构造器”按钮，比如实体的拉伸建模方向、旋转轴线、投影方向及其他特征建模生成方向等。确定矢量方向可以通过自动判断和手动确定等方式确定，如图3-2-16所示。

3. 平面构造器

“平面构造器”在绘制草图和建模过程中经常用到，当我们需要在不同的构图面上建模或绘制曲线的时候，特别是除XC-YC平面，XC-ZC平面，YC-ZC平面三个常规平面以外的与XC-YC，XC-ZC，YC-ZC平面成一定角度和距离关系的面，就必须用平面构造器来确定，如图3-2-17所示。

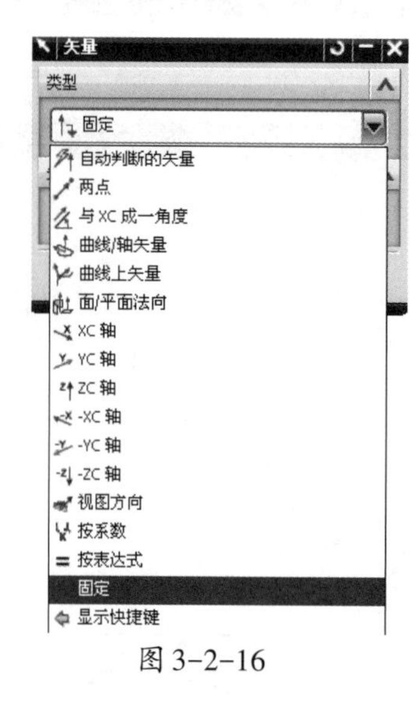

图3-2-16

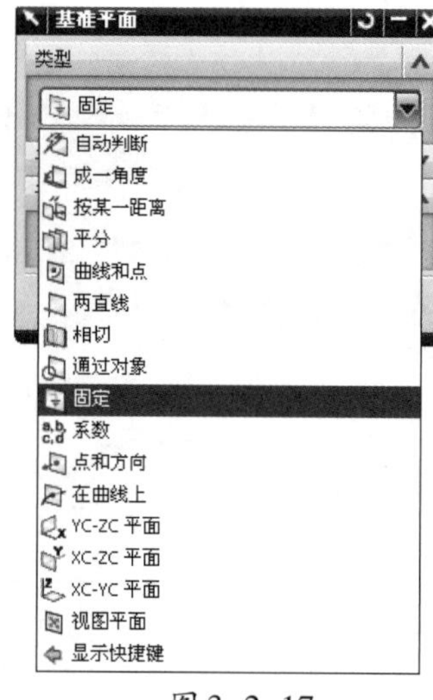

图3-2-17

二、回转体的操作

回转操作是将草图截面或曲线等二维对象，绕所指定的旋转轴线旋转一定的角度而形成实体模型，例如带轮、法兰盘和轴类等零件。“回转特征”是将截面轮廓曲线围绕轴线旋转而成的实体或者片体建模功能。其对话框中指令的含义是：“截面”—“选择曲线”是指旋转体的截面曲线，可以封闭也可以不封闭；“轴”—“指定矢量”是选择旋转体的回转轴心线，“指定点”为旋转的基点（可以按默认处理）；“限制”中可以输入起始角度和终止角度，以获得扇形体；“偏置”可以获得使截面曲线沿旋转轴方向的移动实体效果，其对话框如图3-2-18所示。

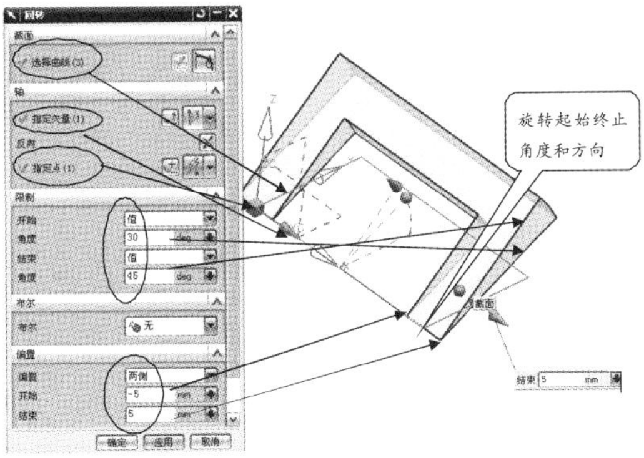

图3-2-18

三、成型特征操作

1. 孔特征操作

孔特征是指在模型中去除部分实体，该实体可以是圆柱、圆锥或同时存在这两种特征的实体。在机械设计过程中，孔特征是最常使用的建模特征之一，如创建底板零件上的定位孔、螺纹孔和箱体类零件的轴孔等，如图3-2-19所示。

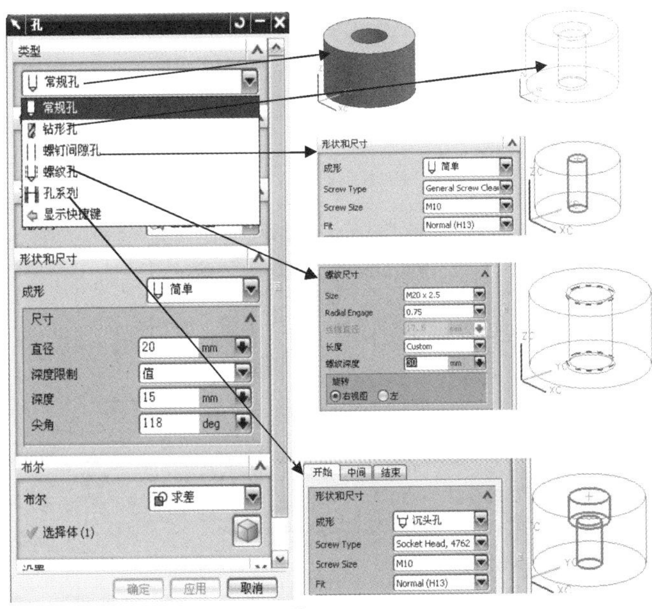

图3-2-19

2. 倒角

使用"倒斜角"命令可以在两个面之间创建用户需要的倒角,有"对称""非对称""偏置和角度"三种形式,如图3-2-20所示。

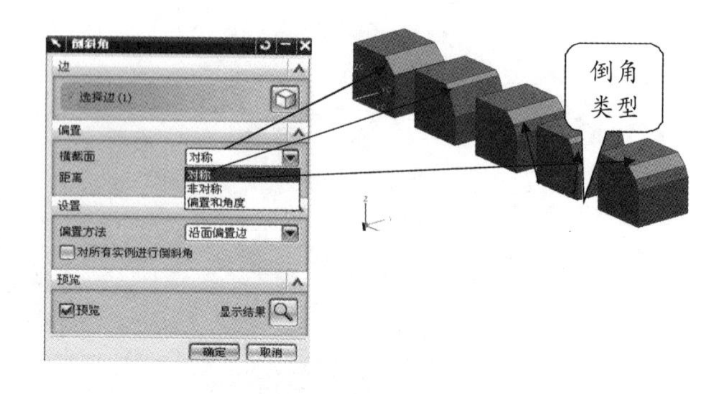

图3-2-20

3. 倒圆

"边倒圆(倒圆角)"命令可以使多个面共享的边缘变光滑。既可以创建圆角的边倒圆(对凸边缘去除材料),也可以创建倒圆角的边倒圆(对凹边缘添加材料)。该命令是对设计零件进行工艺处理的方法之一,有单一倒圆、可变半径倒圆、工具回切、拐角突然停止(终止距离)等四种建模功能,如图3-2-21。

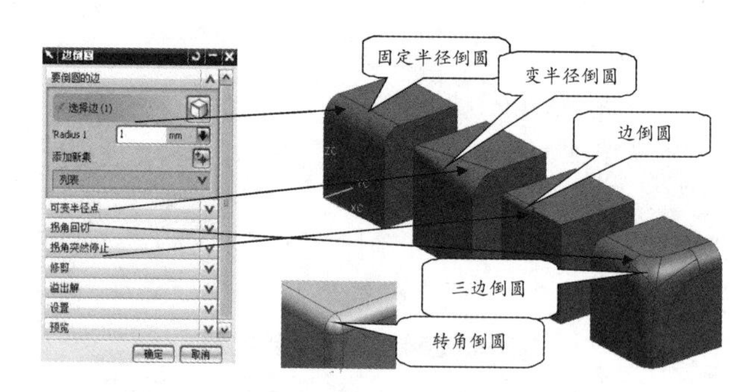

图3-2-21

4. 螺纹

"螺纹建模"命令主要用于圆孔和圆柱表面的螺纹创建,要求圆孔和圆柱有标准的底孔和圆柱直径,否则不会自动生成螺纹。有"符号"和"详细的"两种建模形式,如图3-2-22所示。

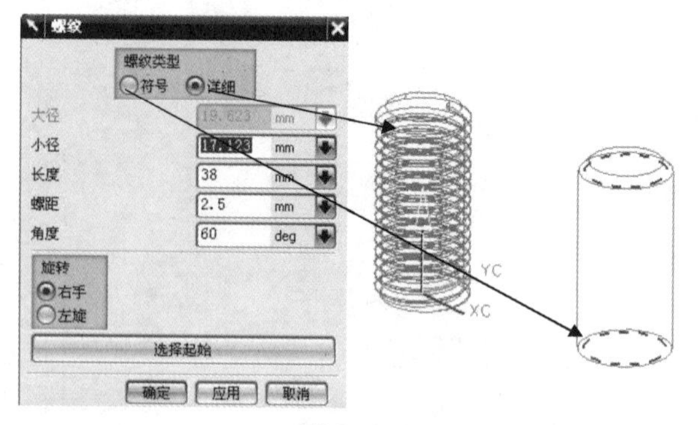

图3-2-22

任务评价

法兰盘的建模评价表，见表3-2-1。

表3-2-1

评价内容	评价标准	分值	学生自评	教师评估
草图绘制	采用曲线绘制准确性	20分		
旋转建模	选择旋转建模对话框参数熟练程度	20分		
倒角	选择倒角类型及使用方法	20分		
倒圆	选择倒圆类型及使用方法	10分		
孔操作	选择孔操作使用类型及定位方法	20分		
情感评价	对所做产品的欣赏和他人交流	10分		
学习体会				

请根据如图3-2-23所示图形进行三维建模。

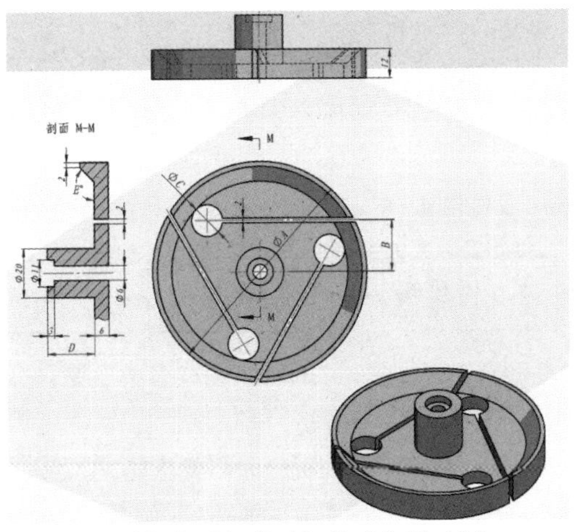

A=90，B=21，C=13，D=20，E=135

图3-2-23

任务三　传动主轴的绘制

任务目标

通过本任务的学习，能灵活运用UG实体建模功能，掌握圆柱体、沟槽、键槽、平面、倒斜角等基本建模功能的用法，如图3-3-1所示，通过基本体建模，完成键槽、退刀槽的建立。

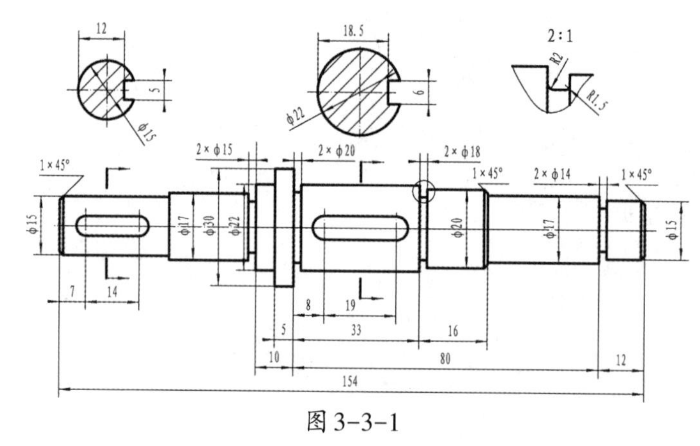

图3-3-1

任务分析

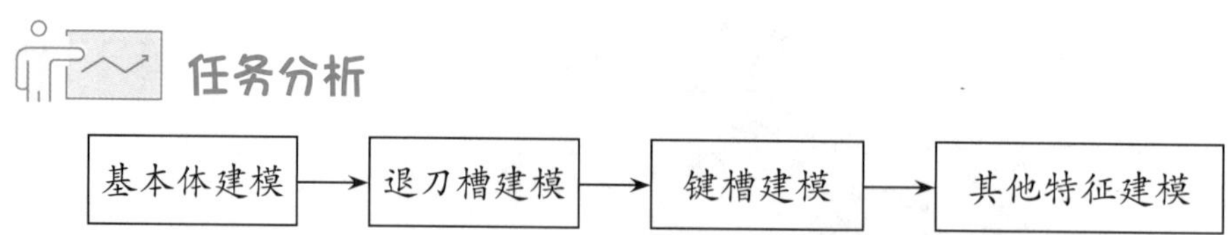

任务实施

一、任务准备

“开始”—“程序”—“UG NX 8.5”— “NX 8.5”进入UG初始界面。单击“文件”—

“新建”(快捷键Ctrl+N)或者单击“新建”按钮,在文件名对话框输入zhuzhou,单位为毫米,选择“模型”模板,单击“确定”进入UG NX 8.5建模模块界面。

二、操作步骤

1. 基本体的建立

(1)单击“圆柱”按钮,选择“类型”为轴、直径和高度,“指定矢量”为XC轴,“指定点”为默认或坐标系原点,指定“直径”为15 mm,“高度”为29 mm,单击“确定”,如图3-3-2所示。

(2)单击“圆柱”按钮,选择“类型”为轴、直径和高度,“指定矢量”为XC轴,“指定点”为右侧端面圆心,指定“直径”为17 mm,“高度”为23 mm,“布尔”运算选择“求和”,单击“确定”,如图3-3-3所示。

(3)重复前一步骤,建立其余六个圆柱,尺寸分别为直径22 mm,高度5 mm;直径30 mm,高度5 mm;直径22 mm,高度33 mm;直径20 mm,高度16 mm;直径17 mm,高度31 mm;直径15 mm,高度12 mm。结果如图3-3-4所示。

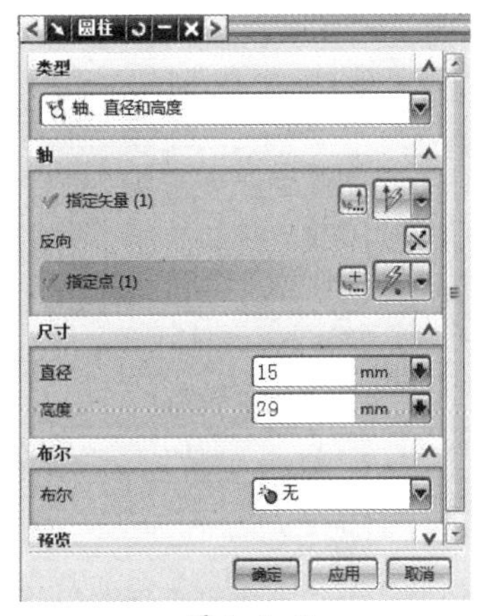

图3-3-2

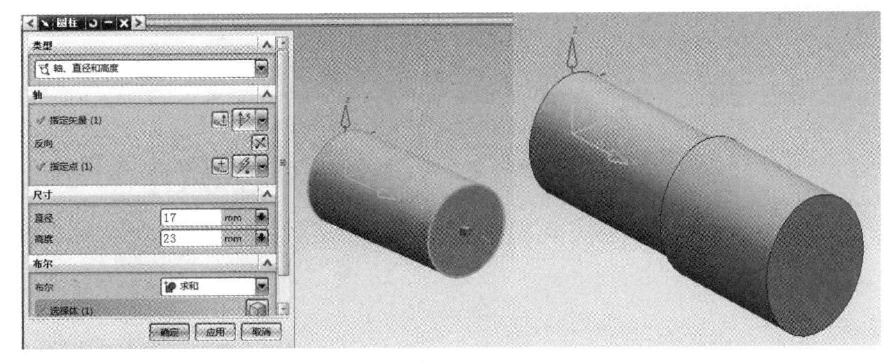

图3-3-3

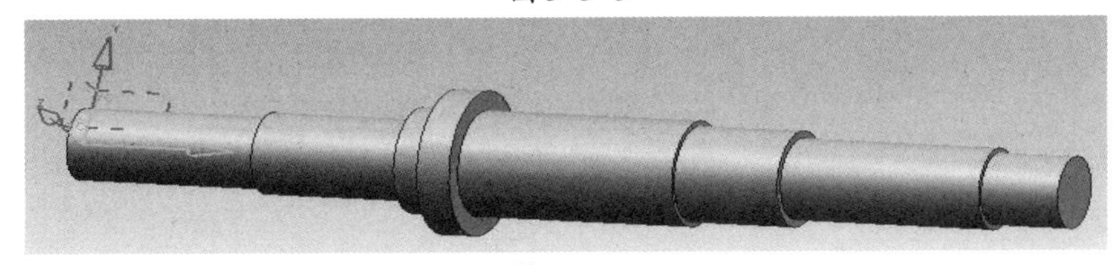

图3-3-4

2. 建立退刀槽

(1)单击“沟槽”按钮,选择“矩形”,单击图3-3-5所示圆柱面,输入槽直径15 mm,宽度2 mm,单击“确定”,弹出“定位槽”对话框,单击1和2两处圆弧,输入距离21 mm,单击“确定”,产生矩形槽,如图3-3-6所示。

(2)重复前一步骤,单击“沟槽”按钮,选择“矩形”,单击矩形槽所在圆柱面,分别输入槽直径20 mm,宽度2 mm,槽直径18 mm,宽度2 mm以及槽直径14 mm,宽度2 mm,在弹出的“定位槽”对话框中,分别选择圆柱端面圆及矩形槽端面圆,输入距离分别为31 mm、14 mm及10 mm。最终得到如图3-3-7所示图形。

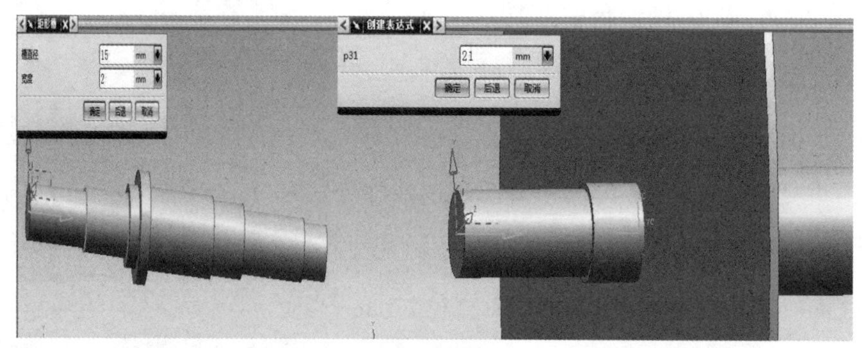

图3-3-5

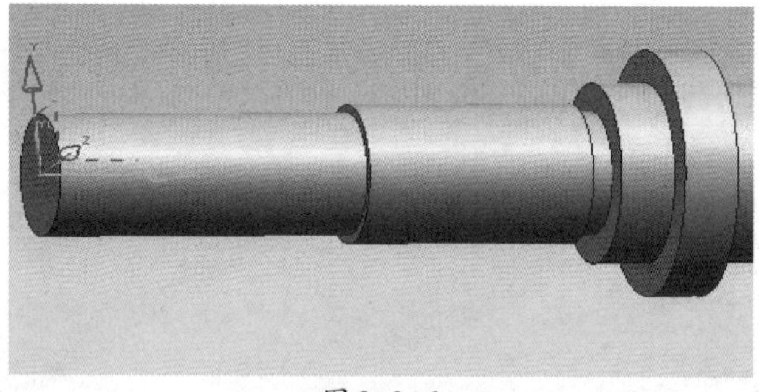
图3-3-6

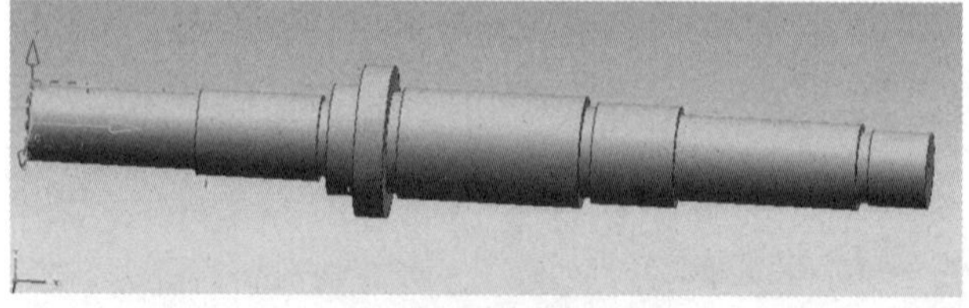
图3-3-7

3. 建立键槽

（1）单击“基准平面”，选择“类型”为“按某一距离”，选择“平面参考”为XC-YC平面，输入“距离”为7.5 mm，单击“确定”，产生基准平面。如图3-3-8所示。

（2）单击“键槽”，选择“矩形”，单击“确定”，点击建立的基准平面，选择接受默认边，“水平参考”选择XC轴，在“矩形键槽”对话框中，输入“长度”为19 mm，“宽度”为5 mm，“深度”3 mm，单击“确定”。在“定位”中选择水平。然后选择图3-3-9中2处圆弧，弹出“设置圆弧位置”对话框中选择“圆弧中心”，选择1处圆弧，单击“确定”，并输入“尺寸”为8 mm，单击“确定”。产生键槽，如图3-3-10所示。

（3）重复前两个步骤，单击“基准平面”，选择“类型”为“按某一距离”，选择“平面参考”为XC-YC平面，输入“距离”为11 mm，单击“确定”，产生基准平面。

（4）单击“键槽”，选择“矩形”，单击“确定”，点击“建立的基准平面”，选择“接受默认边”，“水平参考”选择XC轴，在“矩形键槽”对话框中，输入“长度”为25 mm，“宽度”6 mm，“深度”3.5 mm，单击“确定”。在“定位”中选择水平。然后选择轴上右侧圆弧，弹出设置圆弧位置对话框中选择相切点，选择键槽上右侧圆弧，单击“确定”，并输入“尺寸”为6 mm，单击确定。产生键槽，如图3-3-11所示。

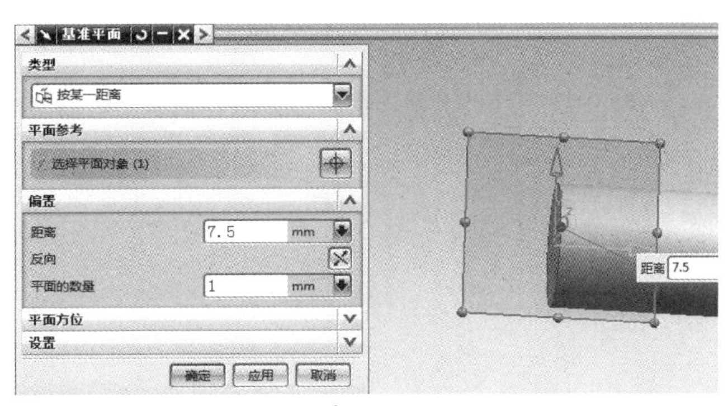

图3-3-8

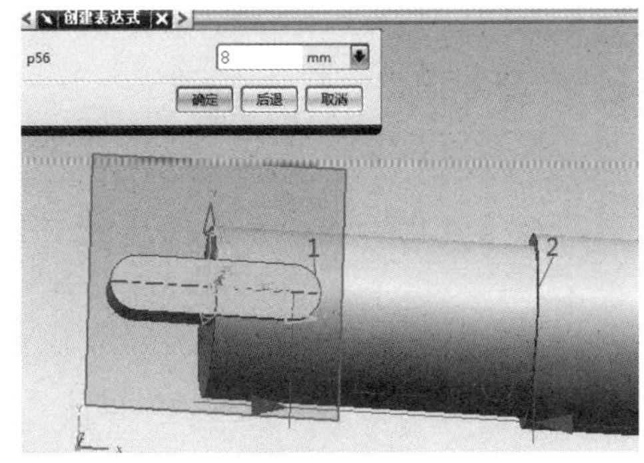

图3-3-9

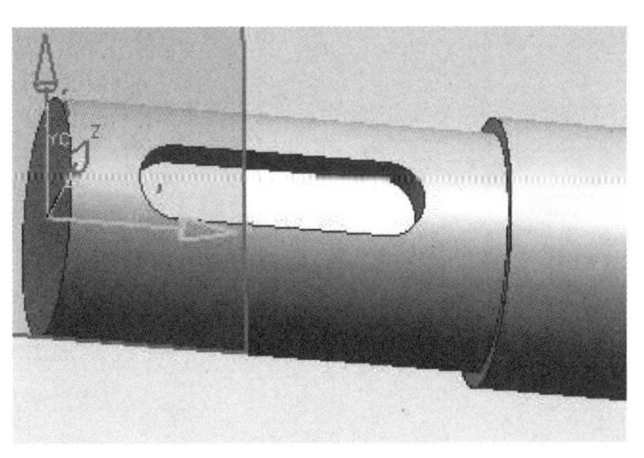

图3-3-10

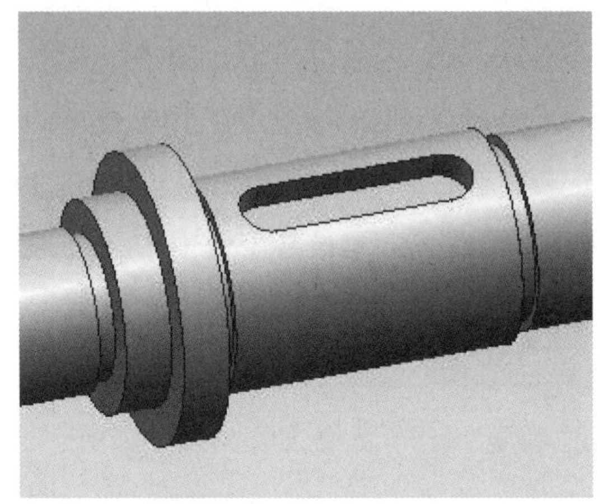

图 3-3-11

4. 建立其他成型特征

(1)单击“基准平面”,选择“隐藏”,将基准平面隐藏。

(2)单击“倒斜角”,选择如图3-3-12所示三处圆弧,输入“距离”为1 mm,单击“确定”,产生三处倒角。

(3)单击“边倒圆”,选择如图3-3-13所示圆弧,输入半径为0.75 mm,单击“应用”。选择如图3-3-14所示圆弧,输入半径1,单击“确定”。轴类零件模型建立完成,如图3-3-15所示。

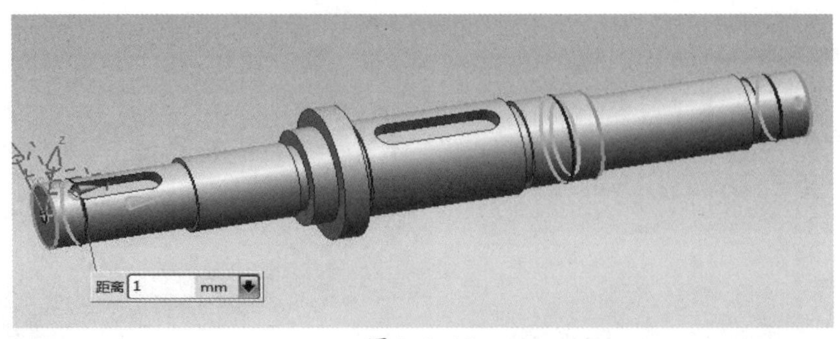

图 3-3-12

图 3-3-13

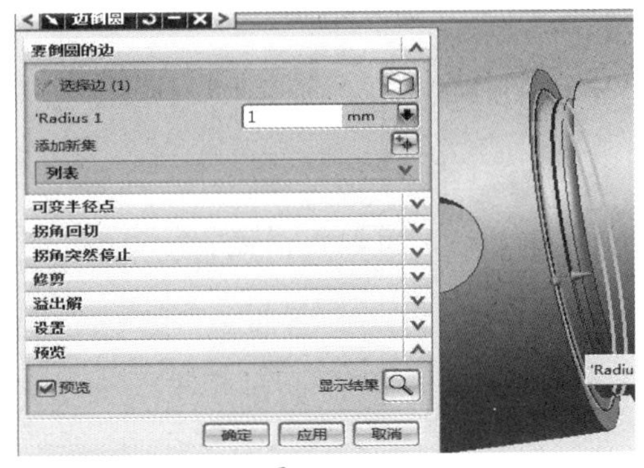

图 3-3-14

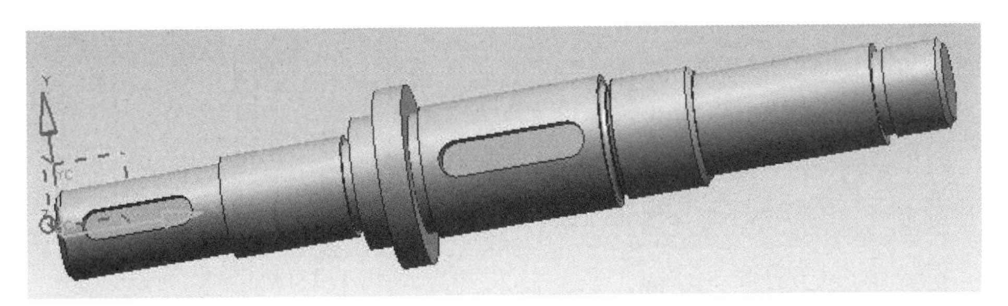

图 3-3-15

相关知识

一、对象操作

在绘图过程中，在对模型特征操作时，往往需要对目标对象进行显示、隐藏、分类和删除等操作，使用户能更快捷、更容易达到目的，如图3-3-16所示。

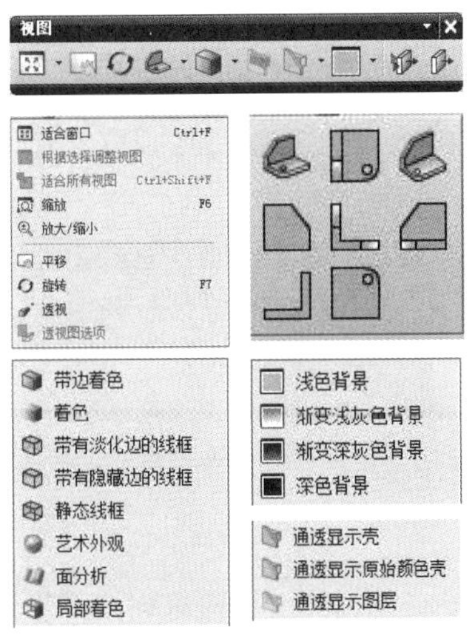

图 3-3-16

二、基本体

1. 圆柱体

圆柱体是指以指定参数的圆为底面和顶面，具有一定高度的实体模型。如图3-3-17、图3-3-8、图3-3-19所示。

2. 长方体

长方体是以三条边、对角点、原点和边长等为对象，建立的长方体。如图3-3-20所示。

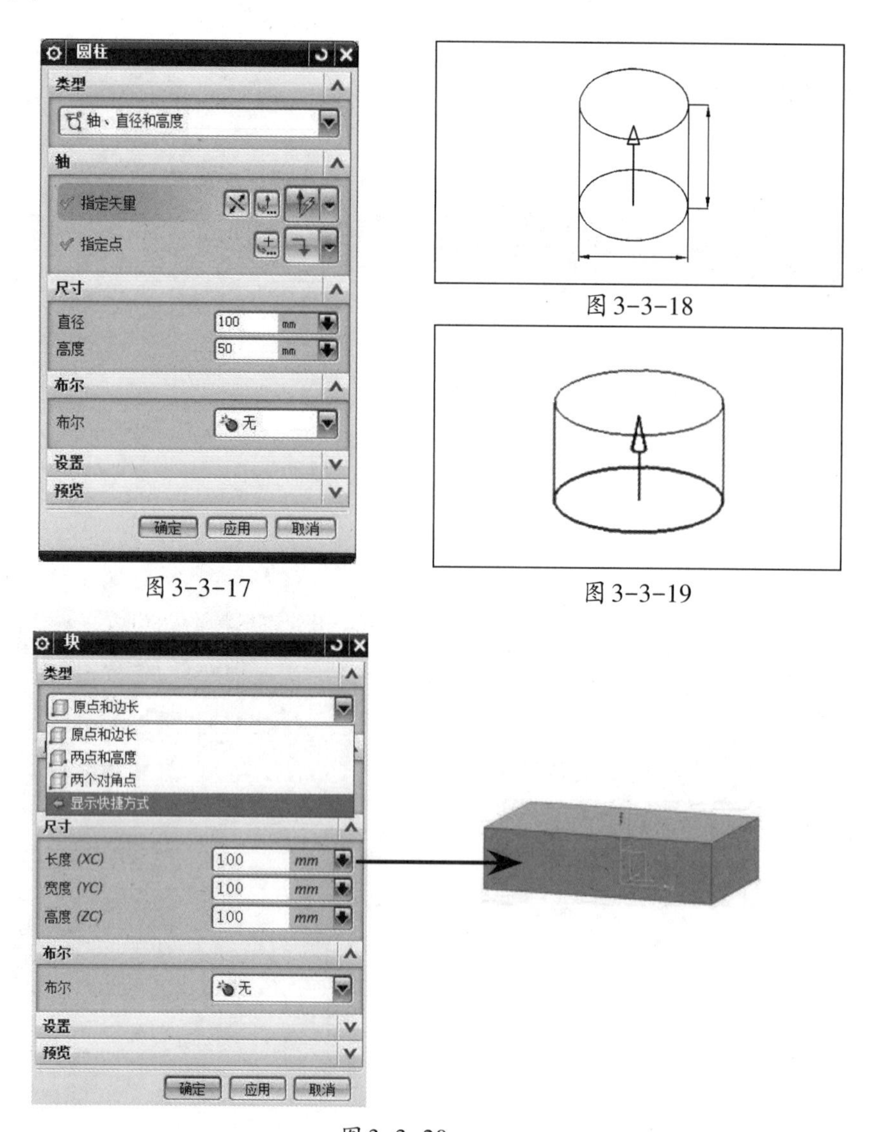

图3-3-17

图3-3-18

图3-3-19

图3-3-20

三、圆柱上的成型特征

1. 沟槽

“沟槽”用于用户在实圆柱形或圆锥形面上创建一个槽，就好像一个成形工具在旋转部件上向内（从外部定位面）或向外（从内部定位面）移动，如同车削操作。“沟槽”在选择该面的位置（选择点）附近创建并自动连接到选定的面上。

单击“特征”对话框中的“沟槽”按钮，进入如图3-3-21所示的“沟槽”对话框。

2. 键槽

“键槽”是指创建一个直槽的通道穿透实体或通到实体内，在当前目标实体上自动执行求差操作。所有键槽类型的深度值均按垂直于平面放置面的方向测量。此工具可以满足建模过程中各种键槽的创建。键槽在机械工程中应用广泛，通常用于各种轴类、齿轮等产品上，起到轴向定位和传递扭矩的作用。

单击“特征”对话框中的“键槽”按钮，进入“键槽”对话框，如图3-3-22和3-3-23所示。

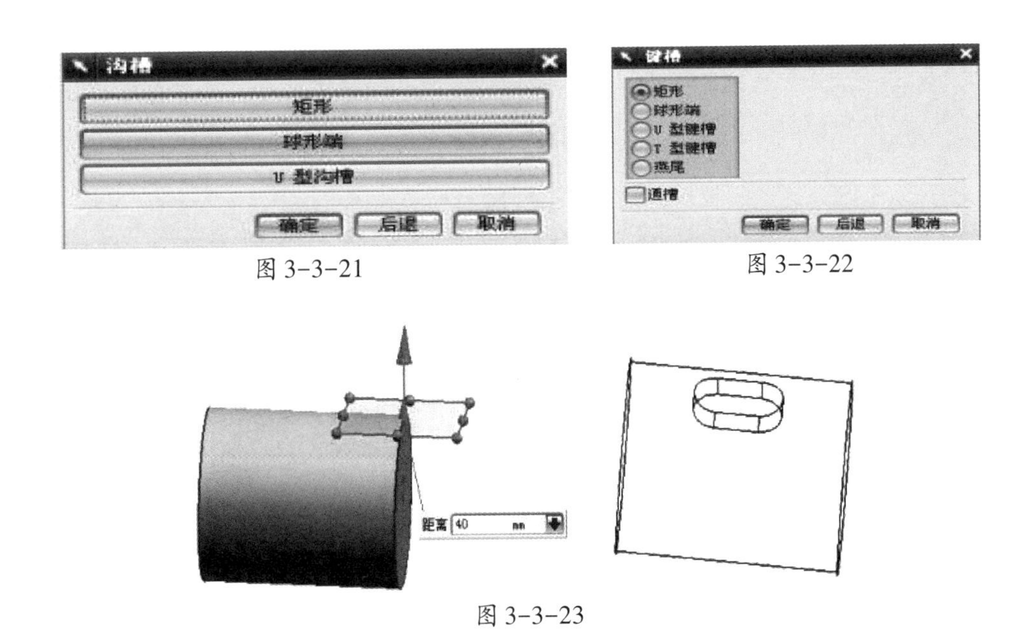

图 3-3-21

图 3-3-22

图 3-3-23

任务评价

传动主轴的绘制模评价表，见表3–3–1。

表3–3–1

评价内容	评价标准	分值	学生自评	教师评估
圆柱体建模	会设置圆柱体类型和参数	20分		
键槽特征	会输入参数和定位	20分		
长方体建模	会设置长方体类型和参数	10分		
退刀槽特征	会输入参数和定位	20分		
基本体绘轴类零件	能掌握基本体绘制轴的方法	20分		
情感评价	能感受到用不同方法画图的成就感	10分		
学习体会				

绘制如图3–3–24所示的轴零件。

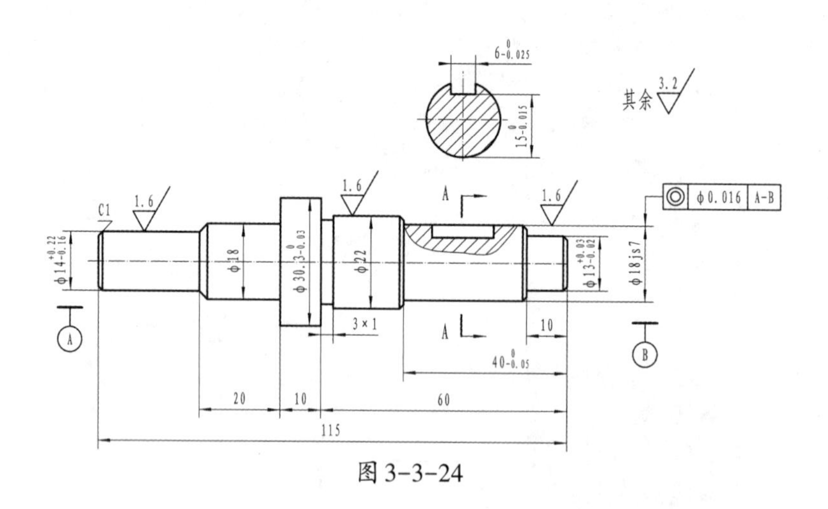

图3–3–24

任务四　减速器箱盖的建模

任务目标

通过本任务的学习，运用UG草图及实体建模功能，掌握拉伸、抽壳、镜像特征、实例特征、孔、边倒圆等基本建模功能的用法，如图3-4-1所示，形状较复杂。

图3-4-1

任务分析

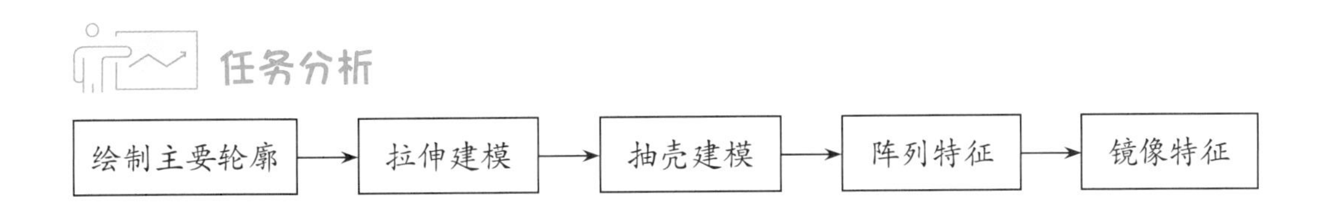

任务实施

一、任务准备

“开始”—“程序”—“UG NX 8.5”—“NX 8.5”进入UG初始界面。单击“文件”—“新建”（快捷键Ctrl+N）或者单击“新建”按钮，在文件名对话框输入xianggai，单位为毫米，选择“模型”模板，单击“确定”进入UG NX 8.5建模模块界面。

二、操作步骤

1. 绘制主要轮廓草图

(1)在主菜单中单击“插入”—“在任务环境中绘制草图”或者单击“草图工具”按钮进入“创建草图”界面，“平面选项”选为“创建平面”，选择“ZC-YC”为草图平面，绘制如图3-4-2所示草图。

(2)单击“完成草图”，返回实体建模空间。

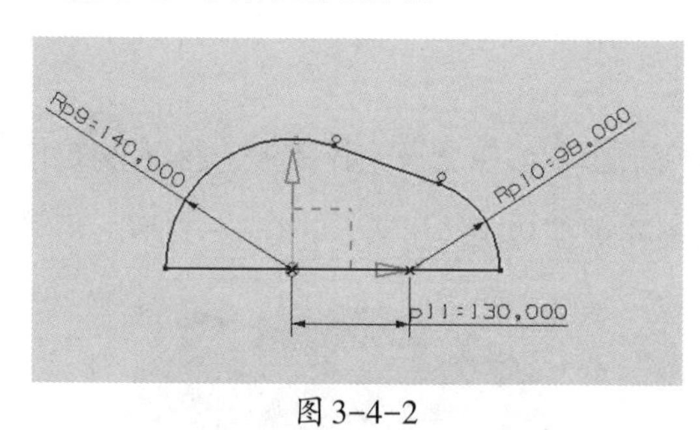

图3-4-2

2. 绘制主要轮廓

(1)单击“拉伸”按钮：“选择曲线”为前一步骤所绘制的草图，“指定矢量”为XC轴，拉伸参数如图3-4-3所示。

(2)单击“抽壳”按钮：选择“移除面”为底面，设置“厚度”为8 mm，抽壳结果如图3-4-4所示，单击“确定”。

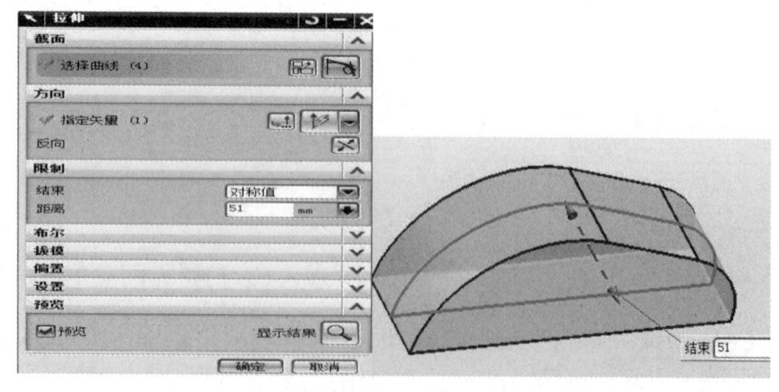

图3-4-3

图 3-4-4

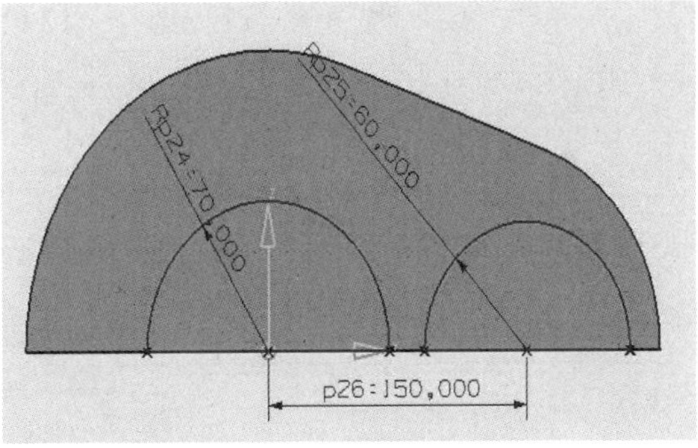

图 3-4-5

(3)单击“草图绘制”按钮：选择拉伸实体侧面为草图平面，绘制如图 3-4-5 所示草图。单击“完成草图”，返回实体建模空间。

(4)单击“拉伸”按钮：“选择曲线”为前一步骤所绘制的草图，“方向”选择默认，拉伸“结束”距离设为 55 mm，“布尔”为求和，结果如图 3-4-6 所示。

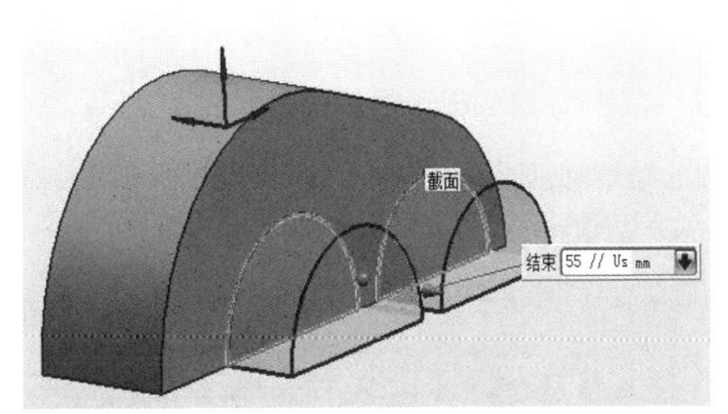

图 3-4-6

(5)单击“草图绘制”按钮：选择拉伸实体侧面为草图平面，绘制如图 3-4-7 所示草图。单击“完成草图”，返回实体建模空间。

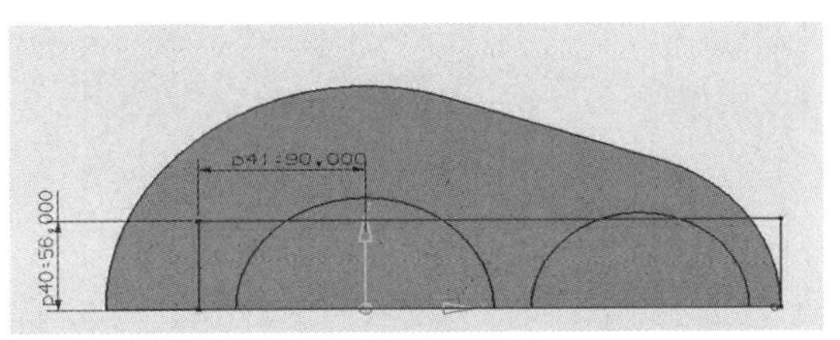

图 3-4-7

(6)单击“拉伸”按钮：“选择曲线”为前一步骤所绘制的草图，“方向”选择默认，拉伸“结束”距离设为 42 mm，“布尔”为求和，结果如图 3-4-8 所示。

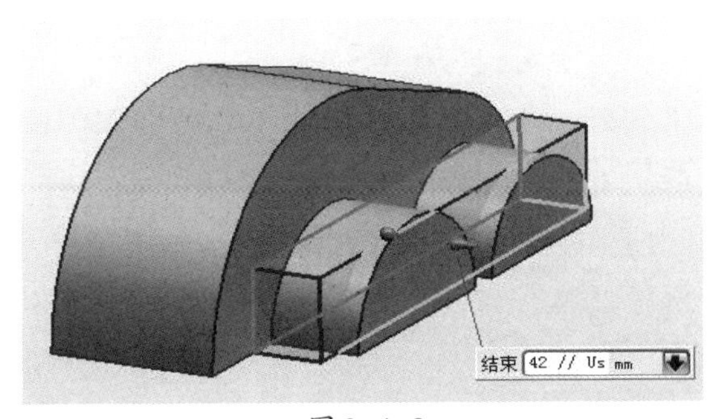

图 3-4-8

(7)单击“镜像特征”按钮:选择第(3)及第(5)步产生的实体,单击“完整平面”“类型”选择平分,单击图3-4-9所示平面两侧平面,单击“确定”,回到“镜像特征”对话框,单击“确定”。

(8)单击“草图绘制”按钮:选择底面为草图平面,绘制如图3-4-10所示草图。单击“完成草图”按钮,返回实体建模空间。

(9)单击“拉伸”按钮:选择曲线为前一步骤所绘制的草图,“方向”选择默认,拉伸“结束距离”设为12 mm,“布尔”为求和,结果如图3-4-11所示。

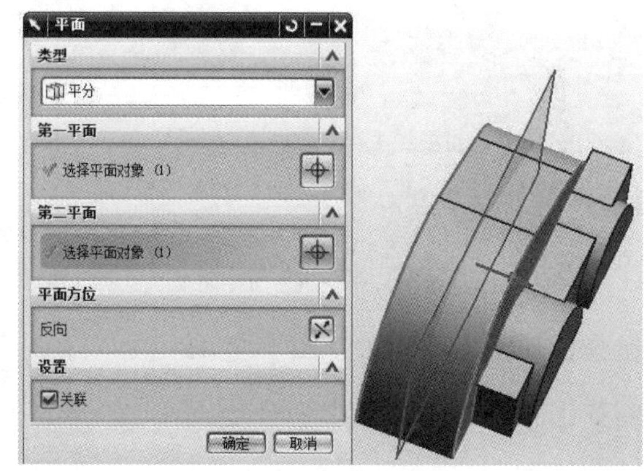

图3-4-9

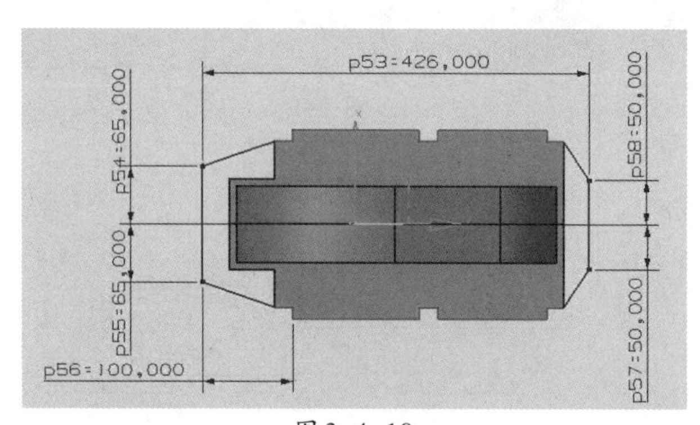

图3-4-10

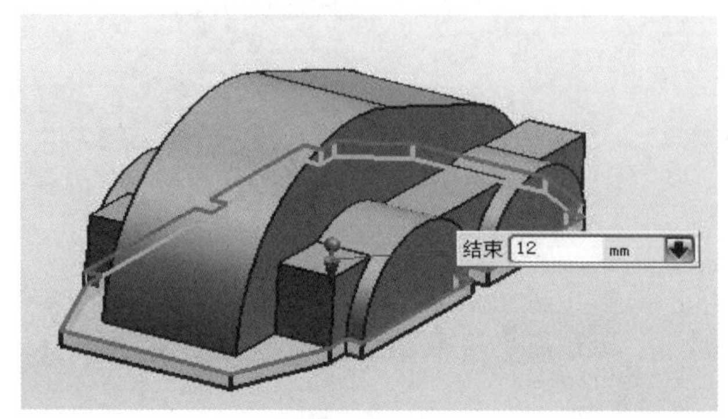

图3-4-11

3. 绘制其他特征

(1)单击“边倒圆”按钮:设置半径为44 mm,选择如图3-4-12所示边线,进行边倒圆操作,单击“确定”。

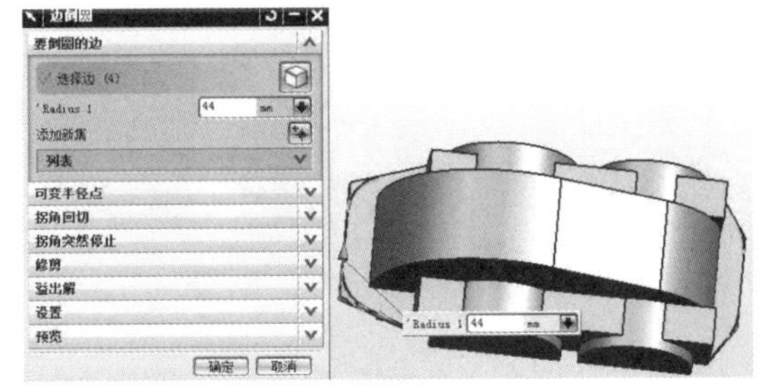

图3-4-12

(2)单击“孔”按钮:选择如图所示圆弧,即捕捉圆心,设置孔参数为直径100 mm,深度为贯通体,角度0,单击“确定”,完成孔建模,如图3-4-13所示。

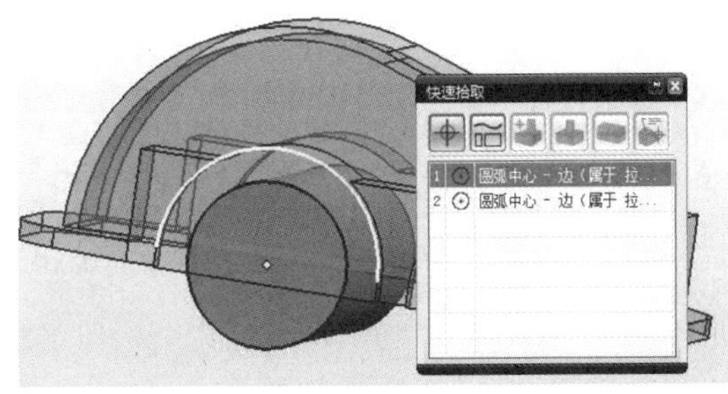

图3-4-13

(3)重复前一步骤,单击“孔”按钮:选择如图3-4-14所示圆弧,即捕捉圆心,设置孔参数为直径80 mm,深度为贯通体,角度0,单击确定,完成孔建模。

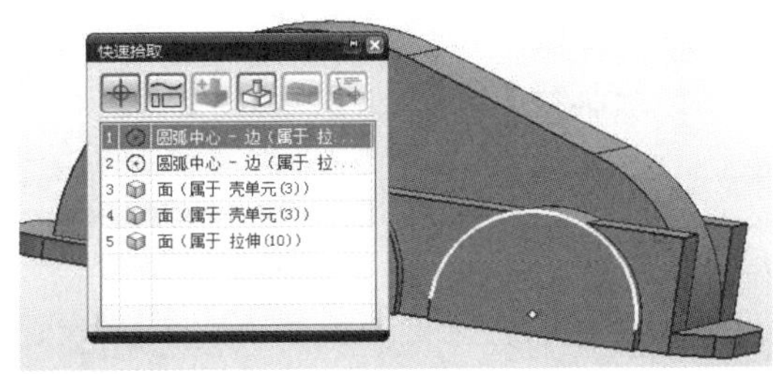

图3-4-14

(4)单击“孔”按钮:位置一项选择“绘制截面”,单击“确定”,产生点,绘制草图,单击“确定”,设置孔参数为直径8 mm,深度为15 mm,角度118,单击“确定”,完成孔建模,如图3-4-15所示。

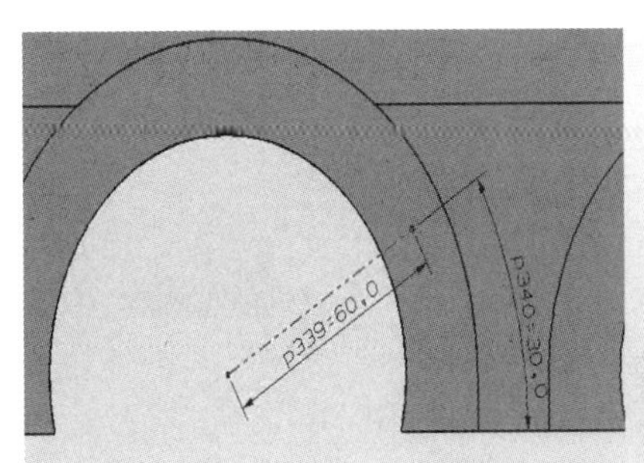

图3-4-15

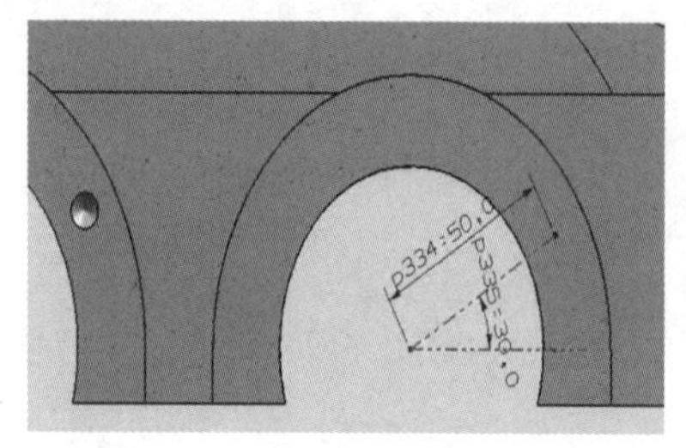

图3-4-16

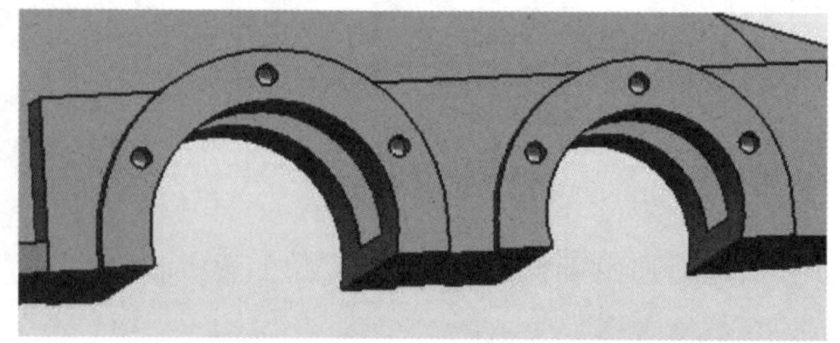
图3-4-17

(5)单击特征操作中的“陈列特征”按钮:选择“圆形阵列”,单击“确定”,设置“圆形阵列”参数,“数量”为3,“角度”为-60,单击“确定”,得到三个简单孔。

(6)重复前两步骤,位置一项选择“绘制截面”,单击“确定”,产生点,绘制如图所示草图,单击“确定”,设置孔参数为直径8 mm,深度为15 mm,角度118,单击“确定”,完成孔建模,如图3-4-16所示。

(7)单击特征操作中的“陈列特征”按钮:选择“圆形阵列”,单击“确定”,设置“圆形阵列”参数,“数量”为3,“角度”为-60,单击“确定”,得到图3-4-17所示三个简单孔。

(8)单击“镜像特征”按钮:选择第(5)及第(7)步产生的简单孔,单击“完整平面”类型选择“平分”,单击图3-4-17所示平面两侧平面,单击“确定”,回到镜像特征对话框,单击“确定”。

4. 绘制细节特征

(1)单击“孔”按钮:位置一项选择“绘制截面”,单击“确定”,产生点,绘制草图,单击“确定”,选择“成形”为沉头孔,设置孔参数为沉头孔直径30 mm,沉头孔深度为1 mm,直径为13 mm,深度为贯通体,单击“确定”,完成孔建模,如图3-4-18所示。

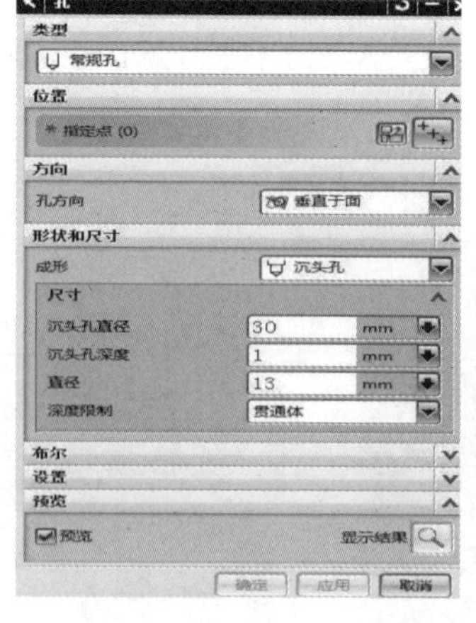

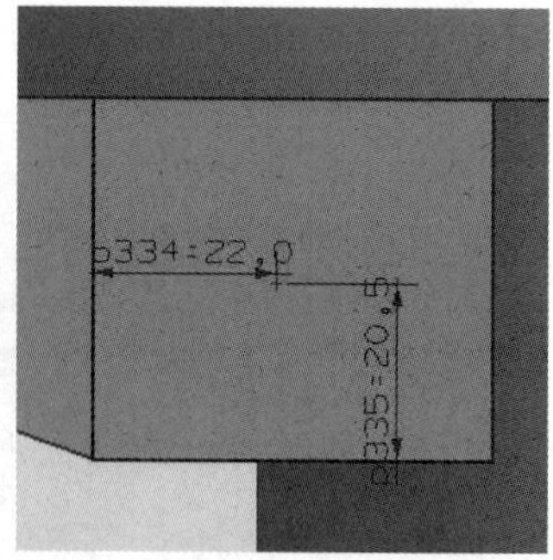

图3-4-18

(2)单击特征操作中的“陈列特征”按钮:选择线性,单击“确定”,设置矩形阵列参数,如图3-4-19所示,单击“确定”。

(3)重复前一操作,单击特征操作中的“陈列特征”按钮:选择线性,单击“确定”,设置矩形阵列参数XC向数量为1,XC偏置为0,YC向数量为2,YC偏置为267,单击“确定”。并对三个沉头孔进行镜像。

(4)单击“草图绘制”:选择“XC-ZC平面”为草图平面,绘制如图3-4-20所示草图。单击“完成草图”,返回实体建模空间。

(5)单击“拉伸”按钮:选择曲线为前一步骤所绘制的草图,方向选择默认,拉伸距离设为对称值7.5 mm,“布尔”为求和,结果如图3-4-21所示。

(6)单击“边倒圆”按钮:设置半径为18 mm,选择如图3-4-22所示边线,进行边倒圆操作,单击“确定”。

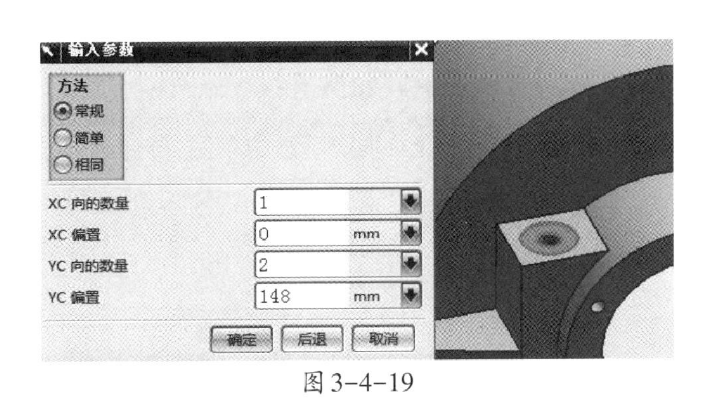

图3-4-19

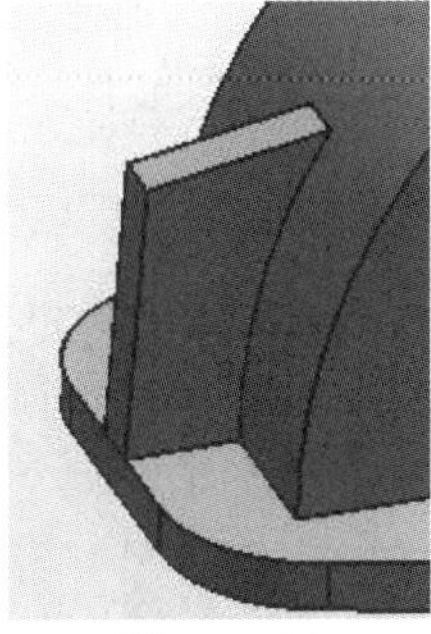
图3-4-21

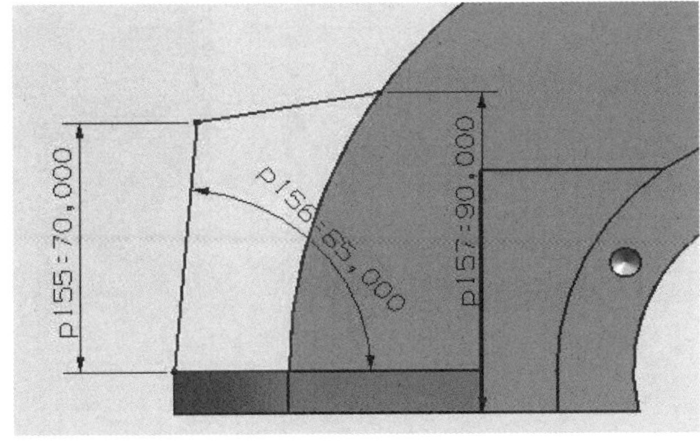

图3-4-20

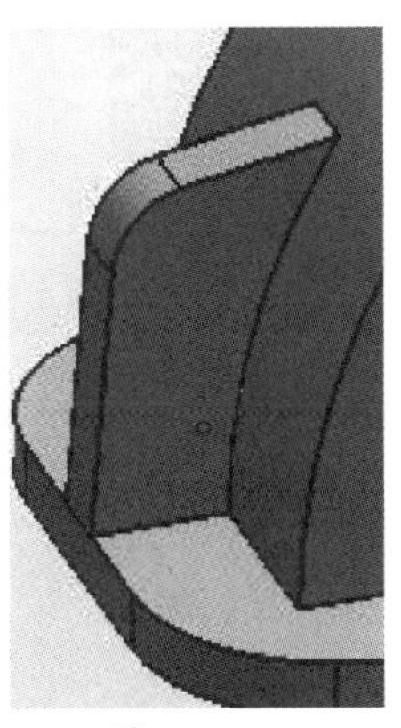
图3-4-22

(7)单击“孔”按钮:位置一项选择前一操作产生的圆弧，设置孔参数为直径18 mm,深度为贯通体,单击“确定”,完成孔建模,如图3-4-23所示。

(8)单击“草图绘制”按钮:选择“XC-ZC平面”为草图平面,绘制如图3-4-24所示草图。单击“完成草图”,返回实体建模空间。

(9)单击“拉伸”按钮:“选择曲线”为前一步骤所绘制的草图,方向选择默认,拉伸“距离”设为对称值7.5 mm,“布尔”为求和,结果如图3-4-25所示。

(10)单击“边倒圆”按钮:设置半径为18 mm,进行边倒圆操作,单击确定。

(11)单击“孔”按钮:位置一项选择前一操作产生的圆弧，设置孔参数为直径18 mm,深度为贯通体,单击“确定”,完成孔建模,如图3-4-26所示。

(12)单击“草图绘制”按钮:选择图示实体表面为草图平面,绘制如图3-4-27所示草图。单击“完成草图”,返回实体建模空间。

(13)单击“拉伸”按钮:选择曲线为前一步骤所绘制的草图,拉伸“结束”距离设为5 mm,“方向”向上,“布尔”为求和,结果如图3-4-28所示。

(14)单击“拉伸”按钮:“选择曲线”为第(12)步所绘制的草图,拉伸参数设置如图3-4-29所示,“布尔”为求差,完成箱体零件建模。

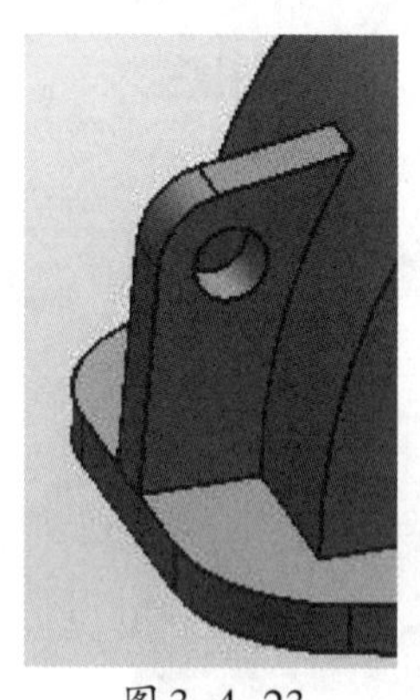
图3-4-23

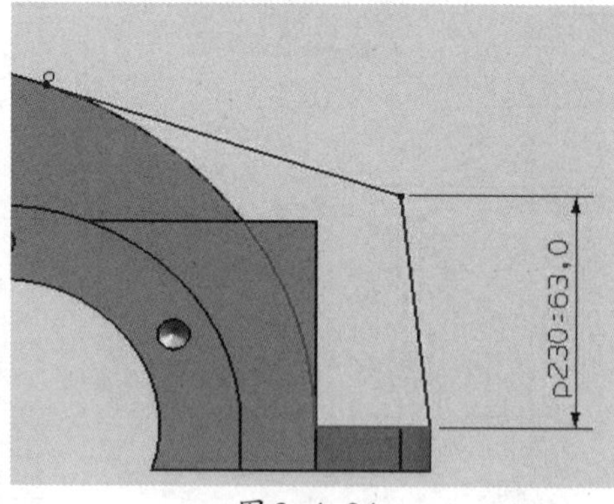

图3-4-24

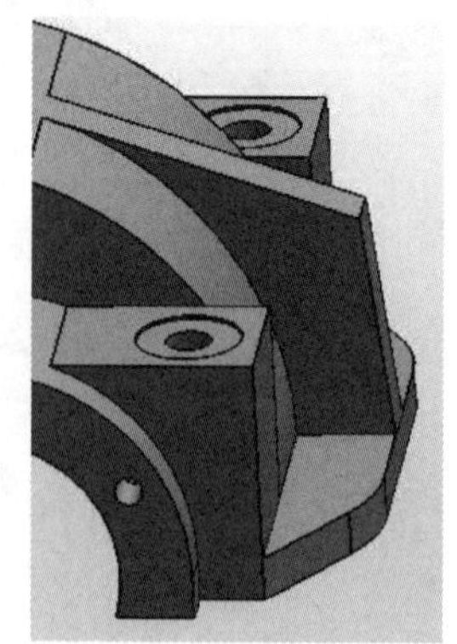
图3-4-25

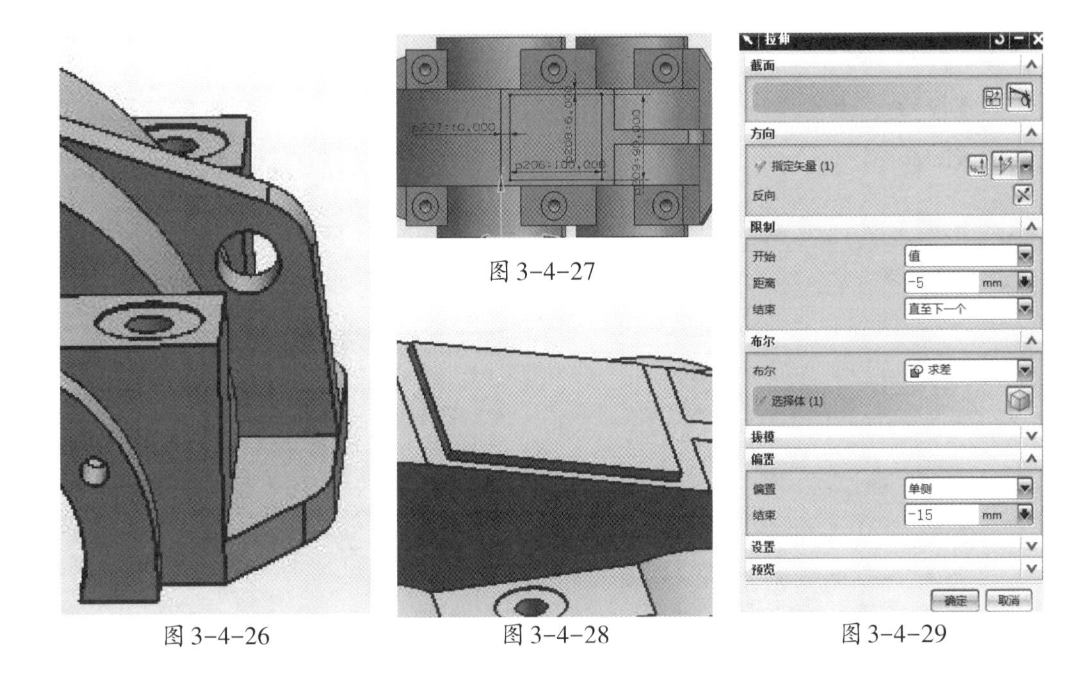

图 3-4-27

图 3-4-26　　图 3-4-28　　图 3-4-29

相关知识

一、抽壳

“抽壳”是指按照指定的厚度将实体模型抽空为腔体或在其四周创建壳体。可以指定个别不同的厚度到表面并移去个别表面。执行“插入”—“偏置/缩放”—“抽壳”命令(或单击“特征操作”工具栏中的“抽壳”按钮),进入“抽壳”对话框,如图3-4-30所示。

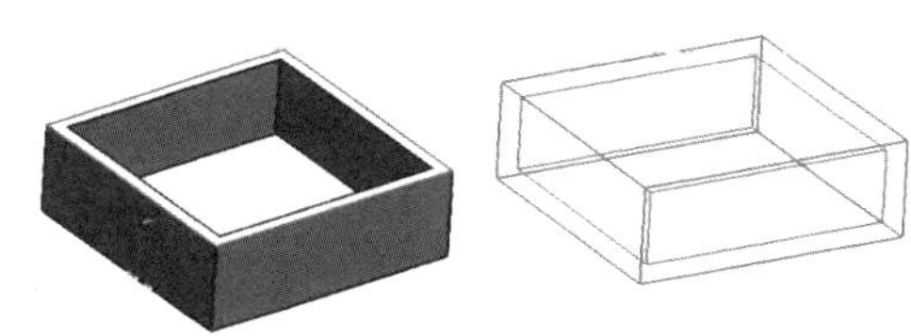

图3-4-30

二、镜像特征

“镜像特征”选项用于将选定的特征通过基准平面或平面，生成对称的特征。在UG建模中使用广泛，可以提高建模效率。执行“插入”—“关联复制”—“镜像特征”命令(或单击“特征操作”工具栏中的“镜像特征”按钮)，进入“镜像特征”对话框，如图3-4-31所示。

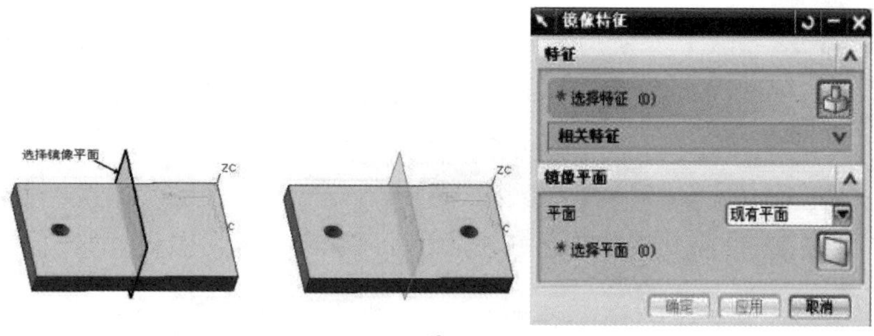

图3-4-31

三、镜像体

“镜像体”选项用于镜像整个体。与“镜像特征”不同的时，后者是镜像一个体上的一个或多个特征。执行“插入”—“关联复制”—“镜像体”命令(或单击“特征操作”工具栏中的“镜像体”按钮)，进入“镜像体”对话框，如图3-4-32所示。

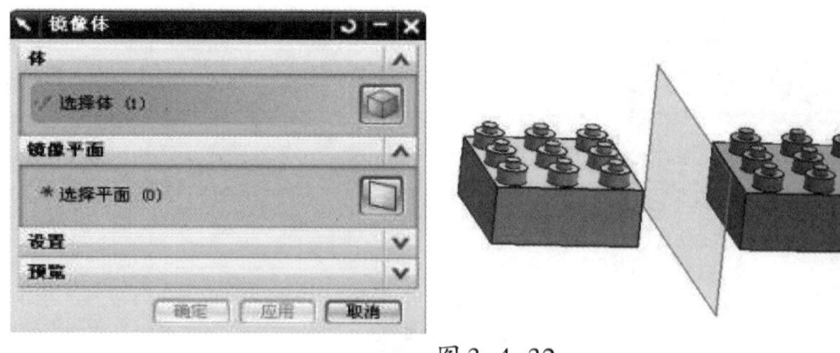

图3-4-32

任务评价

减速器箱盖的建模评价表，见表3-4-1。

表3-4-1

评价内容	评价标准	分值	学生自评	教师评估
箱盖主要轮廓	完成建模准确性和效率	30分		
箱盖细节特征	调用的成型特征应用	20分		
绘图步骤合理	画图的顺序和方法	20分		
绘图方法	熟练和灵活性	20分		
情感评价	与他人交流合作	5分		
	对绘制完成的成就感	5分		
学习体会				

(1)绘制如图3-4-33所示图形。

(2)绘制如图3-4-34所示模型。

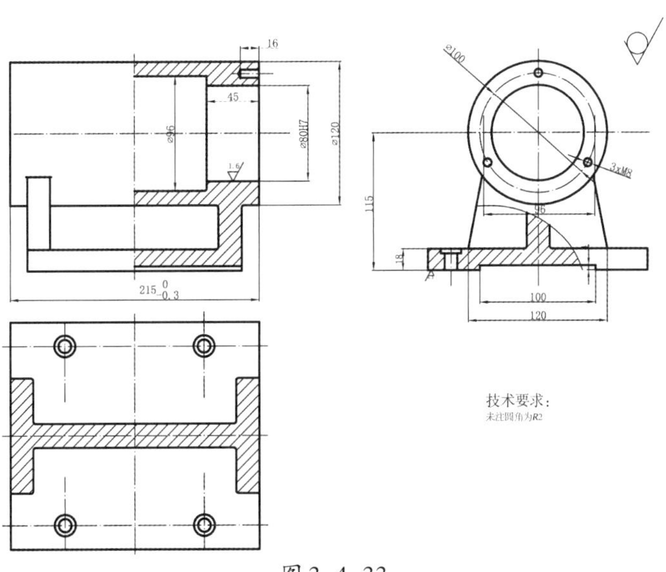

图3-4-33

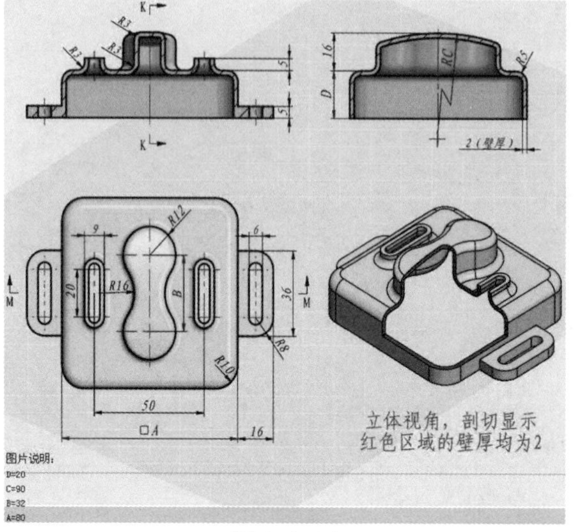
K
R3
R2
R3
5
5
K
16
D
RC
R5
2（壁厚）
R12
9
6
20
R16
B
36
M
M
R8
R10
50
□A
16
立体视角，剖切显示
红色区域的壁厚均为2
图片说明：
D=20
C=90
B=32
A=80

图 3-4-34

项目四 支承架装配

支承架在各种装备中普遍存在,可谓“大力士”,如图所示。“众人划船逆流而上”,一个支承架往往由多个零件组装而成,正是它们的团队协作、密切配合,铸就了一个又一个精密设备和工具,支撑着“中国制造”向前发展,迈向“中国智造”“中国创造”。

本项目以支承架的装配为例,从组件接触对齐装配、镜像装配、移动组件定位、同心约束装配、阵列装配等形式进行分析和操作,培养学生的团队意识。通过小组分工,协同作战,密切配合,在有效的时间内完成支承架的装配。

本项目通过支承架的装配过程,学生将学习部件在装配中的链接关系,建立部件间约束关系来确定部件在产品中的位置。该装配如右图所示,左右对称,可通过底座建立支架,然后装配导轮,最后装配销轴和四个定位钉。

支承架模型

目标类型	目标要求
知识目标	(1)掌握装配中对工具进行各种零部件的装配 (2)学会装配中的编辑、修改、更新 (3)会对装配模型进行间隙分析、重量管理等操作
技能目标	(1)能对各类零件进行组件配对、几何和尺寸约束、位置编辑等 (2)能对简单装配进行爆炸处理 (3)能简单分析装配干涉
情感目标	(1)能与他人合作完成任务 (2)能有独立完成任务的意志 (3)会对扩展知识产生兴趣

任务一　支承架的装配

任务目标

通过对各部件进行“添加现有组件”“组件配对”等工具的运用，学会装配中部件的调用、约束定位和装配的编辑技能。

任务分析

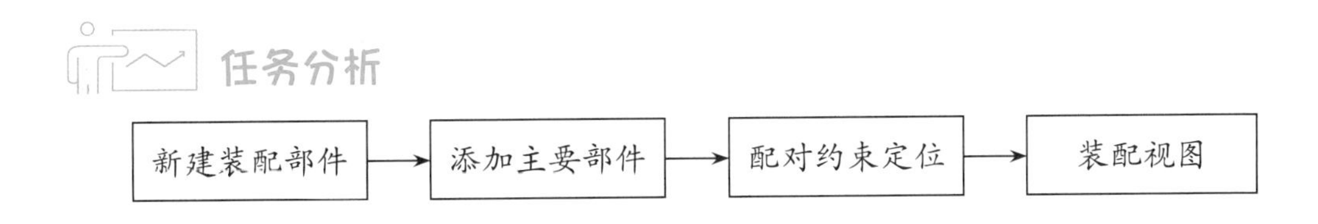

任务实施

一、任务准备

“开始”—“程序”—“UG NX 8.5”—“NX 8.5”进入UG初始界面。单击“文件”—“新建”（快捷键Ctrl+N）或者单击“新建 ”按钮，在文件名对话框输入zhuangpei，单位为毫米，选择“装配”模板，如图4-1-1所示，单击“确定”进入UG NX 8.5装配模块界面。

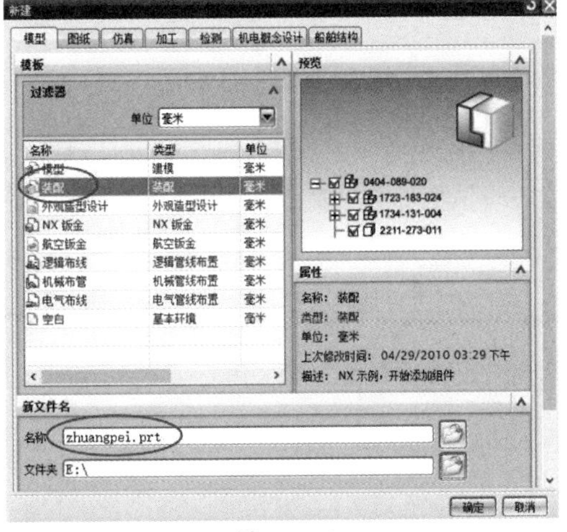

图 4-1-1

二、操作步骤

1. 直接调用组件接触对齐装配

(1)进入装配界面后系统弹出“添加组件”对话框，如图4-1-2所示。

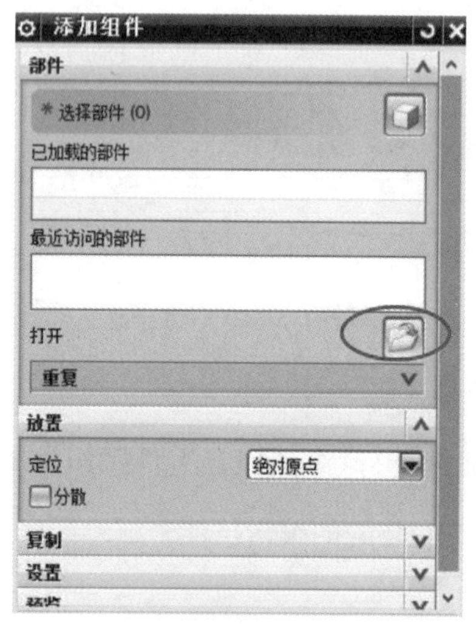

图4-1-2

(2)首先在对话框中单击“打开”，在弹出的“打开部件文件”对话框查找范围内选取4-1组件，系统出现“组件预览”小窗口，“定位”选择“绝对原点”，单击“应用”或“确定”，即完成第一个组件的定位，如图4-1-3所示。

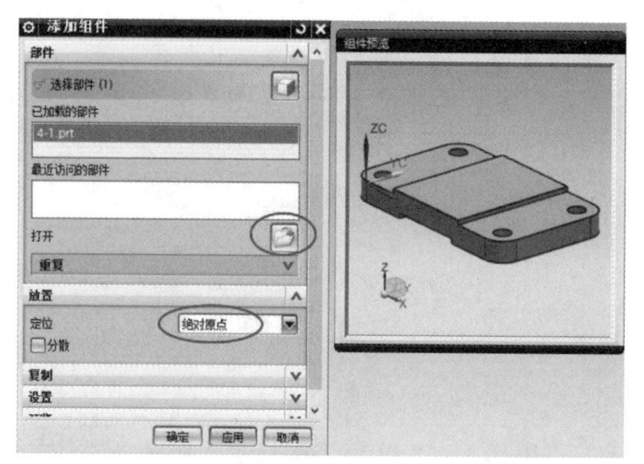

图4-1-3

(3)继续单击“打开”，添加现有的其他组件或者在装配工具条内单击“添加组件”图标，系统弹出“添加组件”对话框，在此选取组件4-2，“定位”选择“通过约束”，单击“确定”，如图4-1-4所示。

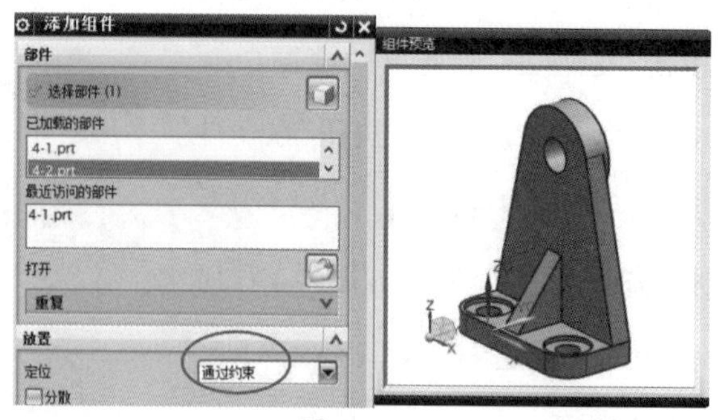

图4-1-4

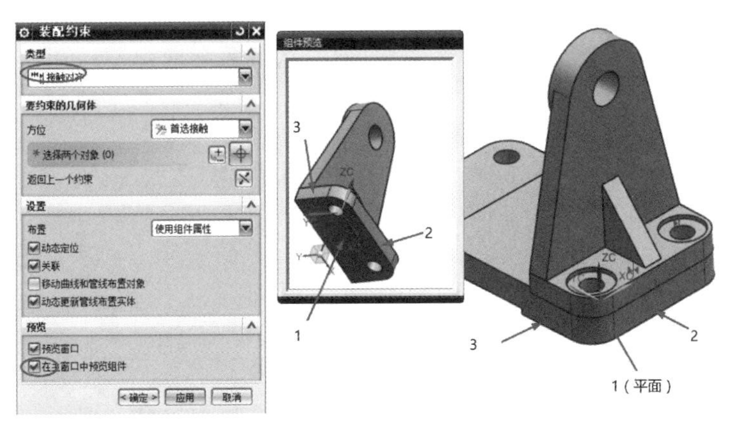

图 4-1-5

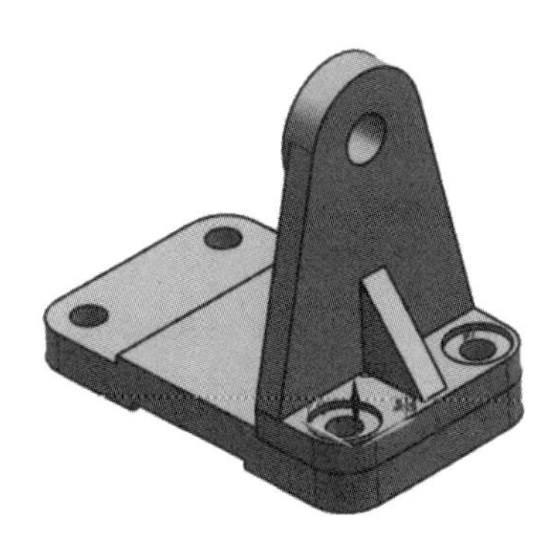

图 4-1-6

（4）系统弹出“装配约束”对话框，“类型”选择“接触对齐”，在主窗口和辅助窗口中分别选择三个面（1对1，2对2，3对3），如图4-1-5所示。

按“确定”得到如图4-1-6所示的装配。

2. 镜像装配

（1）在装配工具条上点击“WAVE几何链接器”按钮，“类型”选择“体”，选择如图4-1-7所示底座板，按“确定”。

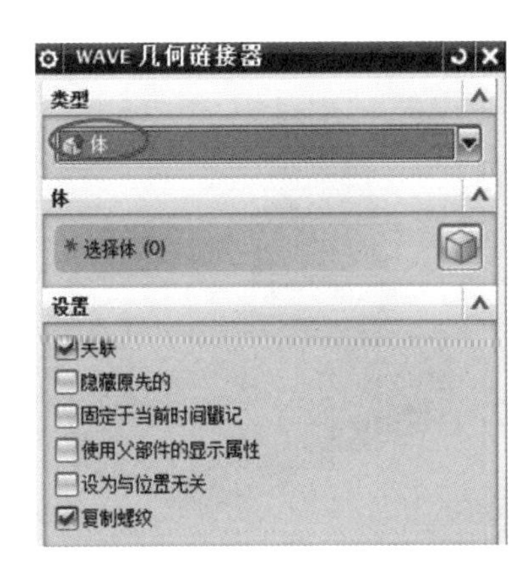

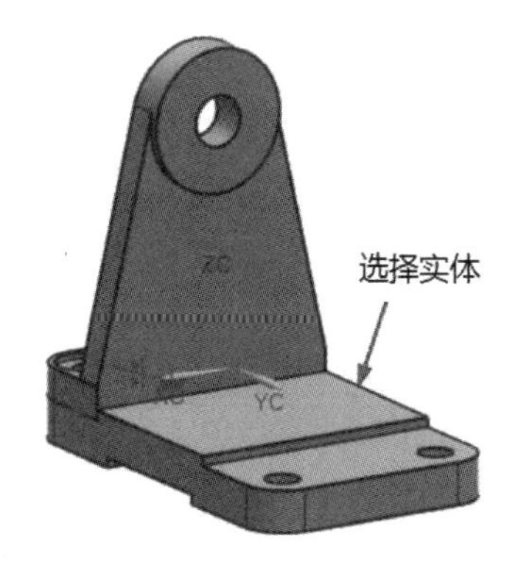

图 4-1-7

(2)点击“镜像装配 ”按钮，系统弹出“镜像装配向导”对话框，点击“下一步”按钮，选择组件如图4-1-8所示。

(3)点击“下一步”按钮，在对话框中点击“创建一个平面”按钮，系统弹出“基准平面”对话框，选择如图4-1-9所示的面1和面2，建立中间基准面。

点击“确定”按钮，得到如图4-1-10所示基准面。

图4-1-8

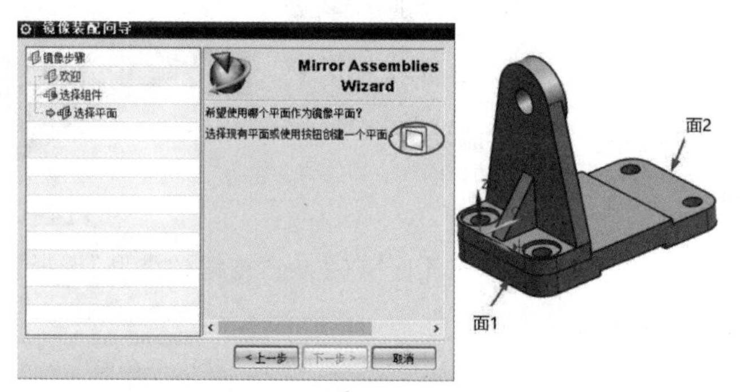

图4-1-9

图4-1-10

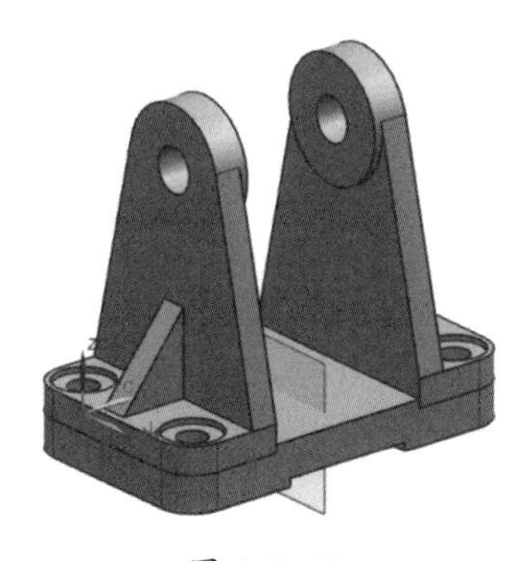

图 4-1-11

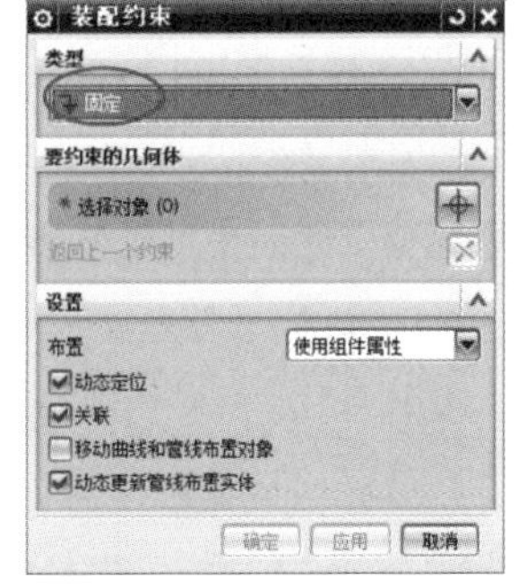

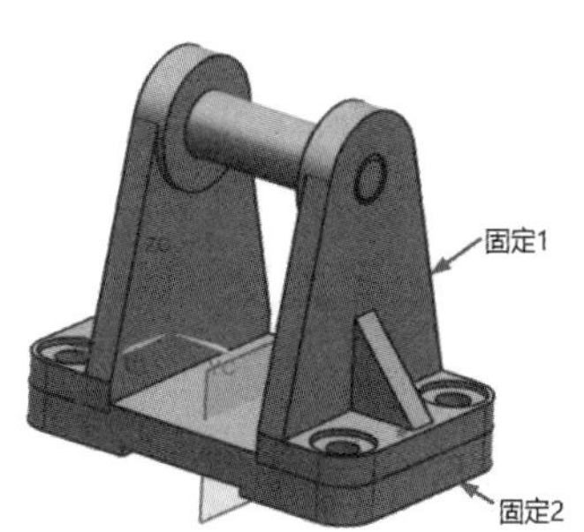

图 4-1-12

(4)点击两次“下一步”按钮,点击“完成”按钮,得到如图 4-1-11 所示镜像组件。

(5)点击“装配约束 ”按钮,选择刚新建的镜像组件,使其固定位置不变,如图 4-1-12 所示。

3. 移动组件定位

(1)点击“添加组件 ”按钮,在对话框中打开 4-3 组件,定位方式选择“移动”,点击“确定”按钮,如图 4-1-13 所示。

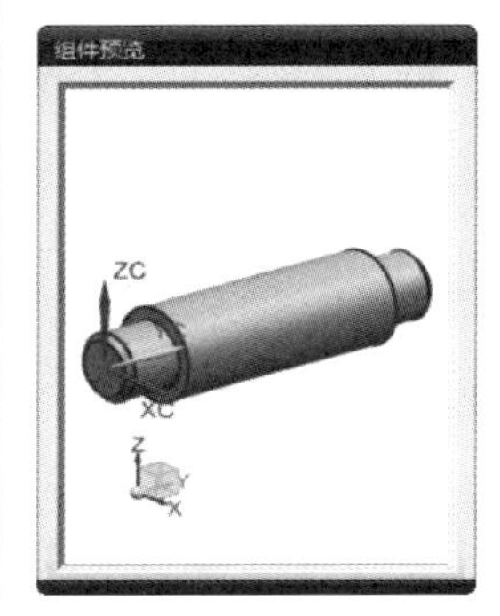

图 4-1-13

(2)在弹出的“点”对话框中在图形区域空白处任意点击,放置组件,如图 4-1-14 所示,弹出“移动组件”对话框,“变换”选择“点到点”,即圆心到圆心。

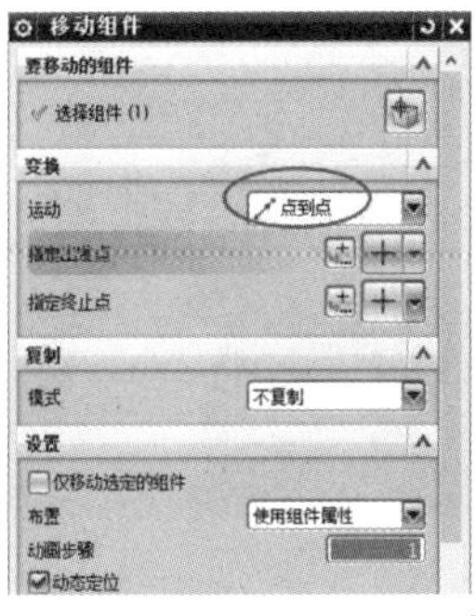

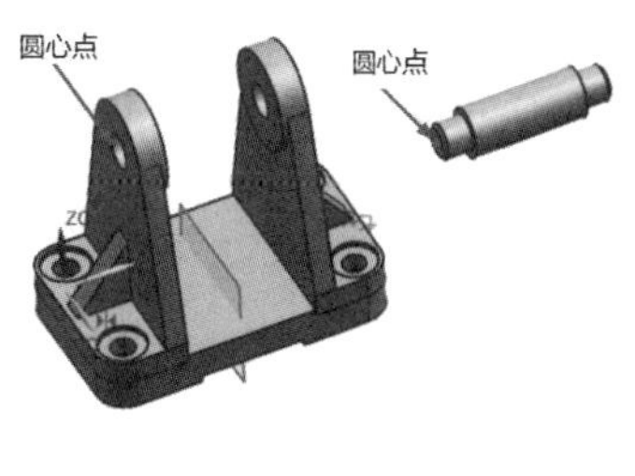

图 4-1-14

(3)点击“确定”按钮,得到如图4-1-15所示草图。

4. 同心约束装配

(1)点击“添加组件”按钮,在对话框中打开4-4组件,定位方式选择“通过约束”,点击“确定”按钮,在“装配约束”对话框中“类型”选择同心,选择两圆柱面,如图4-1-16所示。

(2)将“装配约束”对话框中的“类型”选择为“距离”,“距离”大小设置为1 mm,选择如图4-1-17所示的两个平面。

(3)点击“确定”按钮,得到如图4-1-18所示的装配。

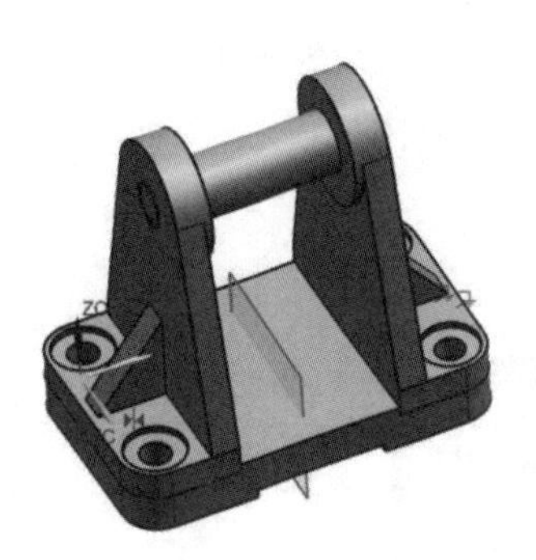

图4-1-15

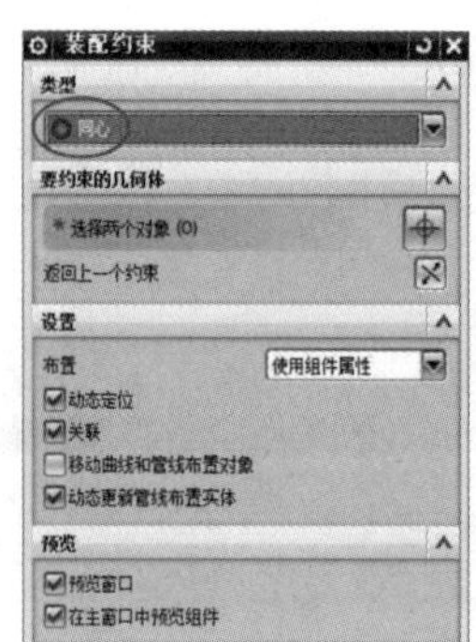

图4-1-16

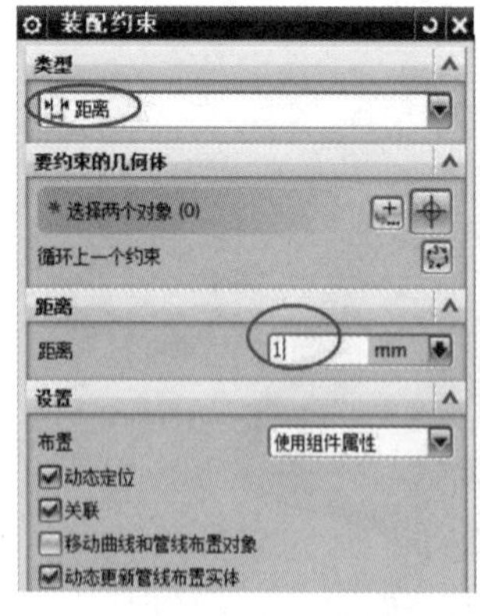

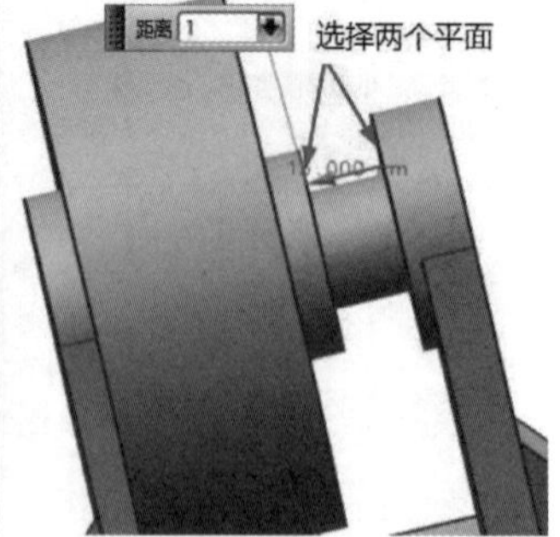

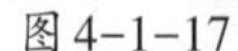
图4-1-17

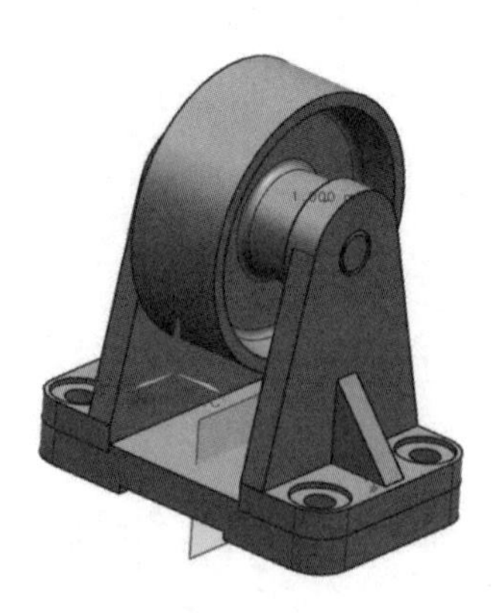

图4-1-18

5. 阵列装配

(1)点击“添加组件 ”按钮，在对话框中打开4-5组件，定位方式选择“通过约束”，点击“确定”按钮，在“装配约束”对话框中“类型”分别选择“同心”和“接触对齐”，得到如图4-1-19所示装配。

(2)“隐藏”基准平面，把坐标移到如图4-1-20所示位置。

(3)在装配工具条内单击“创建组件阵列 ”按钮，选取刚创建的4-5装配组件并单击“确定”。系统弹出“创建组件阵列”对话框，在“阵列定义”选项内选取“线性”并单击确定，如图4-1-21所示。

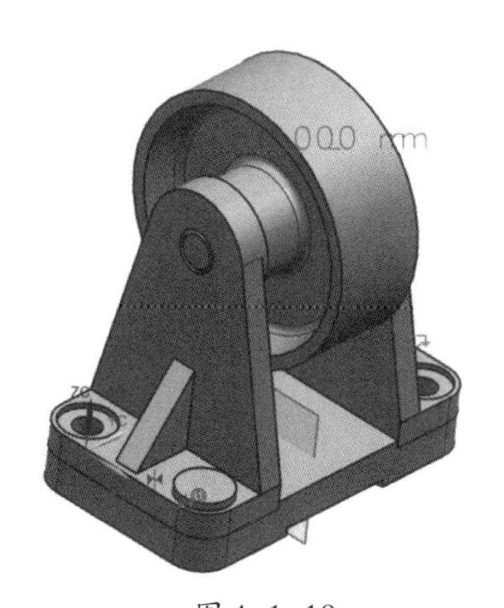

图4-1-19

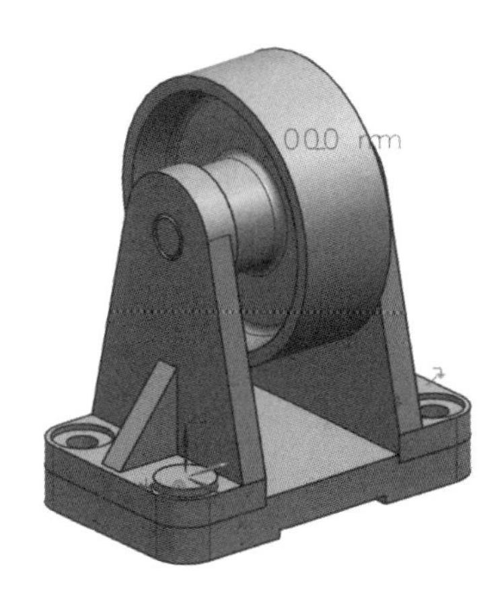

图4-1-20

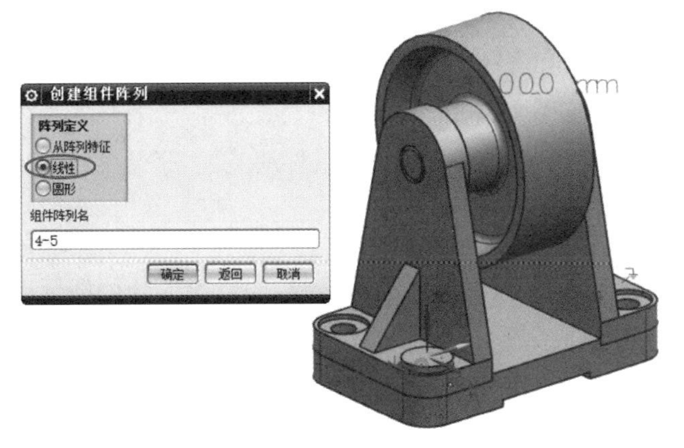

图4-1-21

(4)系统弹出“创建线性阵列”对话框，在此选取如图4-1-22所示与X轴平行和与Y轴平行的实体边，在“创建线性阵列”对话框中输入XC的数值110 mm，YC的数值56 mm。

(5)单击“确定”即完成阵列装配组件文件，如图4-1-23所示。

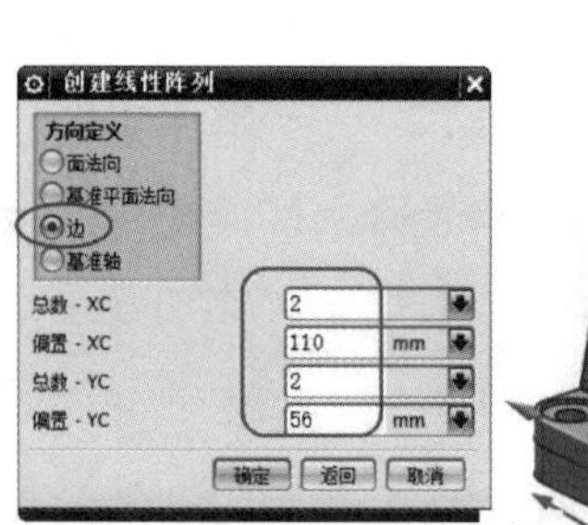

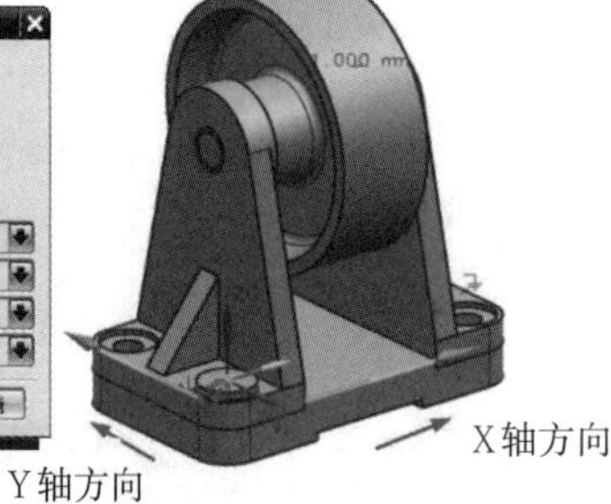

图4-1-22

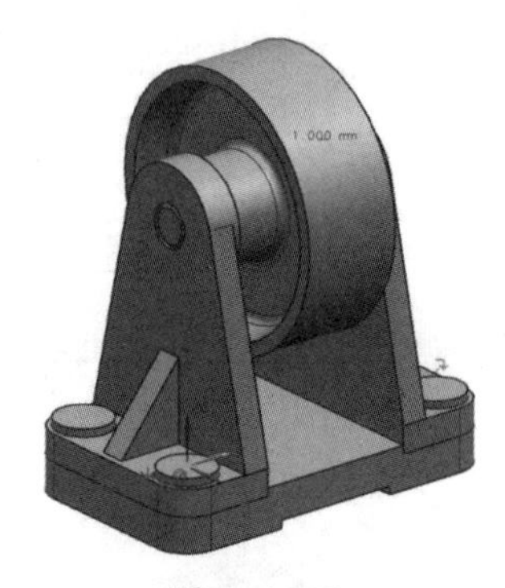

图4-1-23

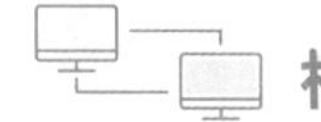

相关知识

一、装配的相关概念

装配：是指在装配过程中建立部件之间的相对位置关系，由部件和子装配组成。

组件：在装配中按特定位置和方向使用的部件。组件可以是独立的部件，也可以是由其他较低级别的组件组成的子装配。

部件：任何PRT文件都可以作为部件添加到装配文件中。

工作部件：可以在装配模式下编辑的部件。在装配状态下，一般不能对组件直接进行修改，要修改组件，需要将该组件设为工作部件。

子装配：子装配是在高一级装配中被用作组件的装配，子装配也可以拥有自己的子装配。

子装配是相对于引用它的高一级装配来说的，任何一个装配部件可在更高级装配中用作子装配。

引用集：定义在每个组件中的附加信息，其内容包括了该组件在装配时显示的信息。每个部件可以有多个引用集，供用户在装配时选用。

二、部分装配工具条说明(图4-1-24)

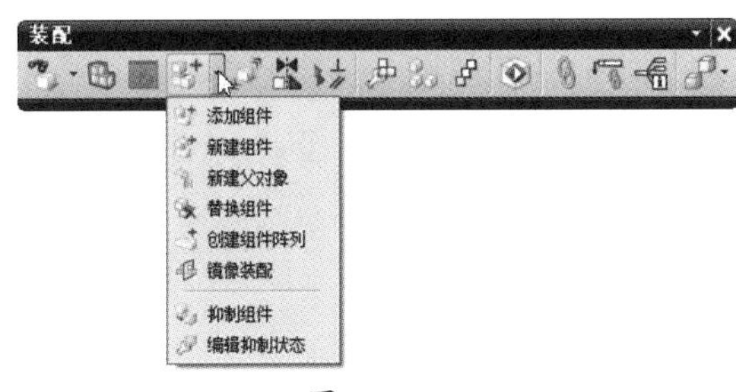

图 4-1-24

(查找组件):该按钮用于查找组件。单击该按钮,系统弹出“查找组件”对话框,利用该对话框中的“按名称”“根据状态”“根据属性”“从列表”“按大小”五个选项卡可以查找组件。

(显示产品轮廓):该按钮用于显示产品轮廓。单击此按钮,显示当前定义的产品轮廓。如果在选择显示产品轮廓选项时没有现有的产品轮廓,系统会弹出一条消息,选择是否创建新的产品轮廓。

(打开组件):该按钮用于打开某一关闭的组件。例如,在装配导航器中关闭某组件时,该组件在装配体中消失,此时在装配导航器中选中该组件,单击“打开”按钮,组件被打开。

(添加组件):该按钮用于加入现有的组件。在装配中经常会用到此按钮,其功能是向装配体中添加已存在的组件,添加的组件可以是未载入系统中的部件文件,也可以是已载入系统中的组件。用户可以选择在添加组件的同时定位组件,设定与其他组件的装配约束,也可以不设定装配约束。

(新建组件):该按钮用于创建新的组件,并将其添加到装配中。

(创建组件阵列):该按钮用于创建组件阵列。

(镜像装配):该按钮用于镜像装配。对于含有很多组件的对称装配,此命令是很有用的,只需要装配一侧的组件,然后进行镜像即可。镜像功能可以对整个装配进行镜像,也可以选择个别组件进行镜像,还可指定要从镜像的装配中排除的组件。

（抑制组件）：该按钮用于抑制组件。抑制组件将组件及其子项从显示中移去，但不删除被抑制的组件，它们仍存在于数据库中。

（移动组件）：该按钮用于移动组件。

（装配约束）：该按钮用于在装配体中添加装配约束，使各零部件装配到合适的位置。

（显示和隐藏约束）：该按钮用于显示和隐藏约束及使用其关系的组件。

（WAVE PMI连接器）：将PMI从一个部件复制到另一个部件，或从一个部件复制到装配中。

（装配间隙）：该按钮用于快速分析组件间的干涉，包括软干涉、硬干涉和接触干涉。如果干涉存在，单击此按钮，系统会弹出干涉检查报告。在干涉检查报告中，用户可以选择某一干涉，隔离与之无关的组件。

三、装配导航器的按钮（图4-1-25）

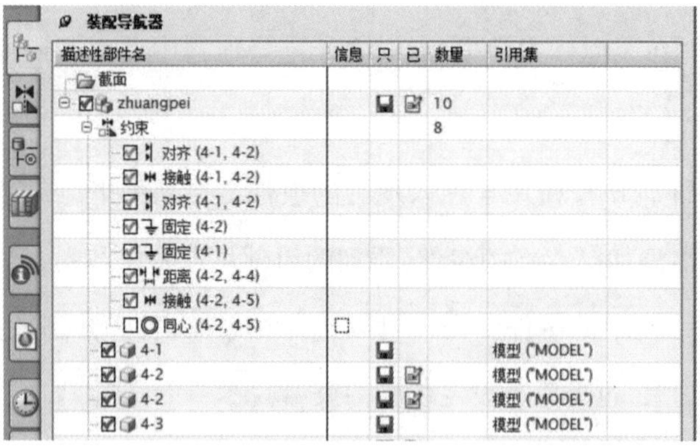

图4-1-25

：选中此复选框，表示组件至少已部分打开且未隐藏。

：取消选中此复选框，表示组件至少已部分打开，但不可见。不可见的原因可能是由于被隐藏、在不可见的层上或在排除引用集中。单击该复选框，系统将完全显示该组件及其子项，图标变成 。

:此标记表示该组件是装配体。

:此标记表示该组件不是装配体,是部件。

四、装配约束

UG NX 8.5 中装配约束的类型包括接触、对齐和中心等。每个组件都有唯一的装配约束,这个装配约束由一个或多个约束组成。每个约束都会限制组件在装配体中的一个或几个自由度,从而确定组件的位置。

"装配约束"对话框中主要包括三个区域:"类型"区域、"要约束的几何体"区域和"设置"区域。

"装配约束"对话框的 类型 下拉列表中各选项的说明如下。

接触对齐 :该约束用于两个组件,使其彼此接触或对齐。当选择该选项后,"要约束的几何体"区域的"方位"下拉列表中出现四个选项。

首选接触 :当接触和对齐都有可能时优先选择接触约束(在大多数模型中,接触约束比对齐约束更常用);当接触约束过度约束装配时,将显示对齐约束。此为默认选项。

对齐 :选择该方位方式时,将对齐选定的两个要配合的对象。对于平面对象而言,将默认选定的两个平面共面并且法向相同,同样可以进行反向切换设置。对于圆柱面,也可以实现面相切约束,还可以对齐中心线。读者可以对比"接触"与"对齐"方位约束的异同之处。

自动判断中心/轴 :该选项主要用于定义两圆柱面、两圆锥面或圆柱面与圆锥面同轴约束。

同心 :该约束用于定义两个组件的圆形边界或椭圆边界的中心重合,并使边界的面共面。

距离 :该约束用于设定两个组件对象间的最小 3D 距离。选择该选项,在选择要约束的两个对象参照(如实体平面、基准平面)后,"距离"区域的距离文本框被激活,

可以直接输入数值,距离可以是正数,也可以是负数。

中心:该约束用于使一对对象之间的一个或两个对象居中,或使一对对象沿另一个对象居中。当选取该选项时,“要约束的几何体”区域的“子类型”下拉列表中出现以下三个选项。

1对2:该选项用于定义在后两个所选对象之间使第一个所选对象居中。需要在添加的组件中选择一个对象中心,以及在原有组件中选择两个对象中心。

2对1:该选项用于定义将两个所选对象沿第三个所选对象居中。需要在添加的组件上指定两个对象中心,以及在原有组件中指定一个对象中心。

2对2:该选项用于定义将两个所选对象在两个其他所选对象之间居中。需要在添加的组件和原有组件上各选择两个参照定义对象中心。

任务评价

支承架的装配评价表,见表4-1-1。

表4-1-1

评价内容	评价标准	分值	学生自评	教师评估
部件调入	能熟练打开文件	10分		
部件配对	会根据特征配对	30分		
部件约束定位	会修改约束条件	30分		
装配顺序	能选择装配顺序	20分		
情感评价	与他人合作态度	5分		
	对装配图形的兴趣	5分		
学习体会				

根据前面所学的指令，完成虎钳的零部件造型及装配，装配图及相关零件图如图4-1-26至图4-1-35所示。

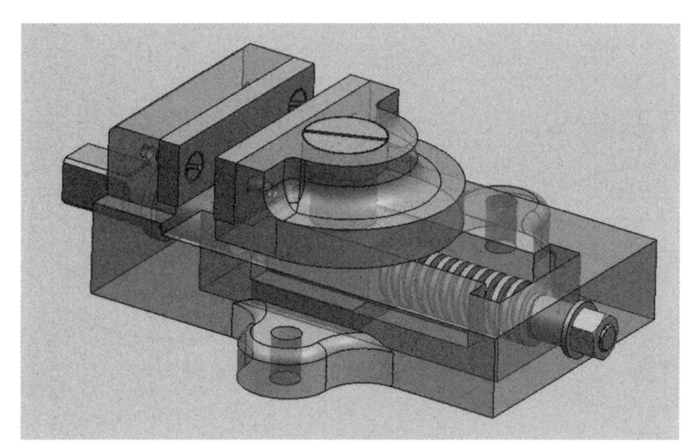

图4-1-26 虎钳装配图

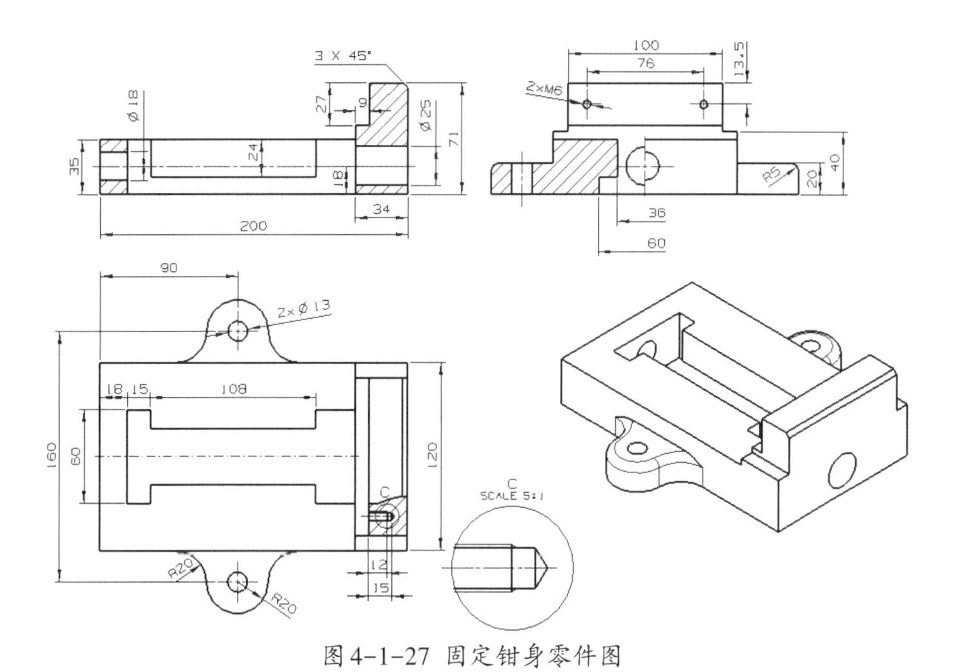

图4-1-27 固定钳身零件图

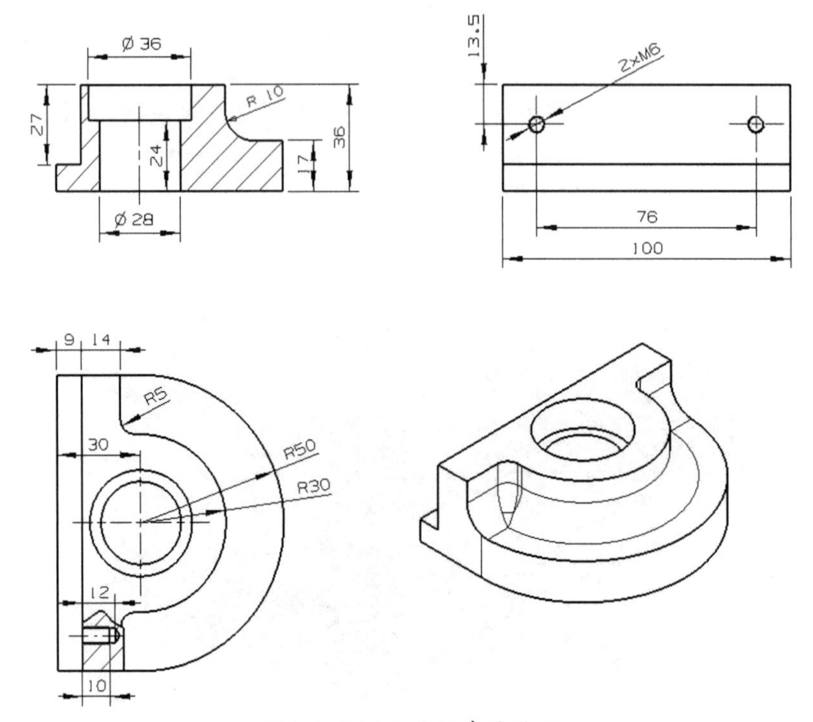

图 4-1-28 活动钳身零件图

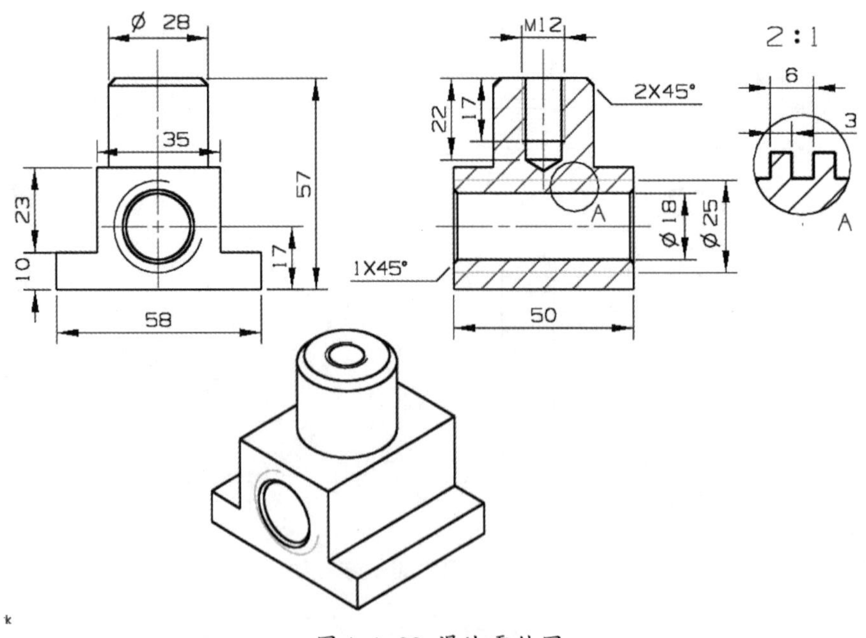

图 4-1-29 滑块零件图

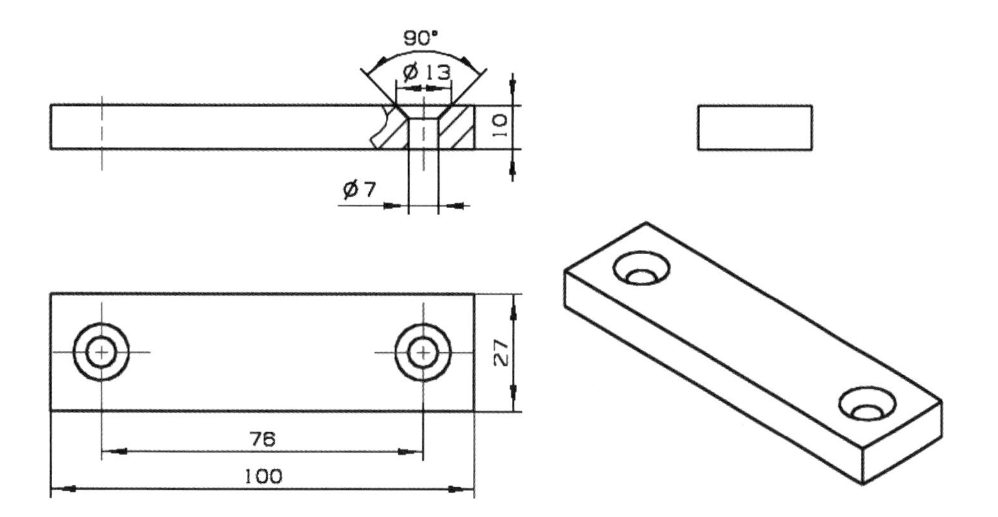

图4-1-30 钳口零件图

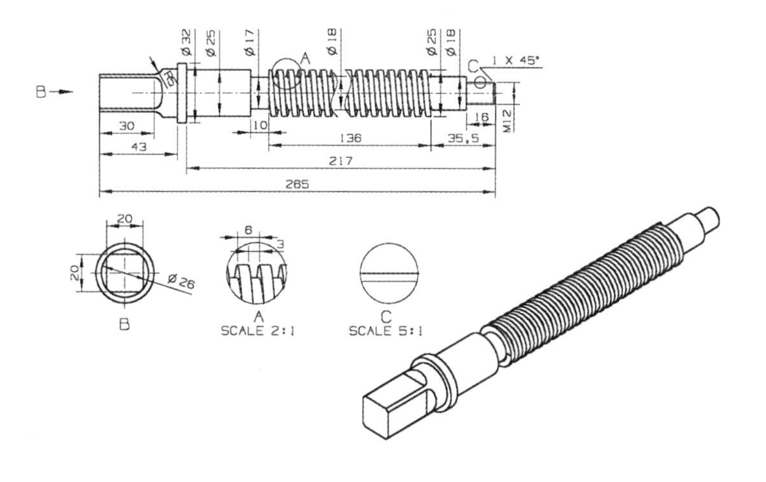

图4-1-31 丝杆零件图

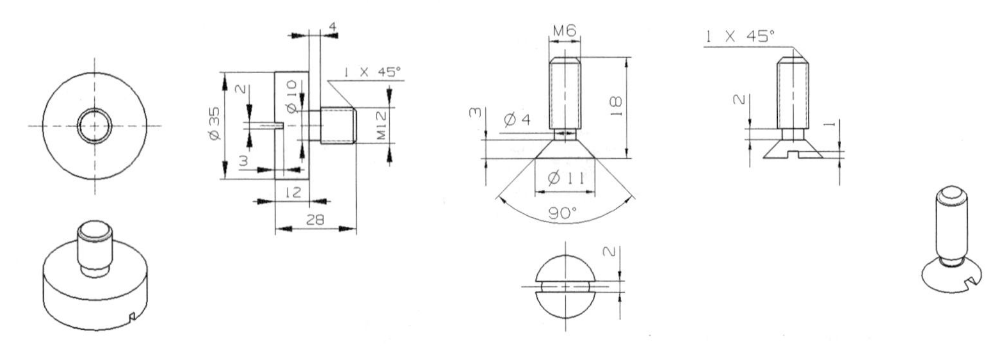

图 4-1-32 圆螺丝钉零件图　　图 4-1-33 锥螺丝钉零件图

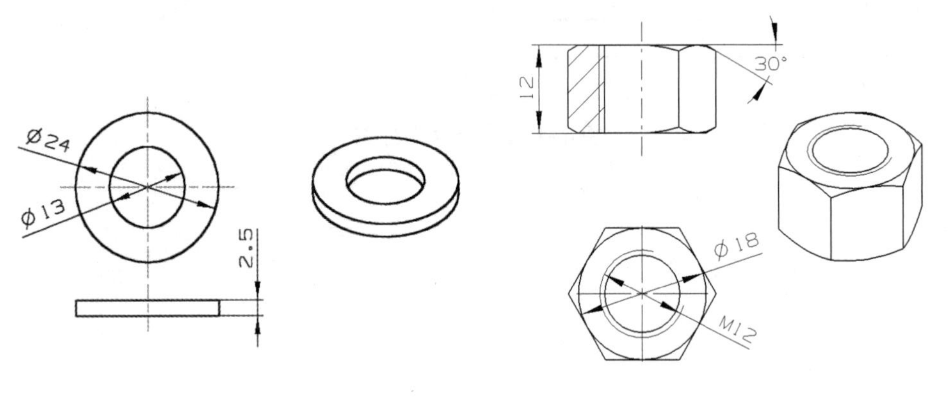

图 4-1-34 垫圈零件图　　图 4-1-35 螺母零件图

任务二　支承架的爆炸视图

任务目标

通过对装配部件进行“爆炸”工具的运用，学会装配中部件的移动、定位约束和装配的编辑功能。

任务分析

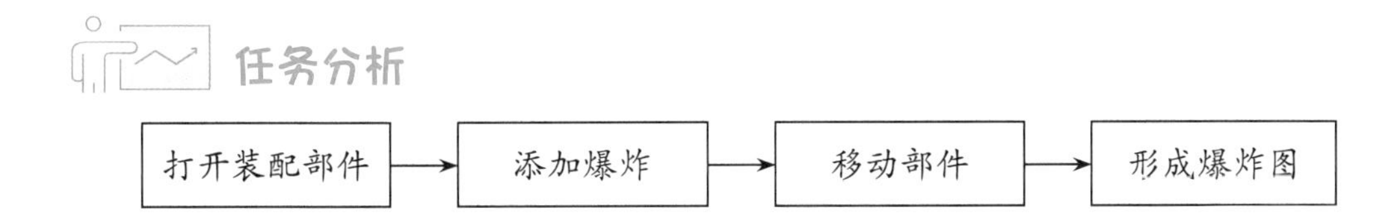

任务实施

一、任务准备

打开项目四任务一中的装配视图。

二、任务实施

（1）先点击“爆炸图 ”按钮，再点击“新建爆炸 ”按钮，默认“爆炸名称”，按“确定”。

（2）点击“编辑爆炸 ”按钮，系统弹出“编辑爆炸图”对话框，同时选择四个定位钉，如图4-2-1所示。

（3）对话框中选择“移动对象”，点选向上方向，移动距离输入30，如图4-2-2所示。

（4）点击“应用”按钮，得到如图4-2-3所示图形。

（5）取消四个定位钉的选择，点击对话框中“选择对象”，新选择右侧支承板，如图4-2-4所示。

（6）对话框中选择“移动对象”，点选向右方向，移动距离输入“50”，如图4-2-5所示。

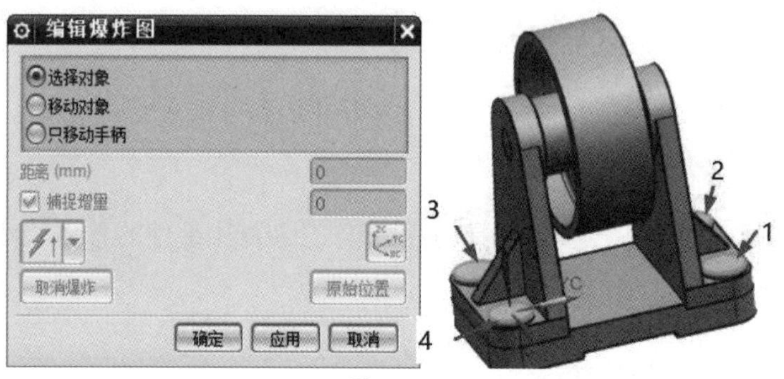

图4-2-1

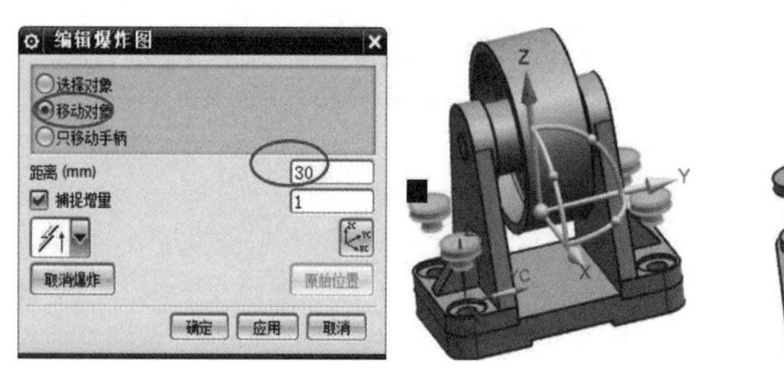

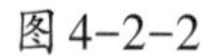
图4-2-2

图4-2-3

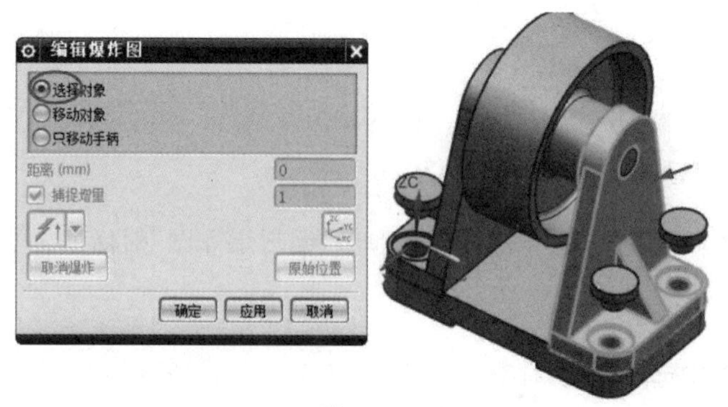

图4-2-4

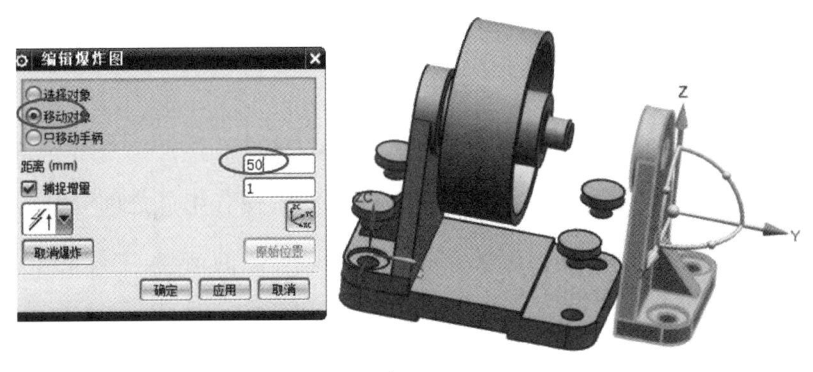

图 4-2-5

(7)点击“应用”按钮，取消右侧支承板的选择，点击对话框中“选择对象”，新选择左侧支承板，重复(2)~(4)步骤，得到如图4-2-6所示图形。

(8)重复(2)~(4)步骤，选择飞轮，向上移动80 mm，得到如图4-2-7所示爆炸图。

(9)点击“取消爆炸 ”按钮，全选前面的组件，得到如图4-2-8所示原有位置的装配。

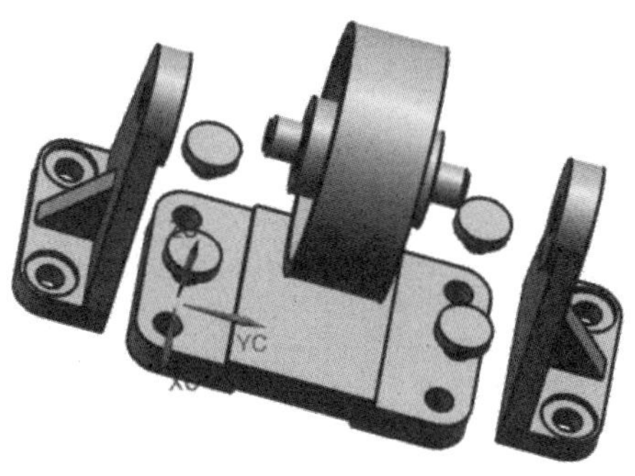

图 4-2-6

图 4-2-8

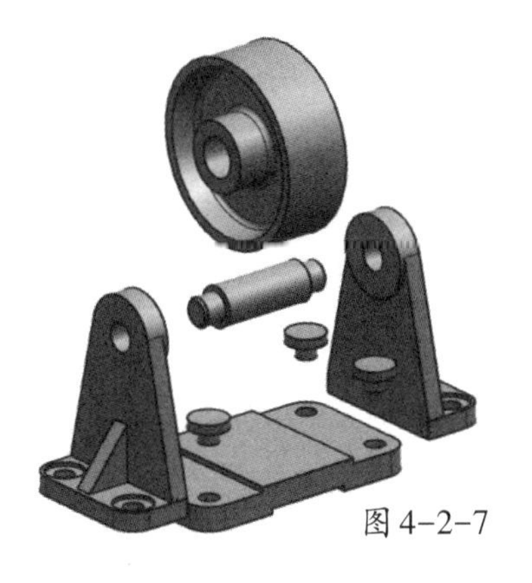

图 4-2-7

相关知识

爆炸图

爆炸图指在同一幅图里，把装配体的组件拆分开，使各组件之间分开一定的距离，以便于观察装配体中的每个组件，清楚地反映装配体的结构，工具条如图4-2-9所示。

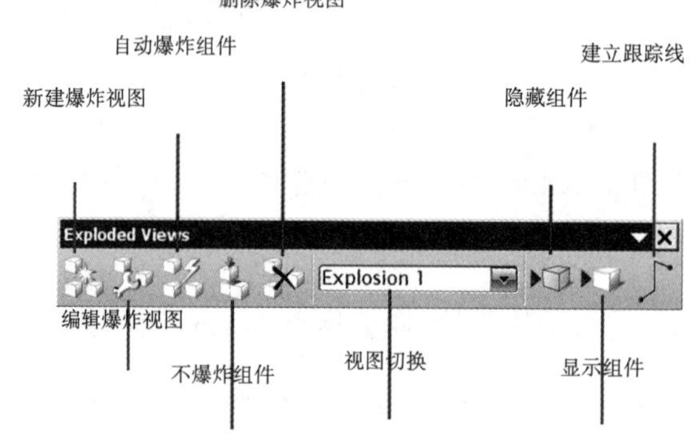

图4-2-9

任务评价

支承架爆炸图的评价表，见表4-2-1。

表4-2-1

评价内容	评价标准	分值	学生自评	教师评估
爆炸功能	爆炸命令的使用	10分		
自动移动部件	会自动移动部件	30分		
手动移动部件	会手动移动部件	30分		
爆炸顺序	能选择爆炸顺序	20分		
情感评价	与他人合作态度	5分		
	对装配图形的兴趣	5分		
学习体会				

练一练

根据前面任务虎钳装配的作业，完成虎钳装配的爆炸图，移动距离自定。

项目五 阀塞工程图

工程图是用一种二维图表或图画来描述结构图、机械制图的工具，对三维视图进行全剖、半剖和局部剖，转化成二维视图，我们称之为工程图。它是三维世界的二维化。通过视图的标识，可以规范工程团的尺寸标注，培养工程图的职业素养，拓展工程图的视角。

本项目是通过UG的工程制图模块实现三维视图转换为二维视图，如下图所示，完成基本视图投影、剖视图投影、自动尺寸标注、公差和形位公差标注。

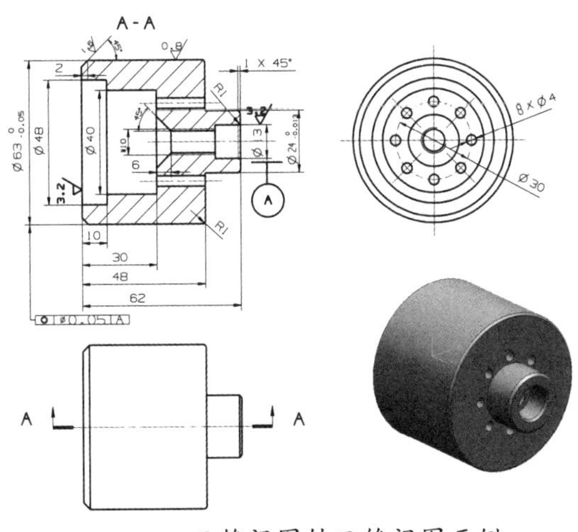

三维视图转二维视图示例

目标类型	目标要求
知识目标	(1)掌握工程制图的投影方法 (2)学会剖视图的应用 (3)学会尺寸标注
技能目标	(1)能熟练运用三维视图转为二维视图的投影 (2)能熟练运用全剖、半剖和局部剖 (3)能编辑和自动标注尺寸
情感目标	(1)对三维视图转二维视图产生兴趣 (2)增强运用工程图的信心 (3)能对他人制作结果进行对比和评价

任务　阀塞工程图的绘制

任务目标

通过本任务的练习，掌握UG制图模块的基本功能和零件的工程制图方法，能进行视图布置、剖切、尺寸和公差标注，如图5-1-1所示。

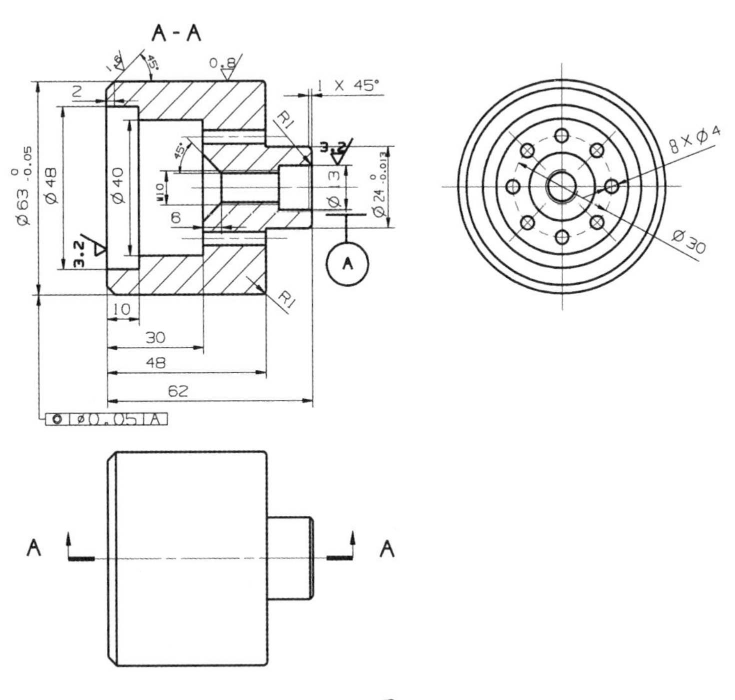

图5-1-1

任务分析

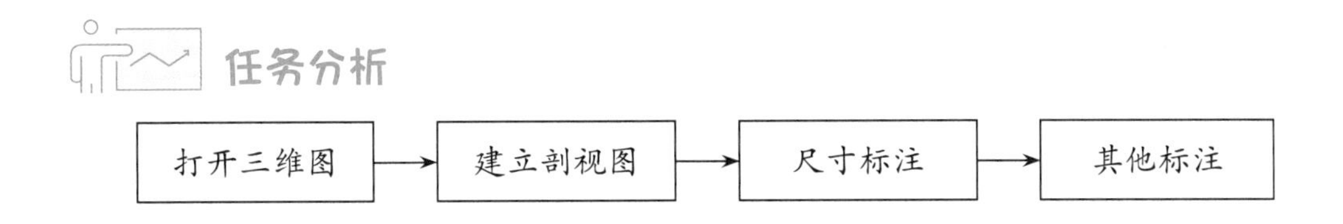

任务实施

一、任务准备

“开始”—“程序”—“UG NX 8.5”— “NX 8.5”进入UG初始界面。单击“文件”—“打开”(快捷键Ctrl+O)按钮,在文件名对话框选择5-1.prt,单击“确定”进入UG NX 8.5建模模块界面。

二、操作步骤

1. 基本视图投影

(1)在UG打开界面中选择“文件”—“打开”—选择5-1.prt,打开阀塞零件,如图5-1-2所示。

(2)选择“开始”—“制图”进入“工作表”对话框,大小选择“A4-210×297”,选择“第一象限角投影”,单击“确定”,如图5-1-3所示。

(3)选择“插入”—“视图”—“基本视图”,或者单击“功能”按钮,添加视图TOP(俯视图),如图5-1-4所示。

图5-1-2

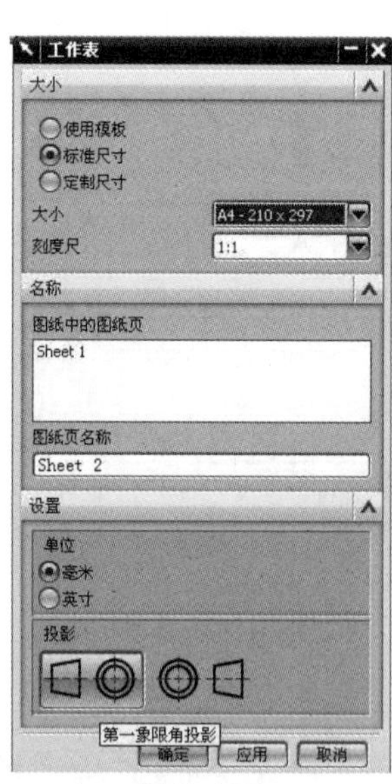

图5-1-3

图5-1-4

(4)选择“主菜单”—“首选项”—“制图项”,做如图5-1-5所示设置:取消选择“显示边界”。

2. 剖视图的建立

(1)选择“插入”—“视图”—“剖视图”,以上面的俯视图为基础进行全剖视图投影。

(2)选择已投影的剖视图,再选择“插入”—“视图”—“投影视图”,做右侧视图投影,如图5-1-6、图5-1-7、图5-1-8所示。

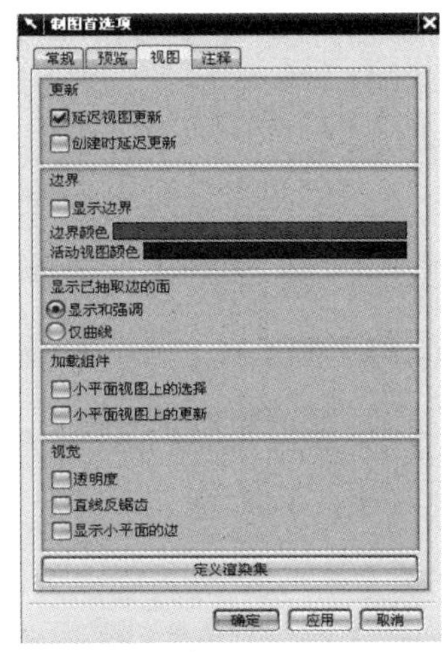

图5-1-5

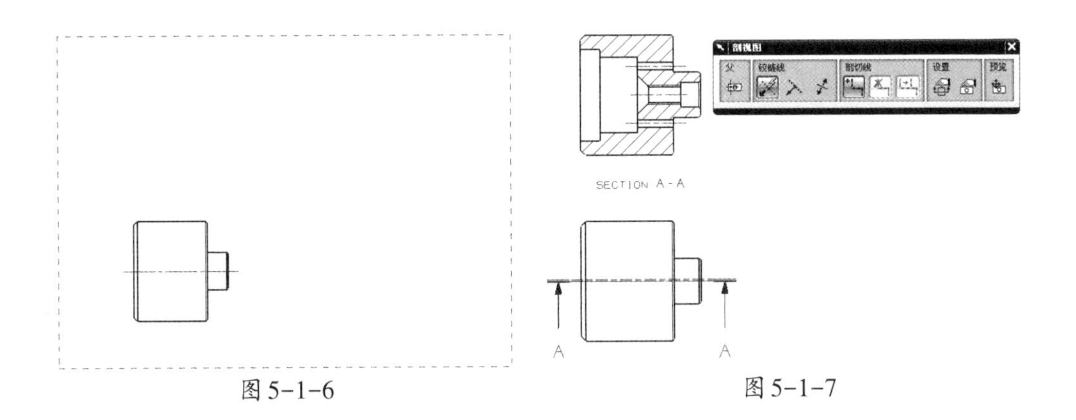

图5-1-6　　图5-1-7

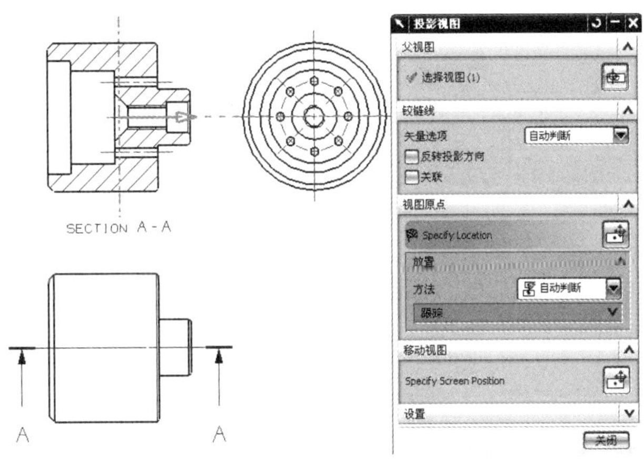

图5-1-8

3. 尺寸及公差标注

（1）选择“插入”—“尺寸”—“自动判断”和“直径”，标注尺寸，如图5-1-9所示。

（2）UG粗糙度标注需要设置环境变量，在安装目录（X：\\Program Files\\UG\\NX 8.5\\ UGII）下的子目录里面将ugii_env或ugii_env.dat文件用记事本打开，修改之前设置的环境变量。设置：UGII_SURFACE_FINISH=ON重新启动UG，选择“插入”—“符号”—“表面粗糙度符号”。然后标注表面粗糙度，如图5-1-10所示。

（3）选择“插入”—“尺寸”—“自动判断”，选择“螺纹孔”，单击“文本”，弹出“文本编辑器”，在“附加文本”下面选择“在前面”，在空白文字输入区输入“M”，如图5-1-11所示。

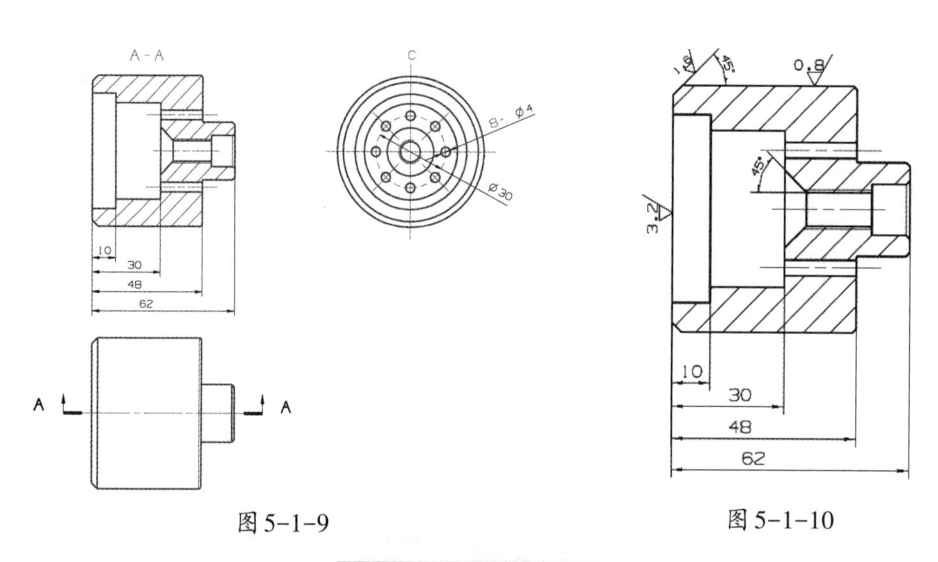

图5-1-9　　　　图5-1-10

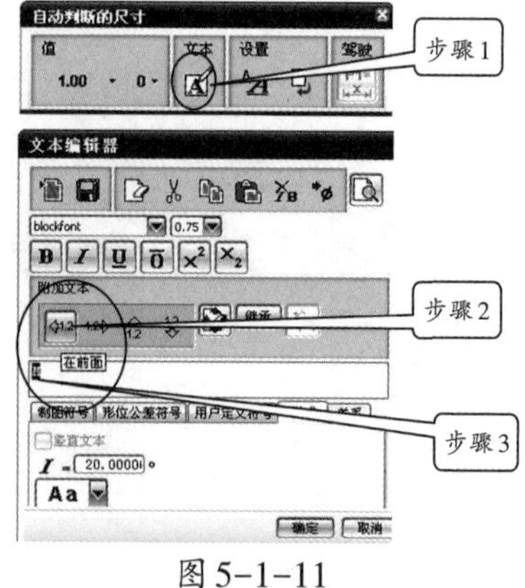

图5-1-11

(4)选择“插入”—“尺寸”—“圆柱形”,在值一栏中选择“双向公差”,单击“公差”,输入上限:0,下部:-0.05,结果如图5-1-12所示。

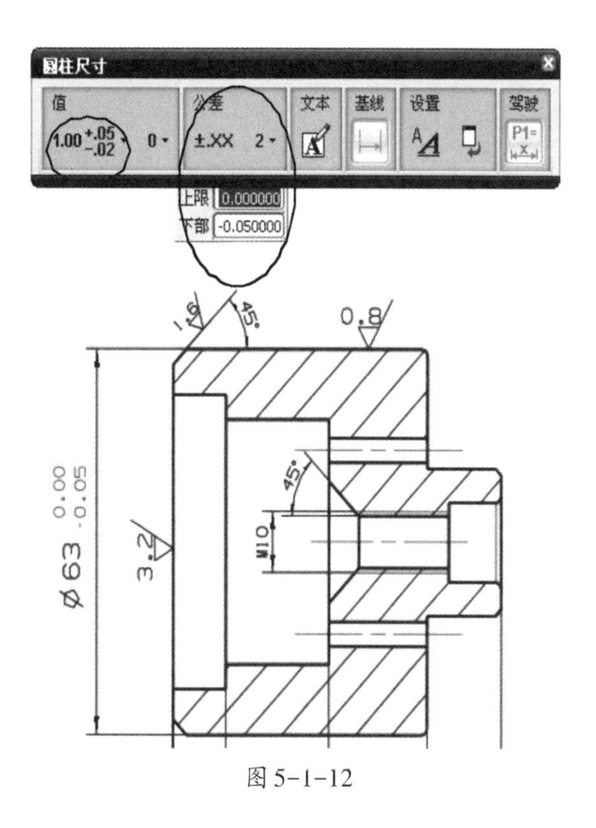

图5-1-12

4. 定制符号的建立

(1)选择“插入”—“符号”—“定制符号”,在“库”中选择“Identification Symbols”,在“Text”中输入“A”,刻度尺输入:0.5。然后利用曲线功能,绘制两条垂直线,结果如图5-1-13所示。

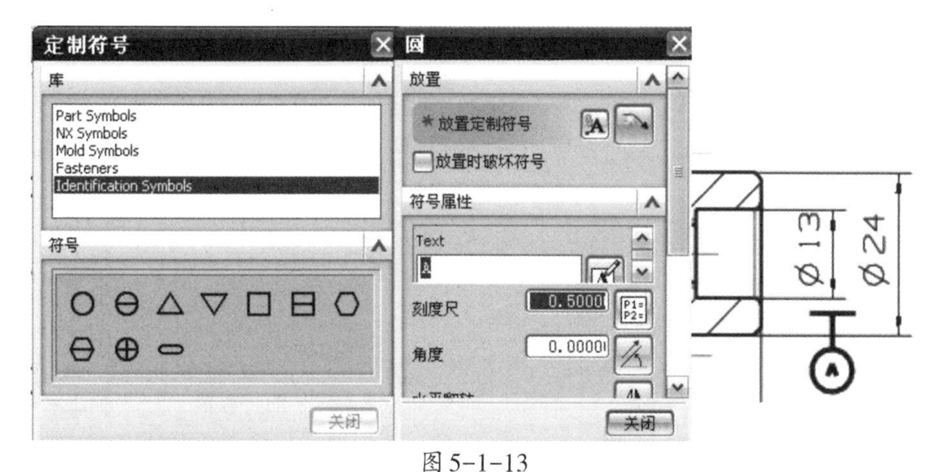

图5-1-13

(2)选择“插入”—“特征控制框”,在“特性”中选择“同轴度”,在“框样式”中选择“单框”,在“公差”中选择“Φ”,数值输入“0.05”,单击“指引线”—“样式”,在“箭头”下选择“填充的箭头”,在“主基准参考”中选择“A”,选择Φ63 mm尺寸,结果如图5-1-14所示。

(3)选择Φ24 mm尺寸,右击鼠标,选择“注释样式”,在“尺寸”项中做如下设置:上偏差为“0”,下偏差为“-0.013”;选择“文字”项,将“公差”的“字符大小”设为“1.5 ”,结果如图5-1-15所示。

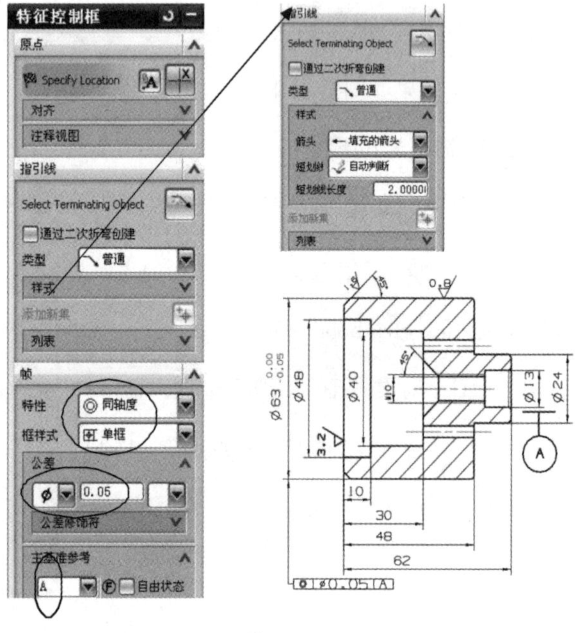

图5-1-14

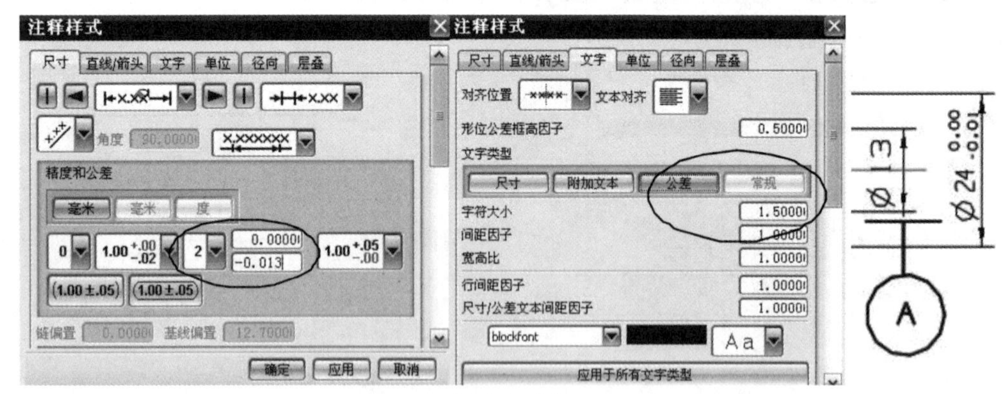

图5-1-15

5. 注释标注建立

(1)利用“ ”和“ ”添加“圆角”和“倒角”标注,如图5-1-16所示。

(2)单击“注释 ”按钮,弹出“注释”对话框,输入技术要求,单击“样式”设置文字样式为“chinesef”,如图5-1-17所示。

(3)运用“标注”功能,完成其他选项标注,结果如图5-1-18所示。

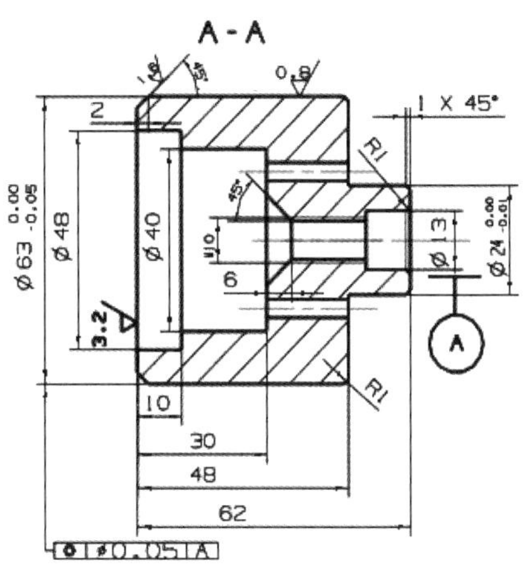

图5-1-16

图5-1-17

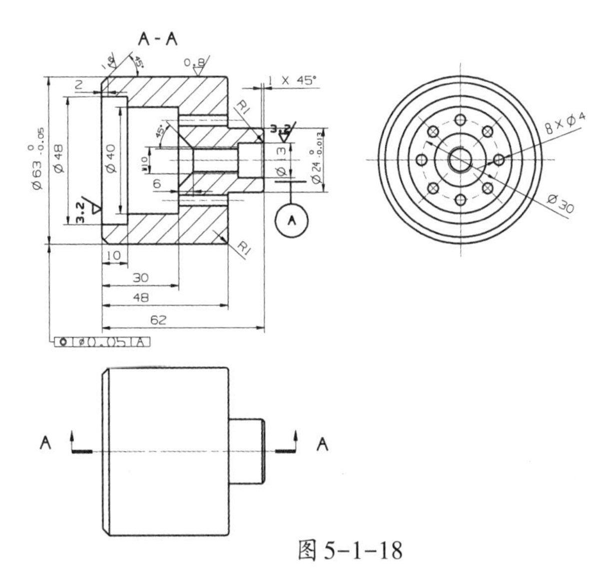

图5-1-18

相关知识

什么是工程图？工程图简称图样。根据投影法来表达物体的投影面，根据投影方式的不同投影可分为正投影和斜投影。工程图最常见的有一维投影、二维投影和轴测投影(立体投影又叫三维投影)。按照国家相关规定图纸需要画图框，根据图框的不同可以分为Y型图纸和X型图纸。

UG NX 8.5的工程图的组成

1. 主要的三个组成部分

(1)第一部分，视图：包括六个基本视图(主视图、俯视图、左视图、右视图、仰视图和后视图)、放大图、各种剖视图、断面图、辅助视图等。在制作工程图时，根据实际零件的特点，选择不同的视图组合，以便简单清楚地表达各个设计参数。

(2)第二部分，尺寸、公差、注释说明及表面粗糙度：包括形状尺寸、位置尺寸，形状公差、位置公差，注释说明、技术要求以及零件的表面粗糙度要求。

(3)第三部分，图框和标题栏等。

2. 建立工程图的方法

新建一个文件后，有三种方法进入工程图环境：

(1)在“标准”工具条里选择下拉菜单“开始”—“制图”命令。

(2)利用组合键Ctrl+Shift+D。

(3)下拉菜单“文件”—“新建”，在对话框中选择“图纸”标签，在“要创建图纸的部件”的“名称”框里会出现部件名称，这种方式称为“基于主模型生成工程图方式”，当部件模型改变时工程图自动更新，在西门子公司内部都采用这种方式，开发“建模”的团队与开发“工程图”的团队可以分开工作。

3. 常用工具条的功能说明

(1)“图纸”工具条如图5-1-19所示。

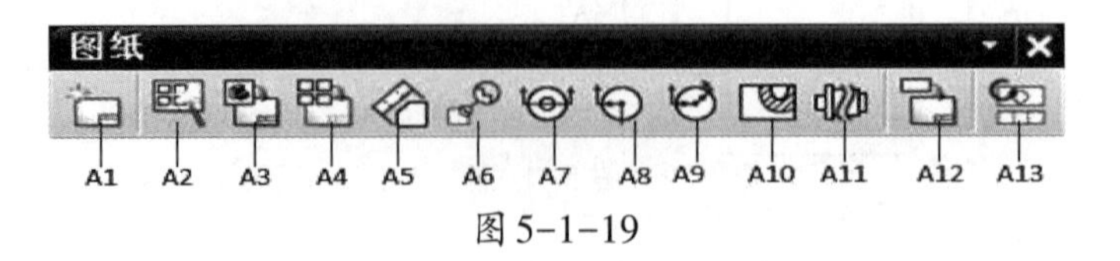

图5-1-19

“图纸”工具条中各按钮的说明如下：

A1：新建图纸页　　A2：视图创建向导

A3：创建基本视图　　A4：创建标准视图

A5：创建投影视图　　A6：创建局部放大图

A7：创建剖视图　　A8：创建半剖视图

A9：创建旋转剖视图　　A10：创建局部剖视图

A11：创建断开视图　　A12：创建图纸视图

A13：更新视图

(2)“尺寸”工具条如图5-1-20所示。

“尺寸”工具条中各按钮的说明如下：

B1：创建自动判断尺寸　　B2：创建圆柱尺寸

B3：创建直径尺寸　　B4：创建特征参数

B5：创建链式尺寸与基线尺寸　　B6：创建坐标尺寸

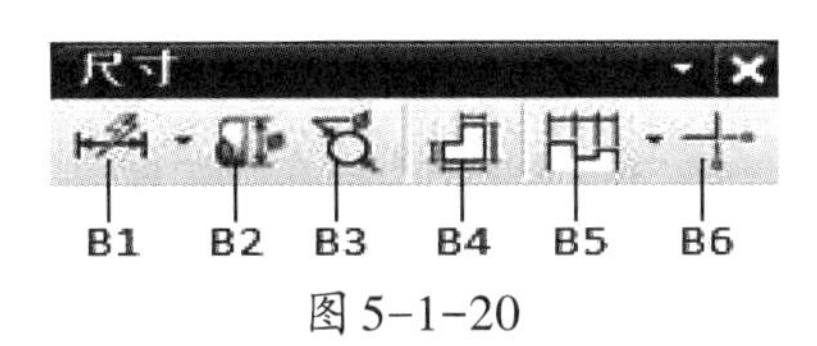

图5-1-20

4. 工程制图的环境设置

UG NX 8.5默认安装后提供了多个国际通用的制图标准，其中系统默认的制图标准“GB(出厂设置)”中的很多选项不能满足企业的具体制图需要，一般先要对工程图参数进行预设置。用户可以通过预设置工程图的参数来改变制图环境，使所创建的工程图符合我国国标。

选择下拉菜单“首选项”—“制图”命令，系统弹出图5-1-21所示的“制图首选项”对话框。

图5-1-21

(1)设置视图和注释的版本。

(2)设置成员视图的预览样式。

(3)设置图纸页的页号及编号。

(4)设置视图的更新和边界、显示抽取边缘的面及加载组件。

(5)设置保留注释的显示。

(6)设置断开视图的断裂线。

任务评价

绘制阀塞工程图的评价表,见表5-1-1。

表5-1-1

评价内容	评价标准	分值	学生自评	教师评估
工程图纸的建立	新建图纸设置	10分		
视图的表达	基本视图、剖视图的建立	30分		
尺寸标注	自动标注尺寸	20分		
技术要求	尺寸和形位公差、粗糙度标注	20分		
工程图导出	导出为DWG格式	10分		
情感评价	对工程图制作的结果具有成就感	10分		
学习体会				

打开文件5-2.prt,完成如图5-1-22所示工程图的绘制。

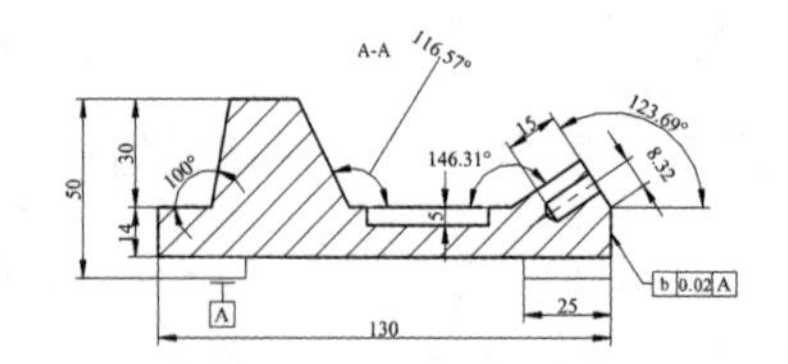

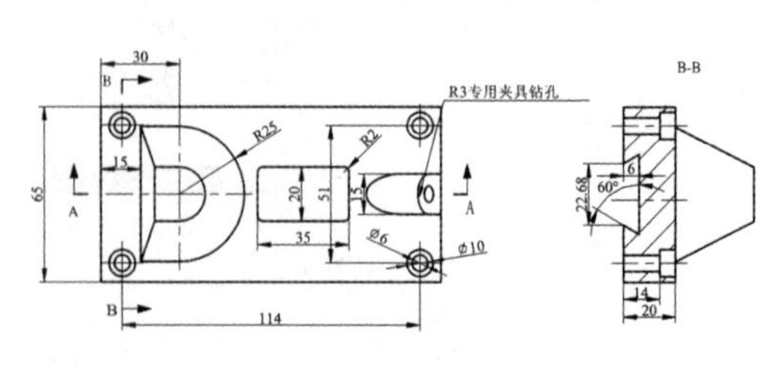

图5-1-22

项目六 曲面建模

美学认为，曲线比直线柔和，而且富于变化，因称人们称曲线所产生的美感为曲线美。制造业中零部件处处存在曲线、曲面。在产品设计中，灵活应用自由形状曲面，可以增强产品的美感，满足个性化的客户需要，培养学生产品设计的创新意识和创新能力。

本项目以水龙头为例，介绍自由形状特征，这是CAD模块中的重要组成部分。在产品的设计过程中，绝大多数形状都离不开自由形状曲面。如右图所示的水龙头，由多个不规则的曲面构成，学生应掌握网格、扫掠曲面建模过程，熟练操作各种曲面功能的运用，分析视图的建立过程。

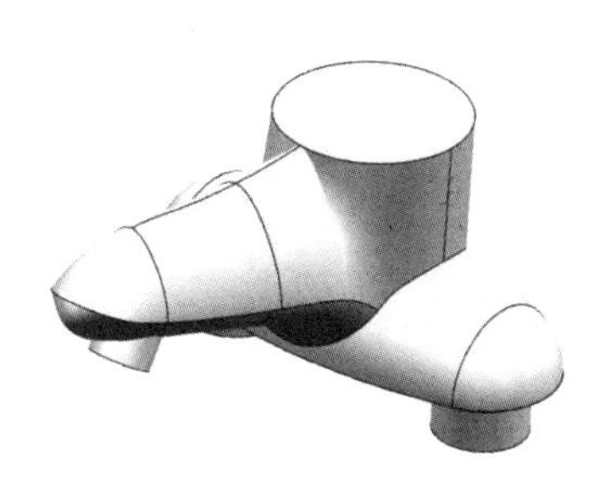

水龙头模型

目标类型	目标要求
知识目标	(1)掌握曲面建立的常用功能 (2)掌握空间曲线的建立功能 (3)能理解曲率、圆弧概念 (4)知道编辑曲线、曲面的方法
技能目标	(1)能熟练运用网格和扫掠曲面 (2)会正确运用空间曲线建立方法 (3)能分析模型建立过程 (4)会修剪、延伸曲面
情感目标	(1)能与他人交流、合作 (2)对建立曲面充满自信 (3)对UG强大的曲面功能产生兴趣

任务一　雨伞的曲面建模

任务目标

通过对雨伞的曲面建模，掌握曲线、面、阵列的功能运用，会正确使用空间曲线，能通过曲线组建立曲面，会阵列多个相同的面。

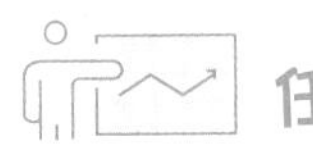

任务分析

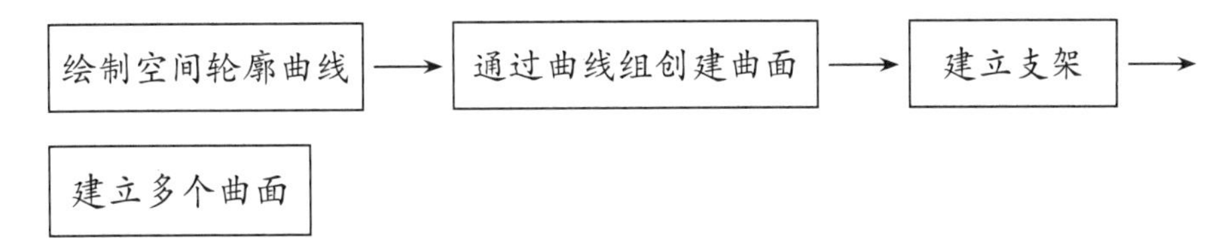

任务实施

一、任务准备

“开始”—“程序”—“UG NX 8.5”—“NX 8.5”进入UG初始界面。单击“文件”—“新建”（快捷键Ctrl+N）或者单击“新建 ”按钮，在文件名对话框输入yusan，单位为毫米，选择“模型”模板，单击“确定”进入UG NX 8.5建模模块界面。

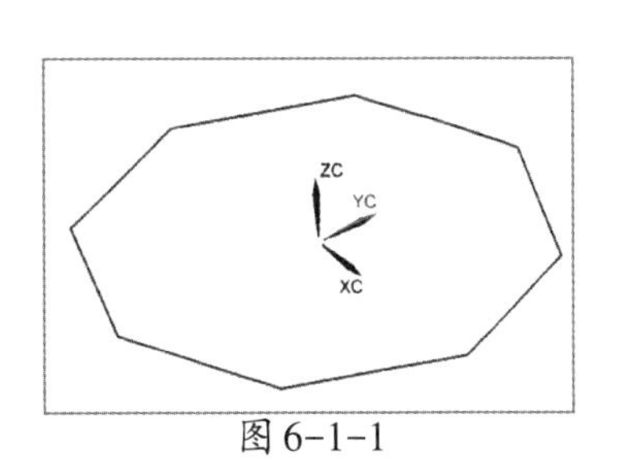

图 6-1-1

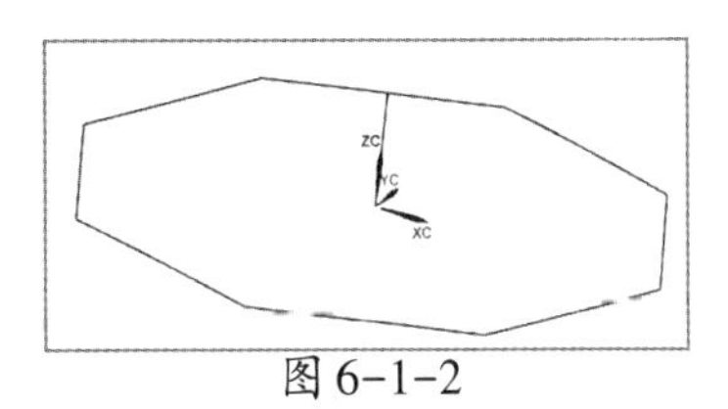

图 6-1-2

二、操作步骤

1. 绘制空间轮廓曲线

（1）“插入”—“曲线”—“多边形”，绘制正八边形，外径为80，在“XC-YC平面”内，如图6-1-1所示。

（2）“插入”—“曲线”—“直线和圆弧”—“直线（点到点）”，高为30，如图6-1-2所示。

（3）“插入”—“曲线”—“圆弧/圆”，类型选择“三点画圆弧”，以八边形YC轴方向的两个端点及上步建立直线的顶点为中点建立如图6-1-3所示圆弧。

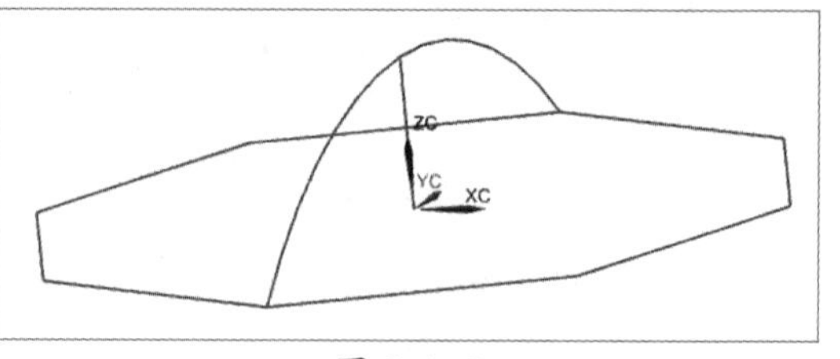

图6-1-3

(4)选择主菜单中“编辑”—“曲线”—“修剪”，弹出“修剪曲线”对话框，“要修剪的曲线”选择圆弧线，“边界对象1”选择直线，对圆弧进行修剪，隐藏出现的虚线，留下上述圆弧的二分之一，如图6-1-4所示。

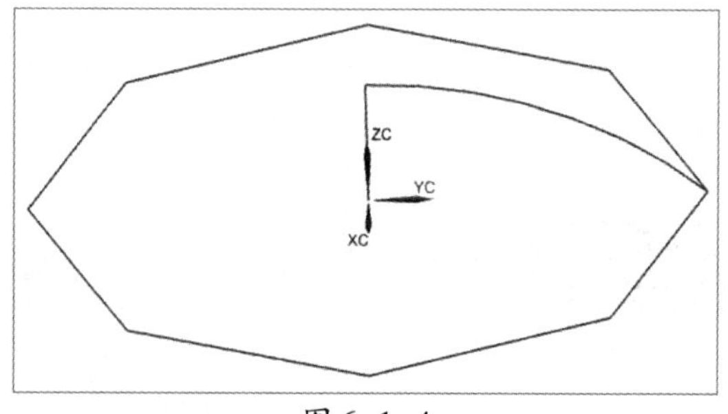

图6-1-4

(5)选择主菜单中“编辑”—“移动对象”，复制一个圆弧，如图6-1-5所示。

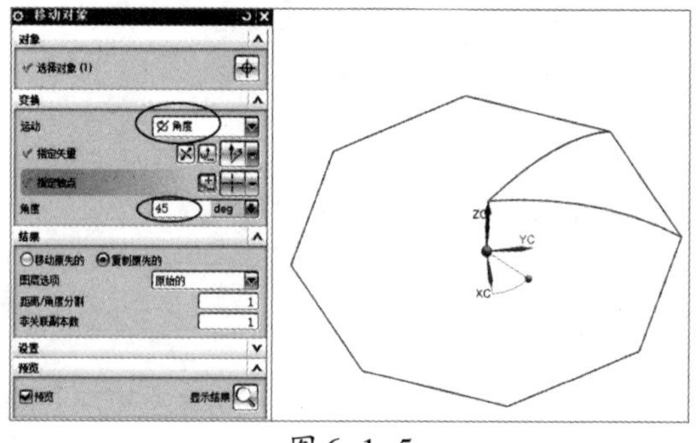

图6-1-5

2. 通过曲线组建曲面

(1)选择主菜单中“插入”—“网格曲面”—“通过曲线组”，运用曲线组命令建立伞布的曲面，如图6-1-6所示。

(2)在部件导航器中把“通过曲线组 ”隐藏。“格式”—“WCS”—“原点”，将WCS原点移到如图6-1-7所示位置。

“格式”—“WCS”—“更改XC方向”，选中线段中点，工作坐标系转换为图6-1-8所示。

“格式”—“WCS”—“旋转”，绕 +XC 轴：YC --> ZC 旋转90°，如图6-1-9所示。

“插入”—“曲线”—“圆弧/圆 ”，类型选择“三点画圆弧”，绘制半径为80的小圆弧，“中点选项”选“半径”，“指定平面”为XC-YC平面，结果如图6-1-10所示。

(3)以上述建立的曲线为截面进行对称拉伸，拉伸距离为10，拉伸方向为+ZC，如图6-1-11所示。

(4)在部件导航器中把“通过曲线组 ”显示出来。“插入”—“修剪”—“修剪片

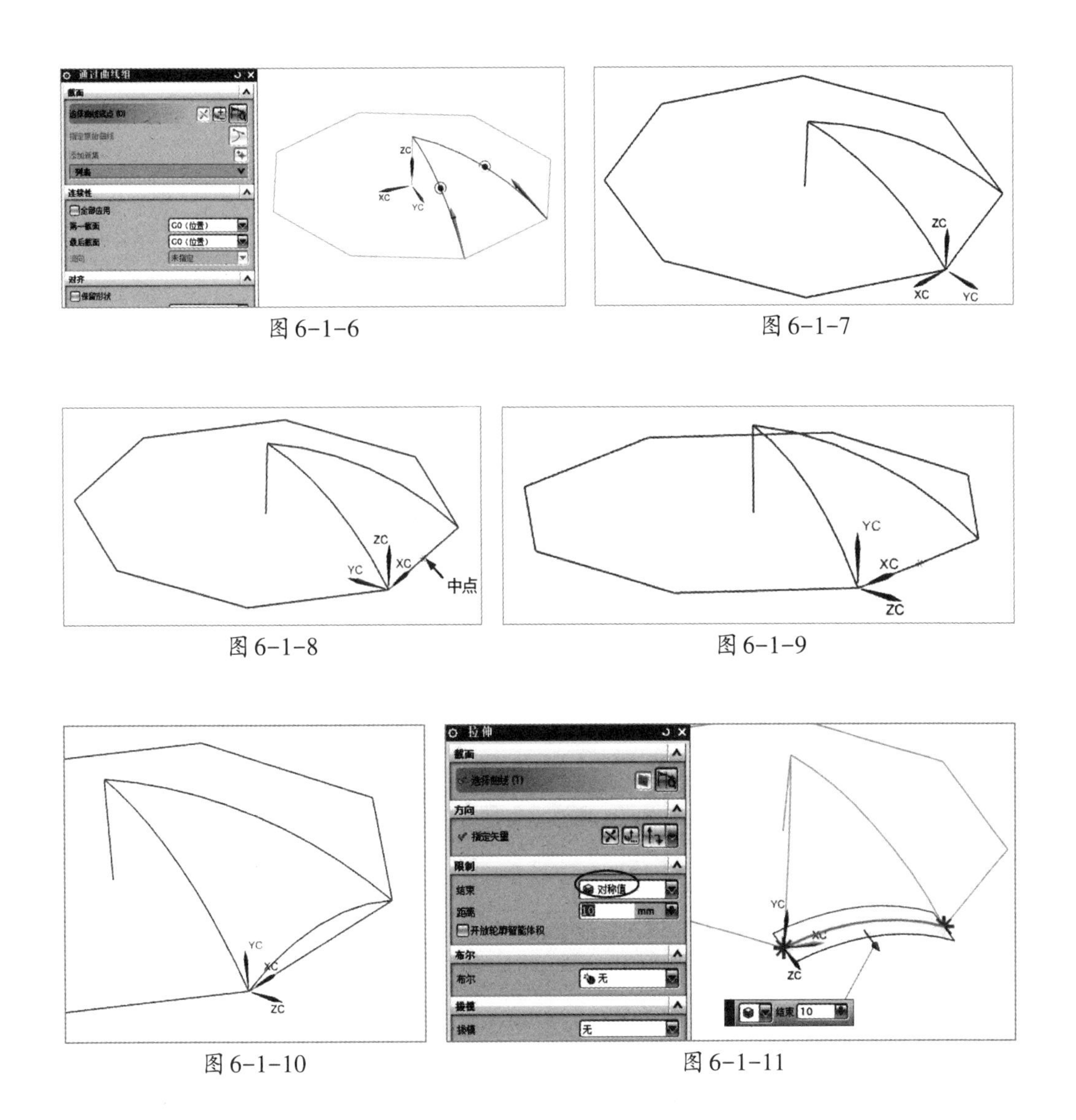

图 6-1-6　　图 6-1-7

图 6-1-8　　图 6-1-9

图 6-1-10　　图 6-1-11

体 ”，选择“通过曲线组”片体为目标体，上一步的拉伸片体为边界对象，对伞布进行修剪，如图 6-1-12 所示。

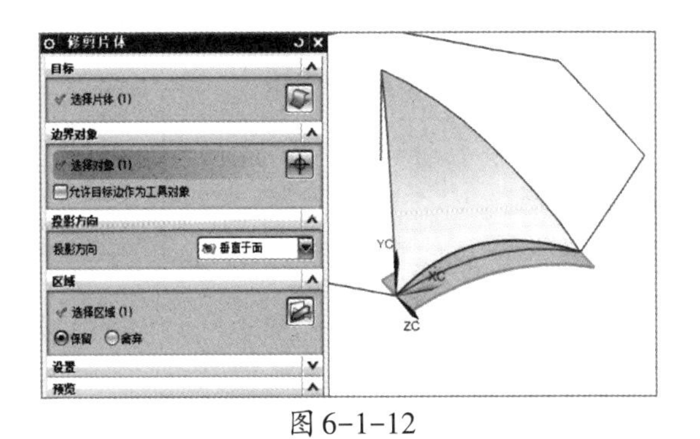

图 6-1-12

3. 建立支架

(1)在部件导航器中隐藏“拉伸”和“圆弧”，插入“偏置/缩放”/“加厚”，对伞布曲面进行加厚处理，“偏置1”输入0.3 mm，偏置方向朝外，如图6-1-13所示。

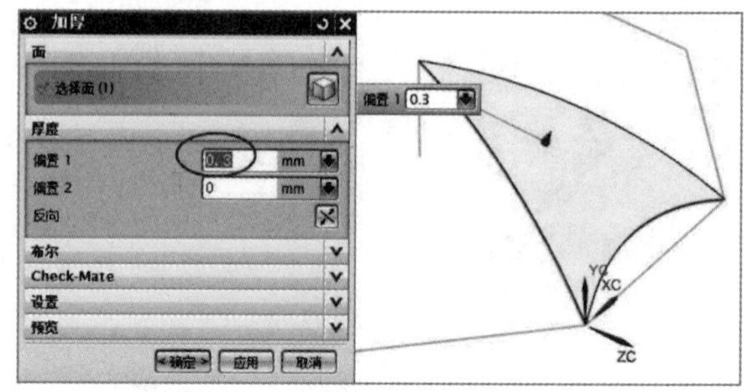

图6-1-13

(2)调整视图如图6-1-14所示方位，插入“来自曲线集的曲线”—“偏置”，对伞布的边圆弧曲线进行偏置(选图中的曲线)，“距离”为0.1 mm，偏置方向朝里，如图6-1-14所示，结果如图6-1-15所示。

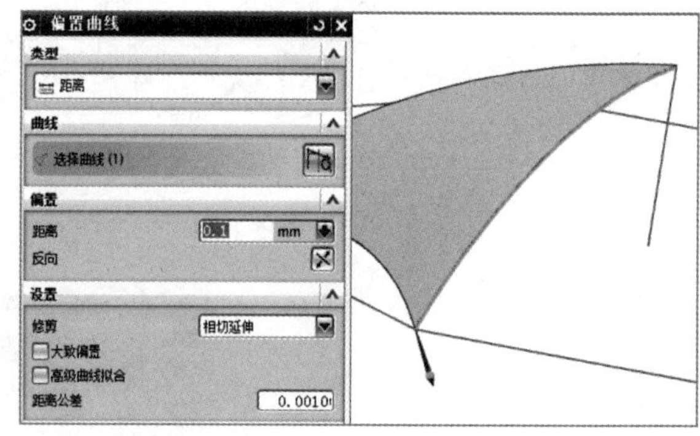

图6-1-14

(3)“编辑”—“曲线”—“长度”，将上步偏置的直线延长1.5 mm，效果如图6-1-16所示。

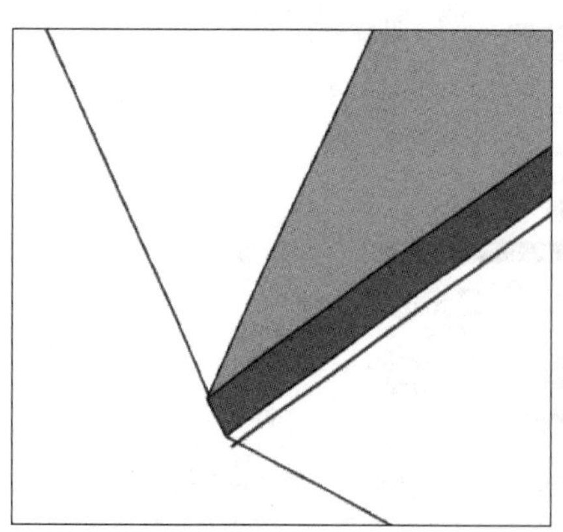
图6-1-15

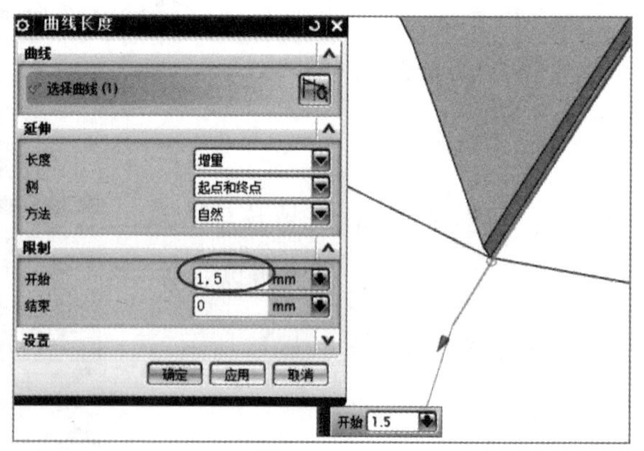

图6-1-16

（4）“插入”—“扫掠”—“管道”，以延长的曲线为导线，利用管道命令建立“外径”为0.25 mm的伞布支架，如图6-1-17所示。

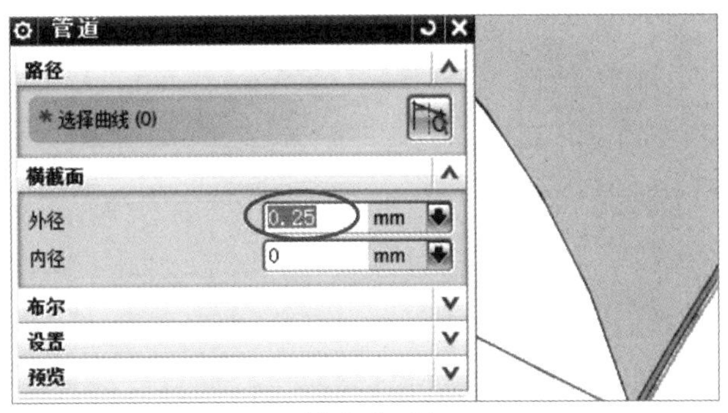

图6-1-17

（5）对支架尾部的轮廓曲线偏置0.1 mm，向外偏，如图6-1-18所示。

（6）接着利用“拉伸”建立支架脚，“指定矢量”选择“曲线—轴矢量 ”，“拉伸距离”为2 mm，并倒圆，“半径1”为0.1 mm，如图6-1-19所示。

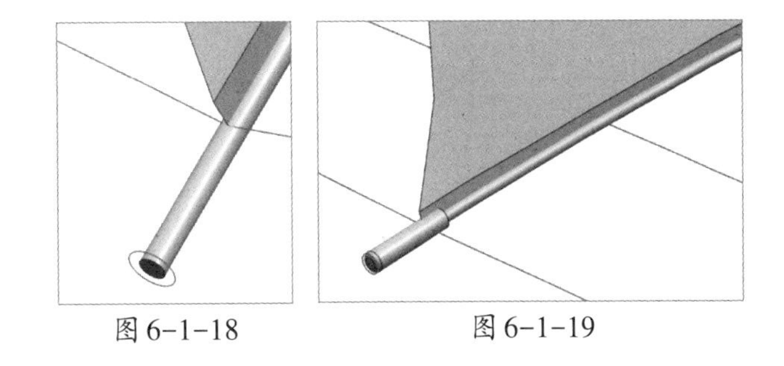

图6-1-18　　图6-1-19

4. 建立多个曲面

（1）“编辑”—“移动对象”，复制其余的伞布及支架，角度为45°，非关联副本数为7，如图6-1-20所示。

（2）“格式”—“WCS”—“WCS设置为绝对坐标”，把工作坐标系WCS移回初始位置和方位，如图6-1-21所示。

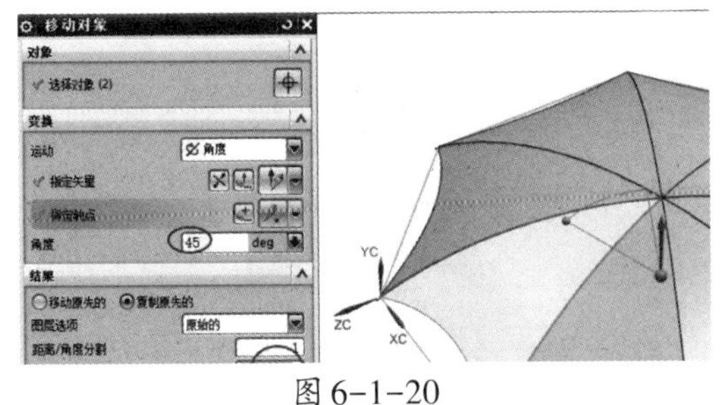

图6-1-20

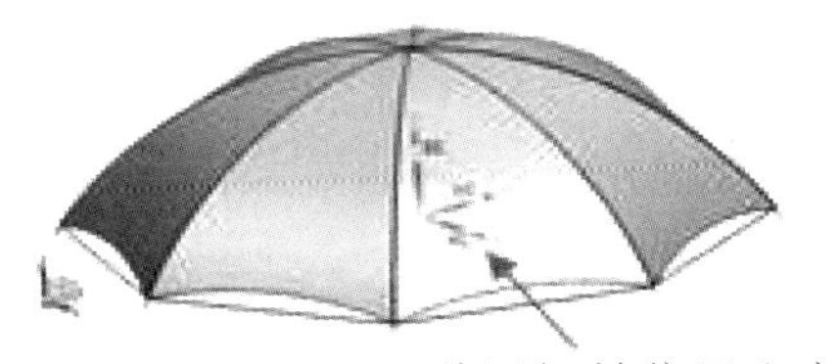

WCS移回初始位置和方位

图6-1-21

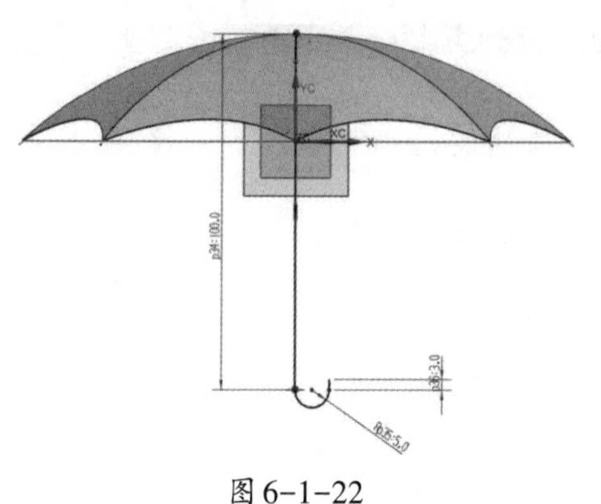

图 6-1-22

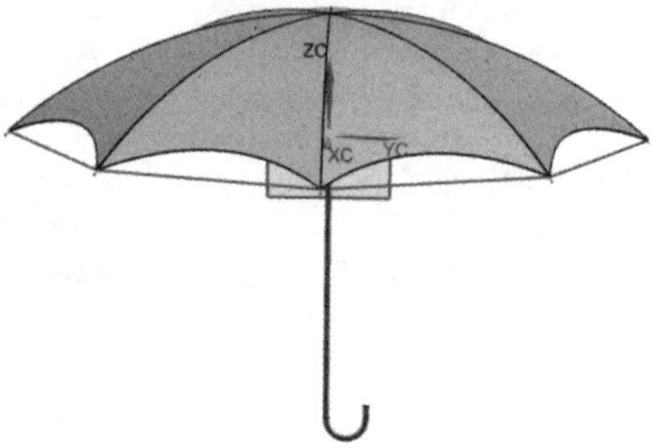

图 6-1-23

(3)“插入”—“在任务环境中绘制草图”，选择X-Z平面为作图平面，建立伞杆及伞把的草图，如图6-1-22所示。

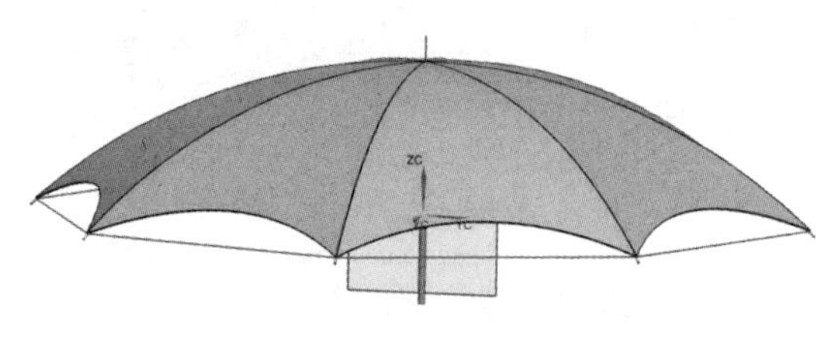

图 6-1-24

(4)运用管道命令建立伞杆及伞把，管道外径1.5，如图6-1-23所示。

(5)“插入”—“曲线”—“直线和圆弧”—“直线(点到点)”，建立一条起点在(0,0,30)，终点在(0,0,35)，沿着Z轴的直线，如图6-1-24所示。

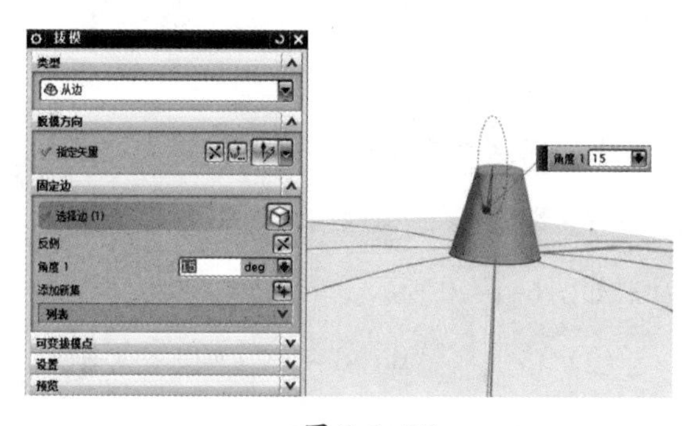

图 6-1-25

(6)运用管道建立伞顶尖，管道外径3。单击“特征”工具栏上的“拔模”图标，类型选“从边”，“角度1”为15°，如图6-1-25所示。

(7)“Ctrl+B”，隐藏曲线、基准和关闭WCS。“Ctrl+J”，给伞各面配色，结果如图6-1-26所示。

图 6-1-26

相关知识

自由曲面设计是CAD模块的重要组成部分，也是体现CAD/CAM软件建模能力的重要标志。用户可以通过自由曲面设计模块创建出风格多变的曲面造型，以满足不同产品的设计要求。

一、由点构建曲面

通过一些点创建非参数化的曲面，所建立的曲面通过所有的点。如图6-1-27所示。

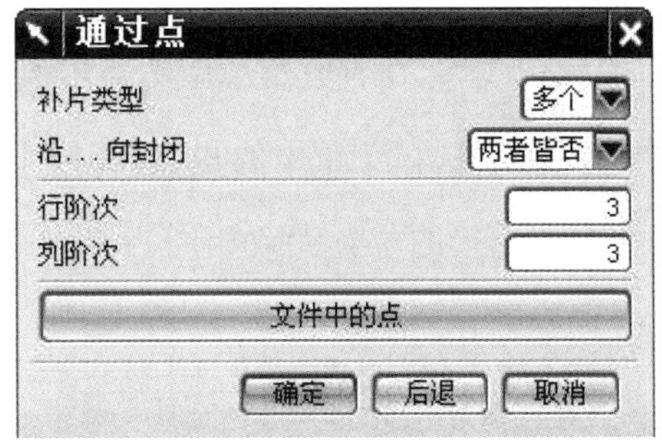

图6-1-27

二、直纹构面

“直纹构面”是通过两组截面线串之间建立的直纹体(片体或实体)。每组截面线串可以由多条连续的曲线、体边界或者多个体表面组成，其中一组截面线串可以为点。且这两组截面线串各自可以封闭，也可以不封闭。若两组截面线串都封闭，则构成的是实体，否则为片体。

(1)打开路径文件:\CAD/CAM\6\1.PRT，得到如图6-1-28所示文件，进入建模状态。

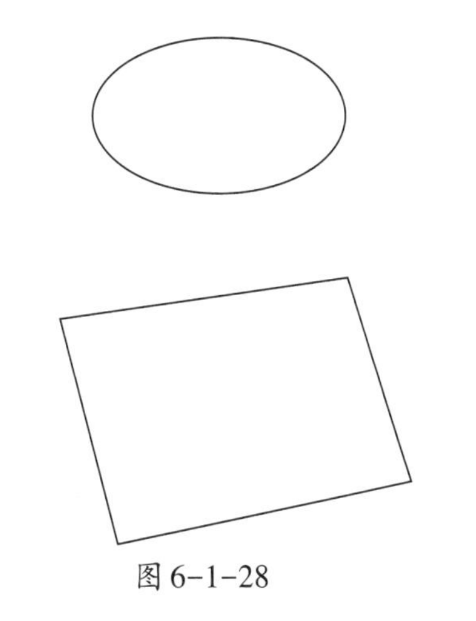
图6-1-28

(2)点击“直纹”，系统弹出对话框，首先创建两条曲线:选择步骤一，点击图形窗口的一条曲线，曲线靠近端出现一个箭头;选择菜单中的步骤二，点击图形窗口中的另一条曲线，曲线靠近端出现一个箭头，按“确定”得到曲面。

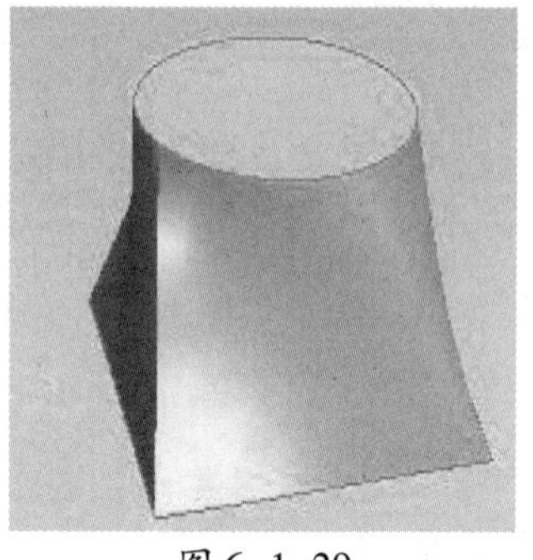

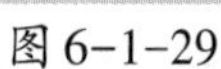
图6-1-29

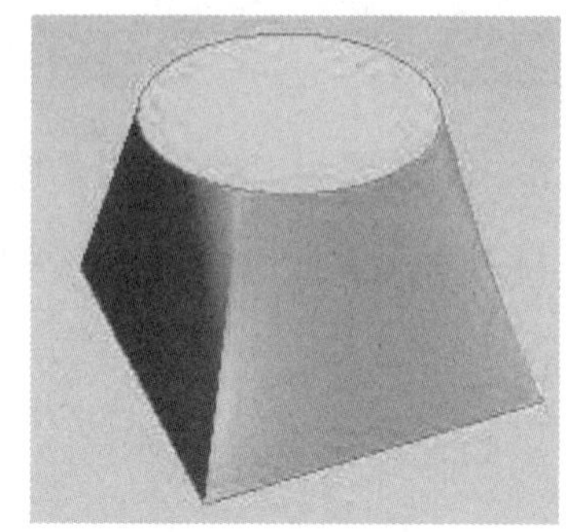

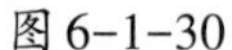
图6-1-30

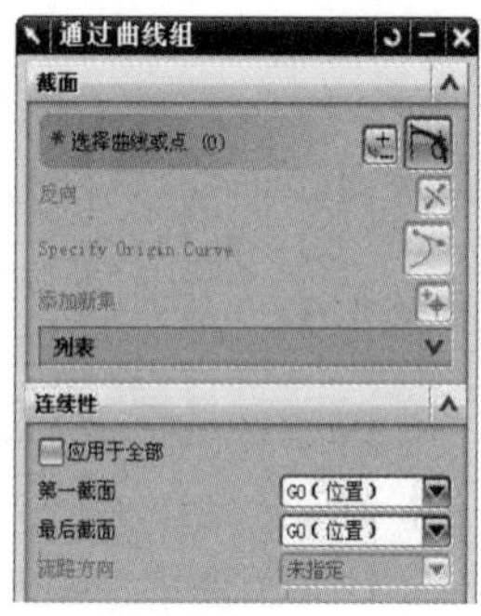

图6-1-31

(3)创建实体:在直纹菜单中选择步骤一,点击图形窗口中的一个圆,曲线靠近端出现一个箭头;选择菜单中的步骤二,依序点击图形窗口中的四边形(注意第一条边与第一个圆选择的位置大致相同),靠近端出现一个箭头,按“确定”得到一个实体。如图6-1-29所示。

(4)编辑实体的扭曲形状:点击“编辑”—“变换”,点选图形窗口中的圆,在变换菜单中点击“绕点旋转”,将圆绕圆心旋转30°,得到如图6-1-30所示效果。

三、通过曲线构面 

通过同一方向上的一组曲线轮廓生成一个曲面或者一个实体,这些曲线轮廓称为“截面线串”。直纹构面是通过曲线构面的特殊情况,所以两者的操作是相似的。但是直纹构面只能选择两组截面线串,且其中一组可以是一个点;而通过曲线构面可以选择多于两组的截面线串,任何一组截面线串可以是曲线、实体边等,但不能是一个点,如图6-1-31所示。

其中“连续性”选项:该选项用于约束所构建的曲面的起始端和终止端。约束方式各有3种:无约束、相切连续和曲率连续。

G0:生产的曲面与指定面点连续,无约束。

G1:生产的曲面与指定面相切连续。

G2:生产的曲面与指定面曲率连续。

(1)打开路径文件:\CAD/CAM\6\2.PRT,得到如图6-1-32所示文件,进入建模状态。

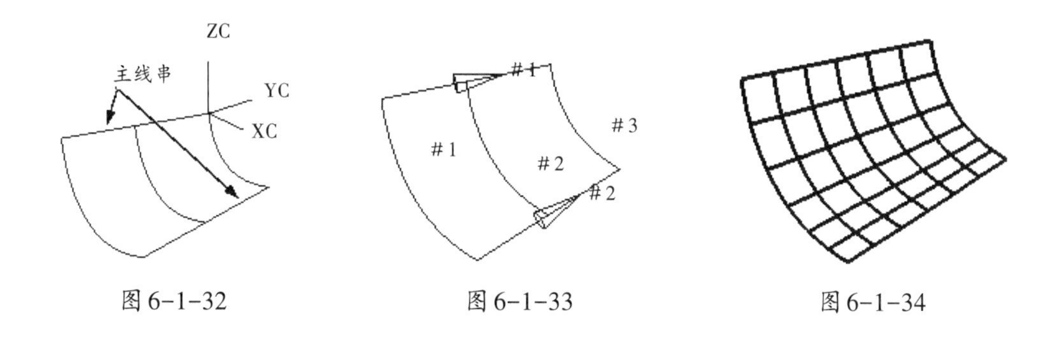

图6-1-32　　图6-1-33　　图6-1-34

(2)点击“通过曲线的网格”,系统弹出对话框,先确定主线串,选择步骤一,点击图形窗口的一条曲线,按“中键”,曲线靠近端出现一箭头,又点击图形窗口的第二条曲线,按“中键”;然后确定交叉线串,选择菜单中的步骤二,依序点击图形窗口中的其他曲线(每选一条线用中键确认一次),得到如图6-1-33所示曲面。

(3)按“确定”,得到如图6-1-34所示网格曲面(为了达到网格显示,采用“面分析”显示方式,并且将对象显示中的栅格数V和U都改为5)。

任务评价

雨伞曲面建模的评价表,见表6-1-1。

表6-1-1

评价内容	评价标准	分值	学生自评	教师评估
曲线建立	空间曲线建立方法	20分		
单个曲面建立	直纹曲面的建立	20分		
多个曲面建立	阵列曲面的使用	20分		
其他细节特征	拉伸等细节制作	20分		
曲面类型操作	曲线组曲面操作	10分		
情感评价	对曲面建模充满兴趣	10分		
学习体会				

用曲面绘制如图6-1-35所示图形。

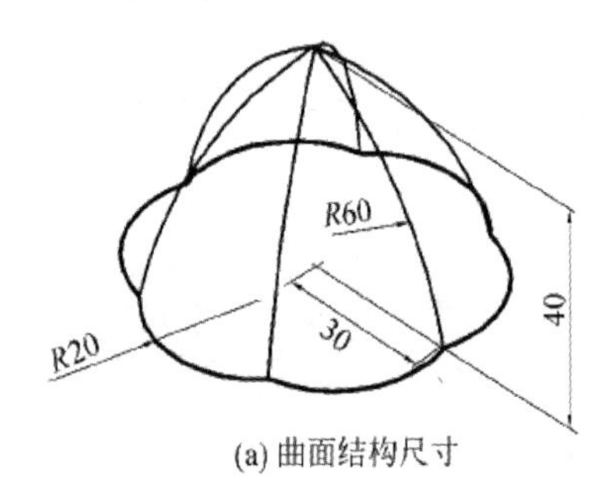

(a) 曲面结构尺寸

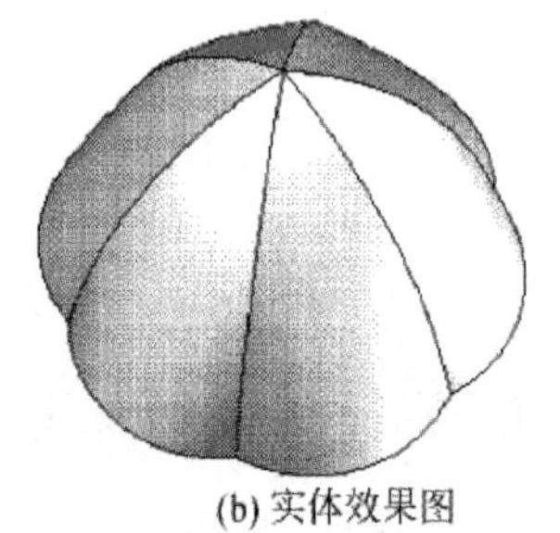

(b) 实体效果图

图6-1-35

任务二　水龙头的曲面建模

任务目标

水龙头外形结构复杂，由多个曲面构成，掌握外形曲线构建、网格曲面的创建与技巧。会使用曲面的光顺技巧和其他一些操作窍门。

任务分析

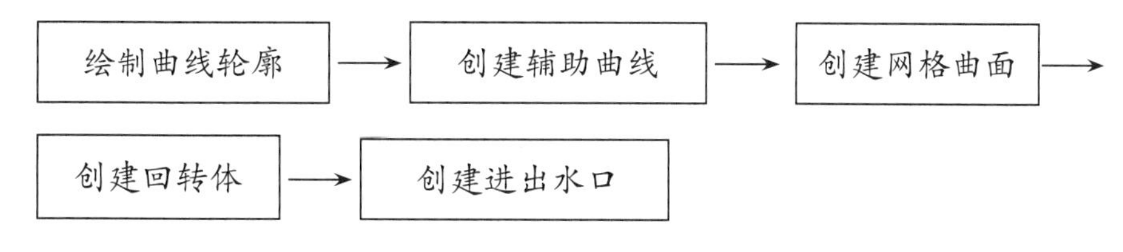

任务实施

一、任务准备

“开始”—“程序”—“UG NX 8.5”— “NX 8.5”进入UG初始界面。单击“文件”—“新建”（快捷键Ctrl+N）或者单击“新建 ”按钮，在文件名对话框输入“shuilongtou”，单位为毫米，选择“模型”模板，单击“确定”进入UG NX 8.5建模模块界面。

二、操作步骤

1. 绘制曲线轮廓

（1）选择“文件”—“新建”命令，在出现的新建对话框中，选择“模型”，名称框中输入“shuilongtou”，确定文件夹存放路径，单击“确定”按钮。

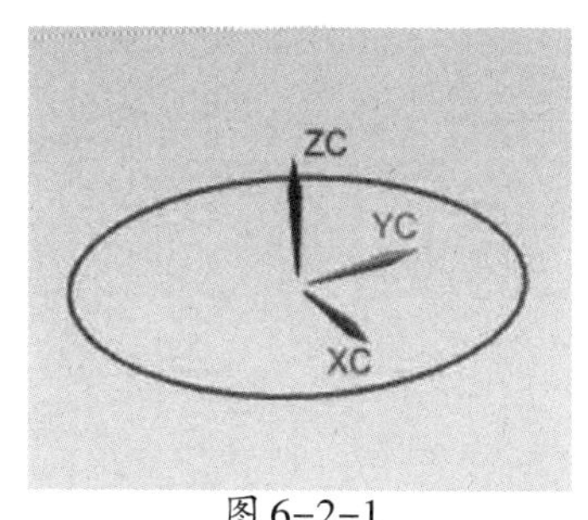

图 6-2-1

（2）选择主菜单中“插入”—“曲线”—“基本曲线

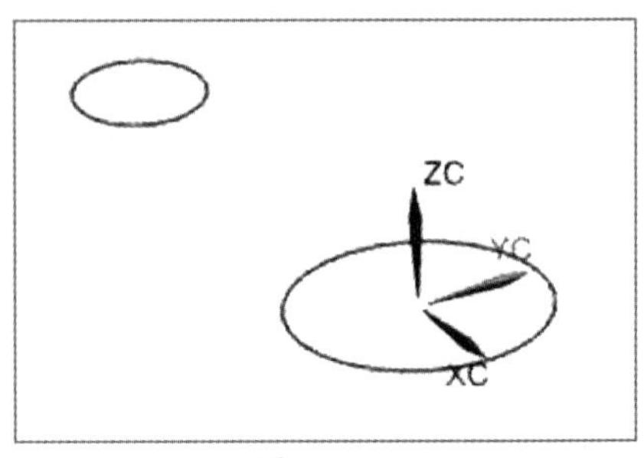

图6-2-2

”命令，打开“基本曲线”对话框，设置圆心为(0,0,0)，圆弧上的点坐标为(0,25,0)，创建的曲线如图6-2-1所示。

(3)继续在“点”对话框中设置圆心坐标为(-100,0,0)，单击“确定”按钮。设置圆弧上的点坐标为(-100,12.5,0)，单击“确定”按钮。创建的圆如图6-2-2所示。

(4)在“基本曲线”对话框中单击“圆角”按钮，打开“曲线倒圆”对话框，取消选中“修剪选项”选项组中的两个复选框，设置“半径”为“400”，对两圆进行倒圆操作，效果如图6-2-3所示。

(5)在“基本曲线”对话框中单击“修剪”按钮，打开“修剪曲线”对话框，设置“输入曲线”为“隐藏”，修剪曲线如图6-2-4所示。

单击“确定”按钮，结果如图6-2-5所示。

(6)选择“插入”—“曲线”—“艺术样条”命令，打开“艺术样条”对话框，“类型”选择“通过点”，参数化次数为3，去掉“封闭的”前面的钩，“制图平面”选择“ZC-XC平面

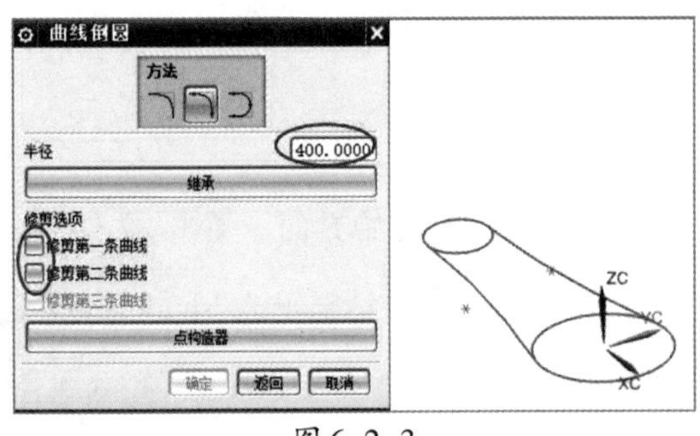

图6-2-3

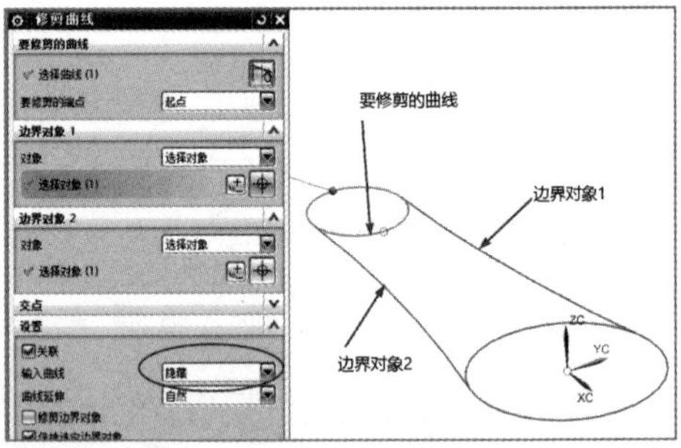

图6-2-4

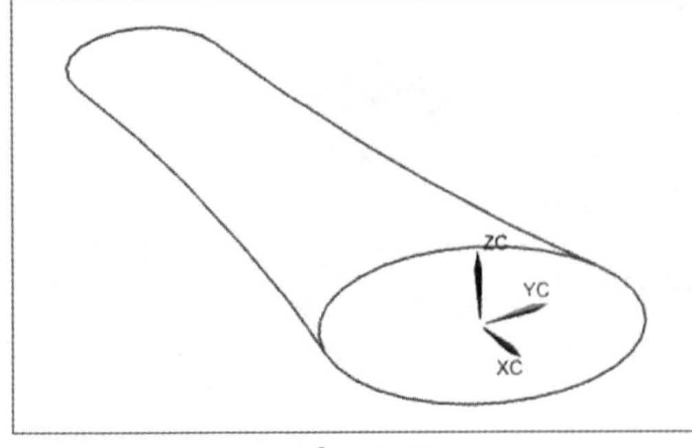

图6-2-5

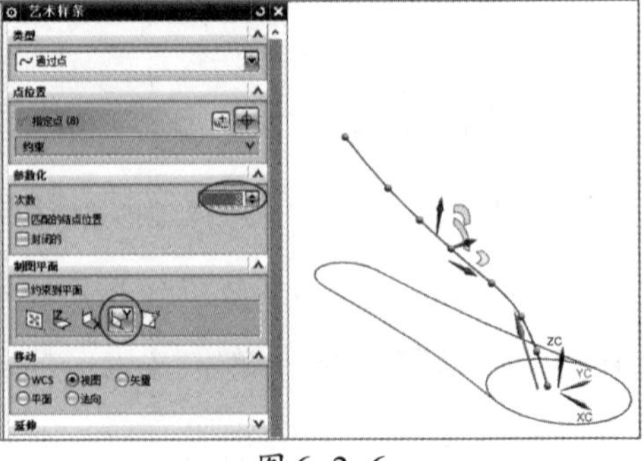

图6-2-6

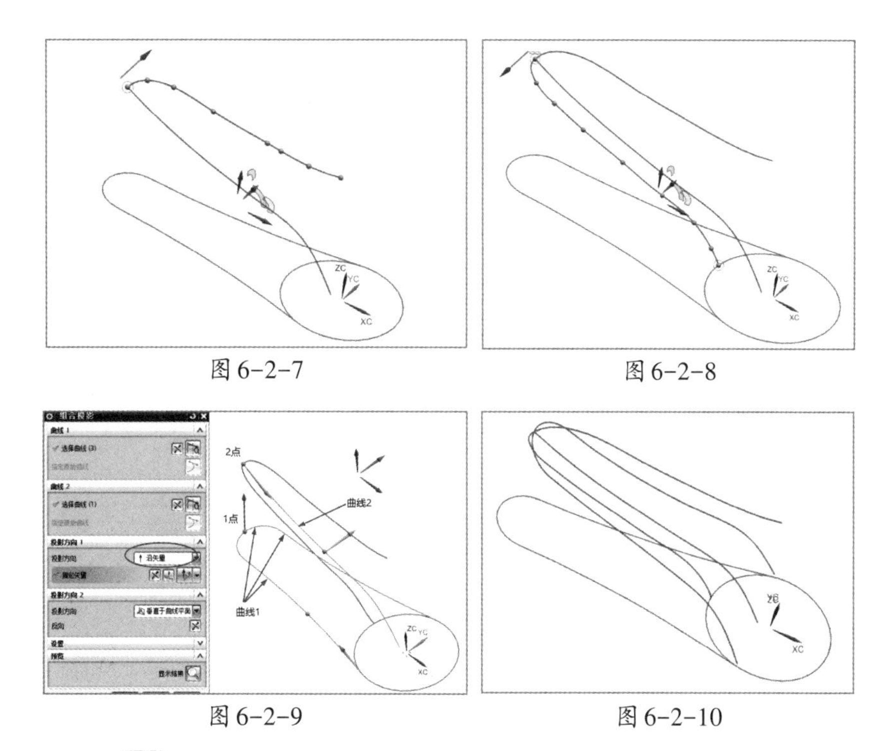

图 6-2-7　　图 6-2-8

图 6-2-9　　图 6-2-10

”，点击“点构造器 ”按钮，按顺序输入点坐标，共8个点(-5,0,0)(-10,0,10)(-20,0,20)(-35,0,25)(-55,0,30)(-75,0,35)(-90,0,40)(-110,0,50)，分别单击“确定”按钮，创建如图6-2-6所示的样条曲线。

(7)点击“艺术样条 ”，在打开的“艺术样条”对话框中“制图平面”选择“ZC-XC平面 ”，单击“点构造器 ”按钮，按顺序输入点坐标，共7个点(-110,0,50)(-102,0,54.7)(-90,0,56)(-70,0,-55)(-45,0,54)(-34,0,54.5)(-25,0,55)，分别单击“确定”按钮，创建如图6-2-7所示的样条曲线。

(8)点击“艺术样条 ”，在打开的“艺术样条”对话框中，“制图平面”选择“ZC-XC平面 ”，单击“点构造器 ”按钮，按顺序输入点坐标，共9个点(-110,0,50)(-108,0,37.5)(-100,0,33)(-87,0,28)(-70,0,29)(-53,0,18)(-38,0,13)(-30,0,6.8)(-25,0,0)，分别单击“确定”按钮，创建如图6-2-8所示的样条曲线。

(9)选择“插入”—“来自曲线集的曲线”—“组合投影”命令，打开“组合投影”对话框，选择如图6-2-9所示的曲线为第一条曲线串和第二条曲线串，投影方向指定1点到2点。

单击“确定”按钮，创建如图6-2-10所示的曲线。需要注意的是，如果新建的两曲线没有与圆相交，应编辑两曲线延伸与圆相交。

2. 创建辅助曲线

（1）“主菜单格式”—“WCS”—“原点”，移动坐标原点到样条结点位置（此时“启用捕捉点”工具条上的“控制点 ”按钮应点亮），单击“确定”按钮，结果如图6-2-11所示。

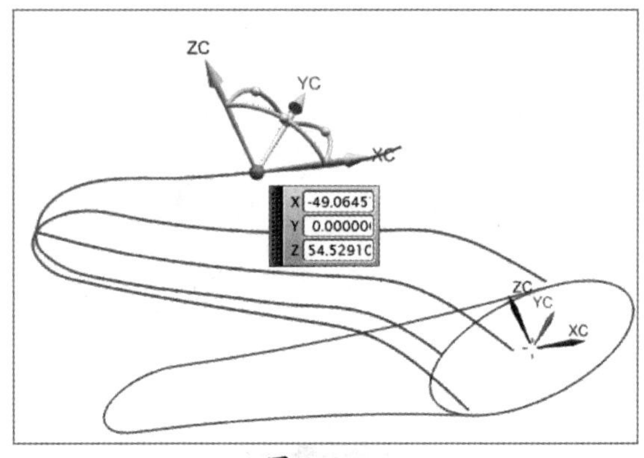

图6-2-11

（2）选择“插入”—“基准/点”—“基准平面”命令，打开“基准平面”对话框，选择“类型”为“YC-ZC平面”，设置距离为0，单击“确定”按钮，创建的基准平面如图6-2-12所示。

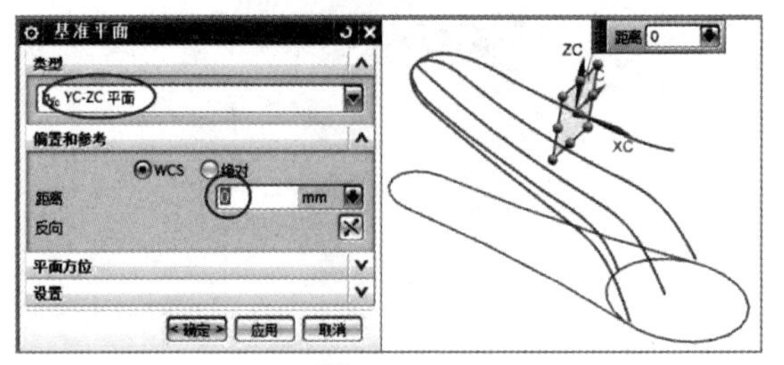

图6-2-12

（3）“插入”—“曲线”—“直线 ”，打开“直线”对话框，平面选项为“选择平面”，“起点选项”选择“基准平面”与“最左或最右曲线”的相交点，“终点选项”为ZC负方向，长度为-20，创建如图6-2-13所示的直线1和直线2。

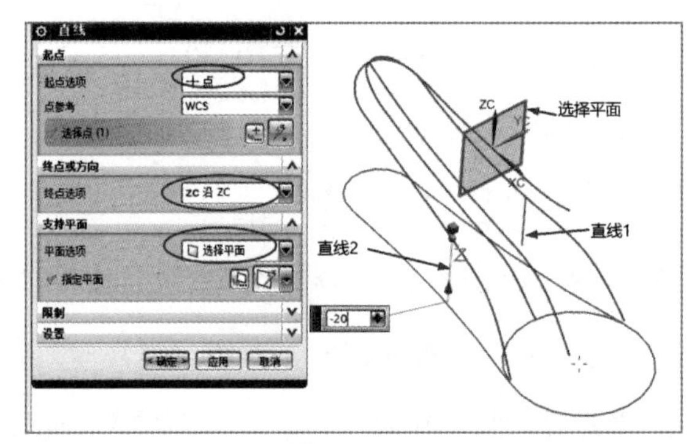

图6-2-13

（4）用同样的方法创建第3条直线，起点是最上一条曲线交点（即坐标系零点），终点平行YC轴，如图6-2-14所示。

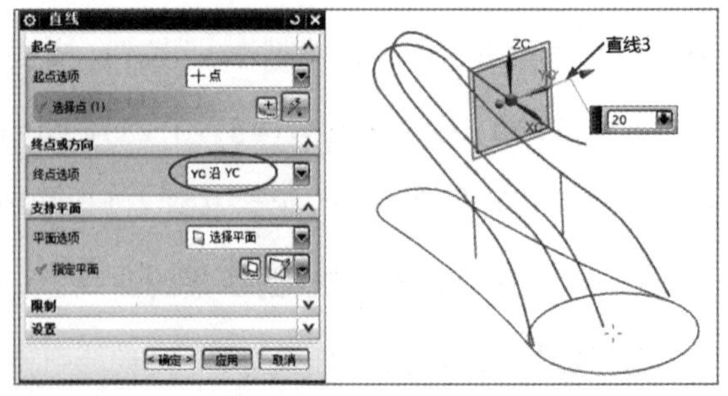

图6-2-14

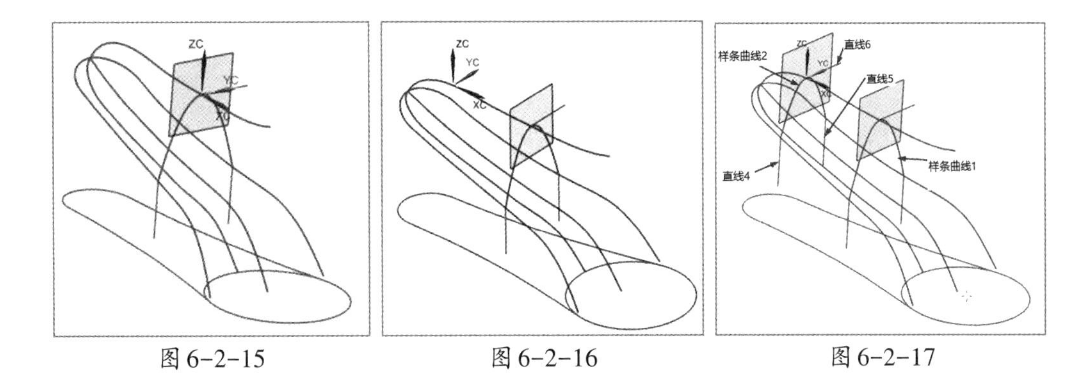

图 6-2-15　　　　图 6-2-16　　　　图 6-2-17

(5)点击“艺术样条 ”按钮，在弹出的对话框中把“制图平面”切换到“YC-ZC平面”，依次选择直线1、直线2和直线3的起始点，点开“点位置”折叠栏，“连续类型”一定要选择“无”，否则以后曲面之间存在缝隙，图形预览如图6-2-15所示，点击“确定”按钮完成创建样条1。

(6)“主菜单格式”—“WCS”—“原点”，把WCS原点移到如图6-2-16所示样条线的结点上，对应点坐标位置大约为XC坐标-89.74(参考值)、YC坐标0和ZC坐标55.99(参考值)，点击“确定”。

用同样方法创建基准平面、创建3条直线和创建第2条样条线，结果如图6-2-17所示。

(7)作辅助直线7:起点是基准平面与如图6-2-18所示样条线交点且平行于YC轴。

(8)点击“艺术样条 ”按钮，制图平面在“YC-ZC平面”，依次选择直线4、直线7、直线5的起始点，点开“点位置”折叠栏，“连续类型”选择“无”，图形预览如图6-2-19所示，点击“ 确定 ”按钮完成样条3创建。

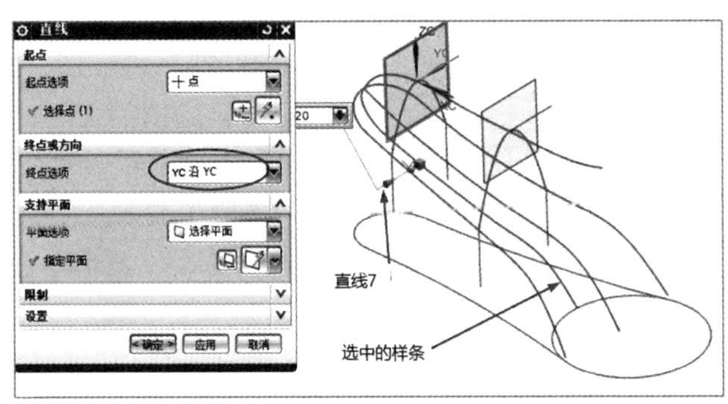

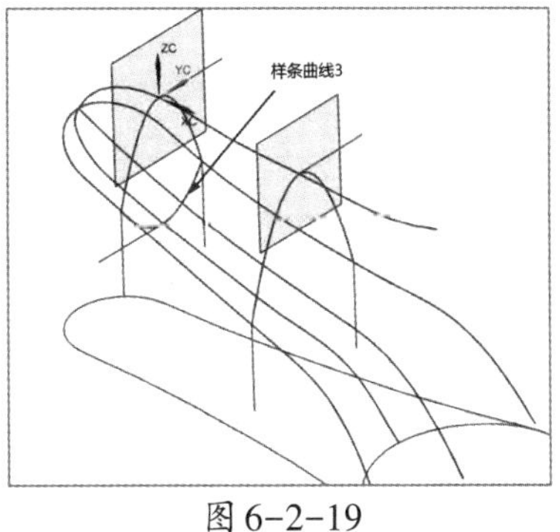

图 6-2-18　　　　图 6-2-19

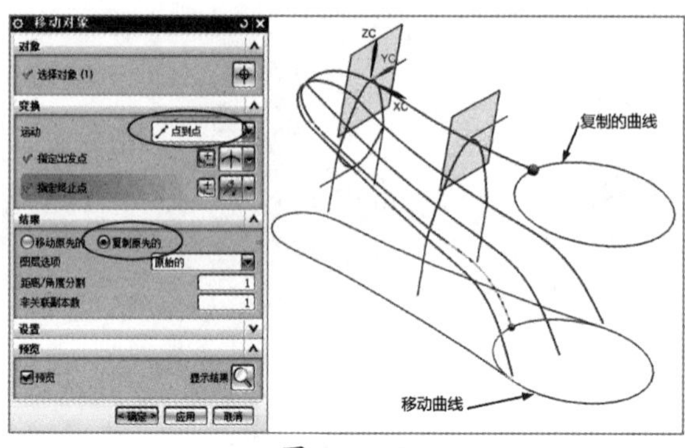

图6-2-20

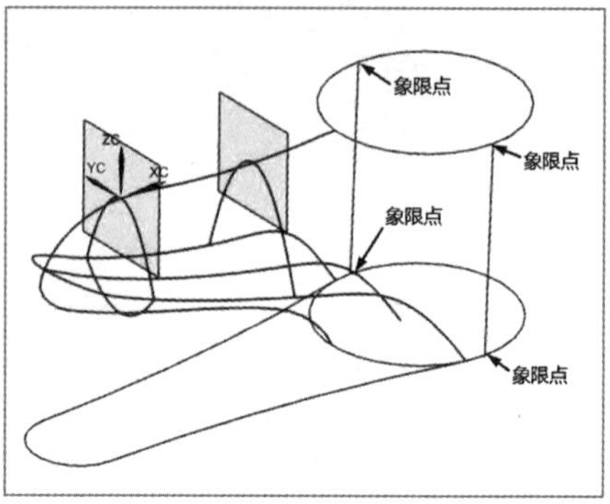

图6-2-21

(9)选择“编辑”—“移动对象”命令，打开“移动对象”对话框，选中圆的曲线，移动效果如图6-2-20所示的复制圆。

(10)“插入”—“曲线”—“基本曲线”，打开“基本曲线”对话框，“点方法”选择象限点，如图6-2-21所示。

(11)通过两圆象限点的直线。“Ctrl+B”，隐藏7条辅助直线和2个创建的基准平面，如图6-2-22所示。

(12)选择“编辑”—“曲线”—“分割”命令，打开“分割曲线”对话框，类型选“按边界对象”，对图中所有的相交线进行分割，如图6-2-23所示。

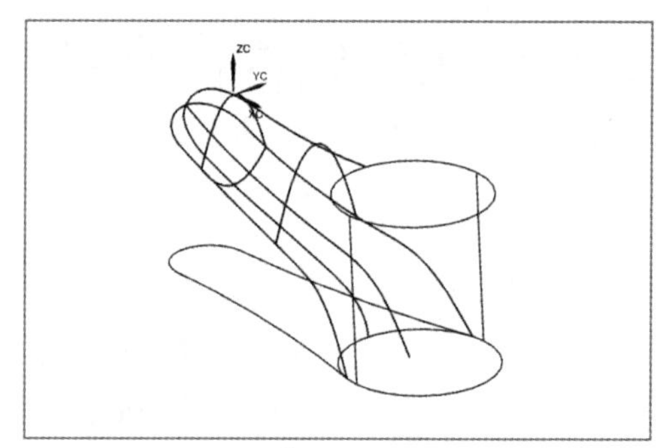

图6-2-22

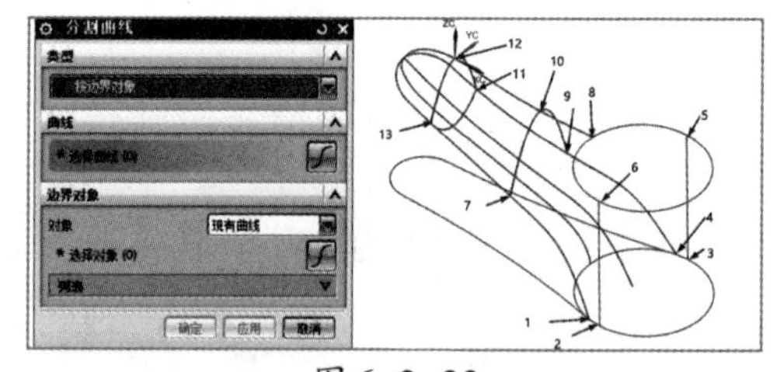

图6-2-23

3. 创建网格曲面

(1)单击“特征”工具条中的“拉伸 ”按钮，打开“拉伸”对话框。选择如图6-2-24所示的3段线段，按相应的坐标方向进行拉伸，设置拉伸长度为20，单击“确定”按钮。

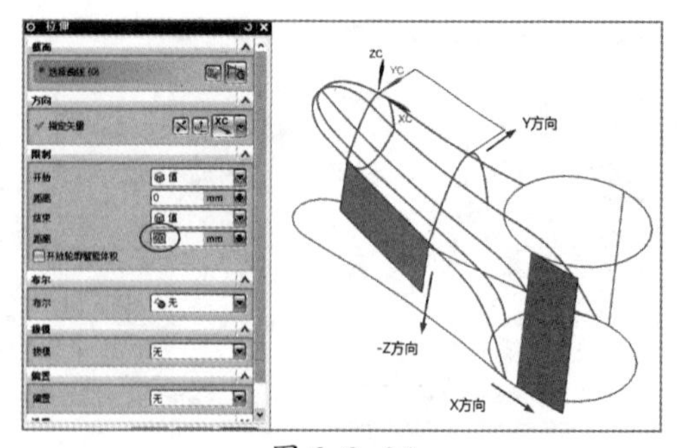

图6-2-24

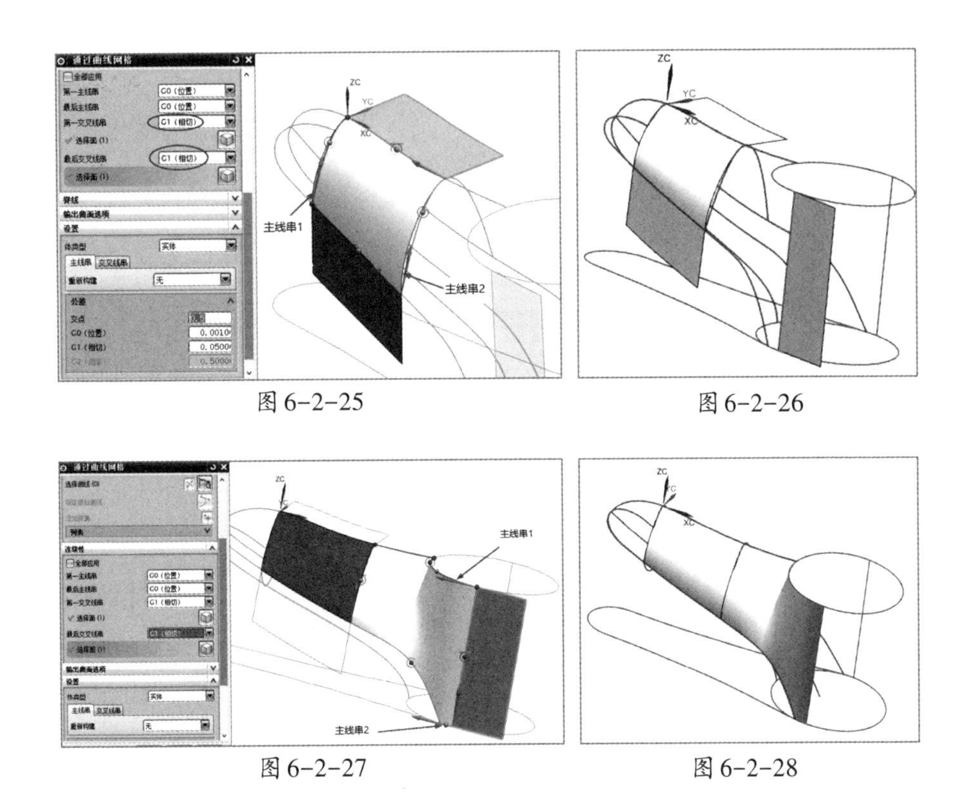

图 6-2-25　　图 6-2-26

图 6-2-27　　图 6-2-28

(2)选择“插入”—“网格曲面”—“通过曲线网格 ”命令,打开“通过曲线网格”对话框。将“类选器”设置为单条曲线,选择如图 6-2-25 所示的两条曲线为主曲线和交叉线,将设置的公差改为0.5。

对话框中连续性设置主线串是G0(位置),交叉线串是G1,单击“确定”按钮,效果如图 6-2-26 所示。

(3)选择“插入”—“网格曲面”—“通过曲线网格 ”命令,打开“通过曲线网格”对话框。将“类选器”设置为单条曲线,选择如图 6-2-27 所示的两条曲线为主曲线和交叉线,将设置的公差改为0.5。

对话框中连续性设置主线串是G0(位置),交叉线串是G1,单击“确定”按钮,隐藏掉三个辅助平面,得到如图 6-2-28 所示效果。

(4)用同样的方法对另一半构建曲面,重复(1)~(3)步,结果如图6-2-29所示。

(5)点击"通过曲线网格"按钮,对如图6-2-30所示的5条曲线做网格曲面,其中第1主曲线选择交点,此时捕捉点只有交点点亮,指定与第2主曲线的相切面,结果如图6-2-31所示。

(6)用同样的方法建立另一面,如图6-2-32所示。

(7)点击"通过曲线网格"按钮,对如图6-2-33所示的5条曲线作网格曲面,指定第2主曲线的相切面,生成的网格曲面如图6-2-34所示。

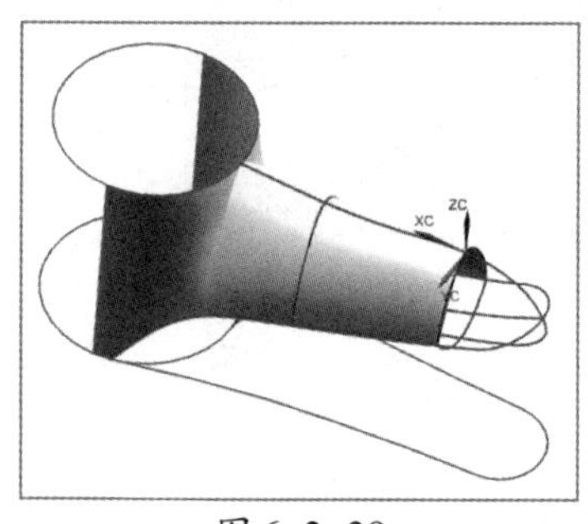

图6-2-29

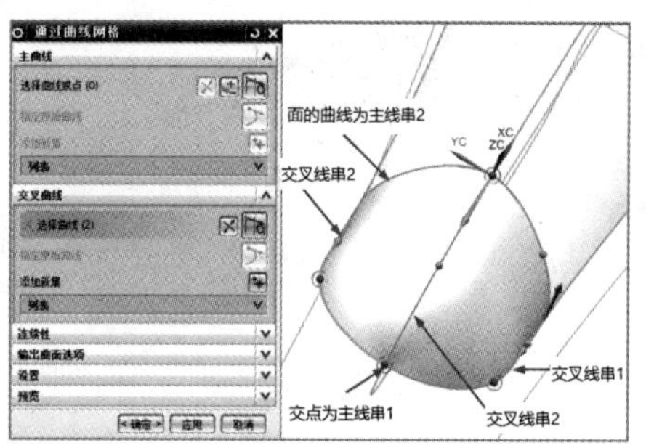

图6-2-30

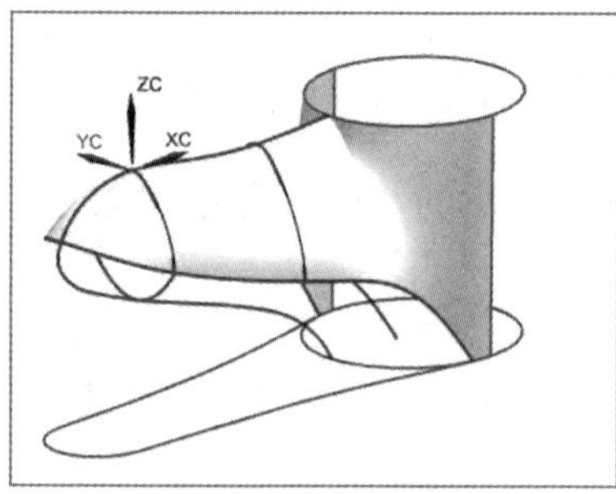

图6-2-31

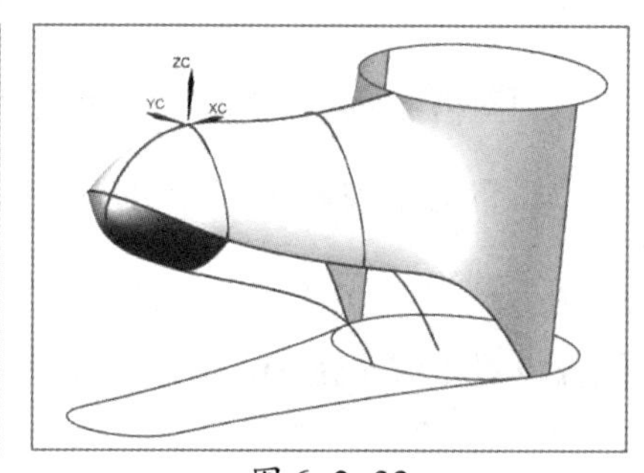

图6-2-32

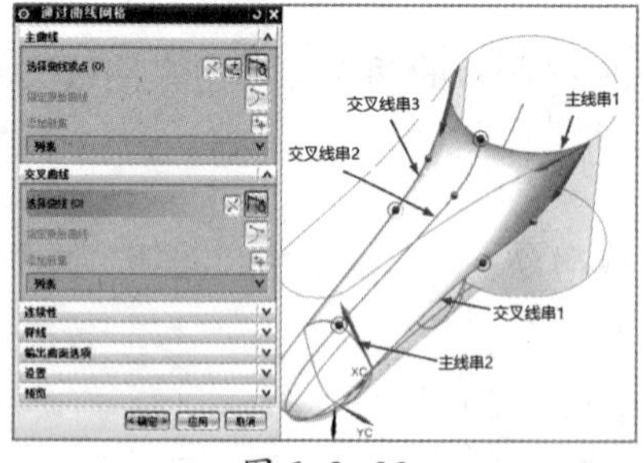

图6-2-33

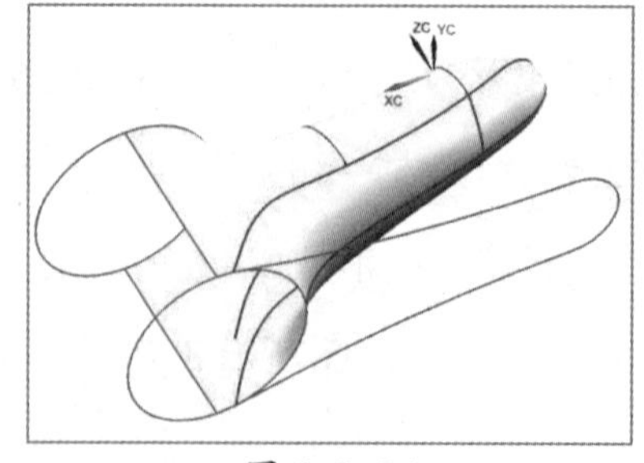

图6-2-34

(8)点击“通过曲线网格”按钮，对如图6-2-35所示的4条曲线做网格曲面。

(9)“插入”—“曲面”—“有界平面 ”，创建上、下两个有界平面，如图6-2-36所示。

(10)单击“特征”工具条中的“缝合 ”按钮，打开“缝合”对话框，对所有片体进行缝合操作(1个目标体+其他工具体)，预览如图6-2-37所示。

(11)点击“视图”工具栏上的“编辑工作截面 ”按钮，观察是否为一个实体，如图6-2-38所示。

(12)“Ctrl+B”，类型过滤器选择“曲线”，把作图过程中的曲线“隐藏”掉，点击“保存”，如图6-2-39所示。

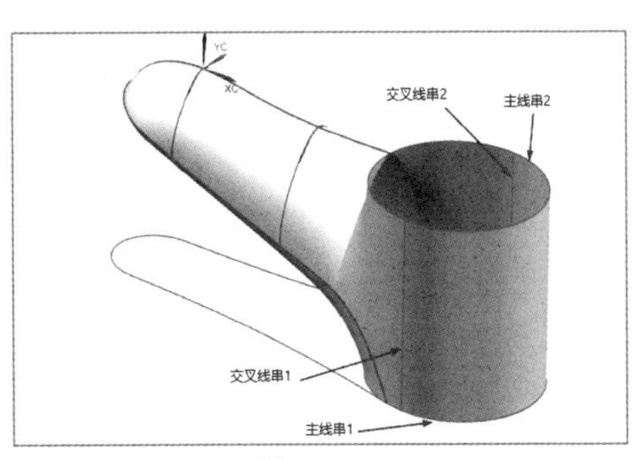

图6-2-35

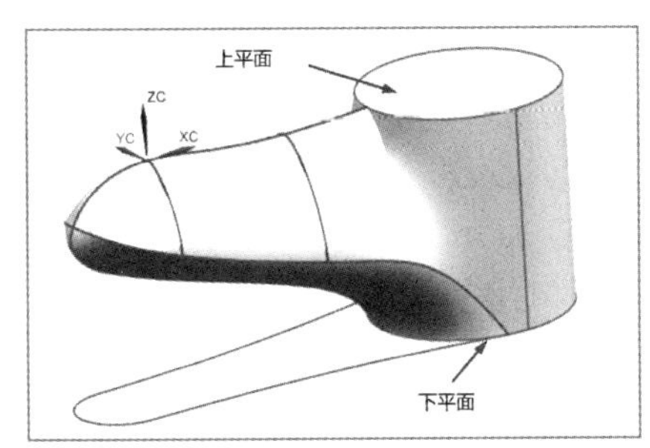

图6-2-36

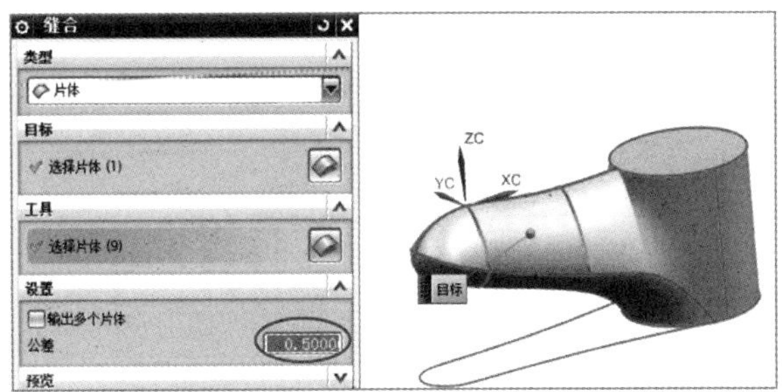

图6-2-37

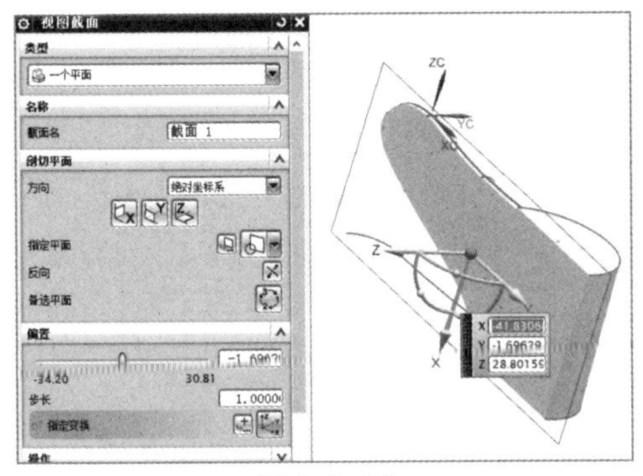

图6-2-38

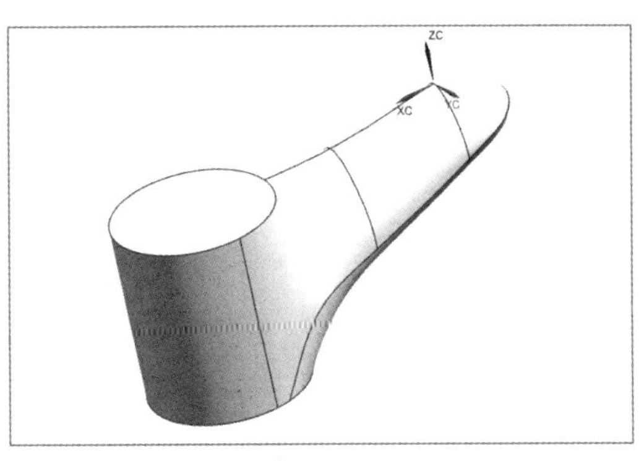

图6-2-39

5. 创建回转体

(1)在创建回转面之前要作辅助线。将坐标设为绝对值,让其回到原点,把视图转为俯视图,并转为“静态线框”模式。“插入”—“曲线”—“基本曲线”,创建圆心在(0,-40,0),圆弧上通过点(0,-60,0),即半径为20的圆,如图6-2-40所示。

(2)“插入”—“曲线”—“基本曲线”,创建圆心在(0,40,0),圆弧上通过点(0,60,0),即半径为20的圆,如图6-2-41所示。

(3)“插入”—“曲线”—“基本曲线”,点击“圆角”按钮,点击“两曲线圆角”按钮,去掉“修剪选项”前两项框里的勾,对两个圆进行半径为150的倒圆,如图6-2-42所示。

(4)“编辑”—“曲线”—“分割”,分两次分割曲线,第一次“类型”选择“按边界对象”,曲线选择(2)步创建的上侧圆,“边界对象”选择“现有曲线”,对象选择(3)步创建

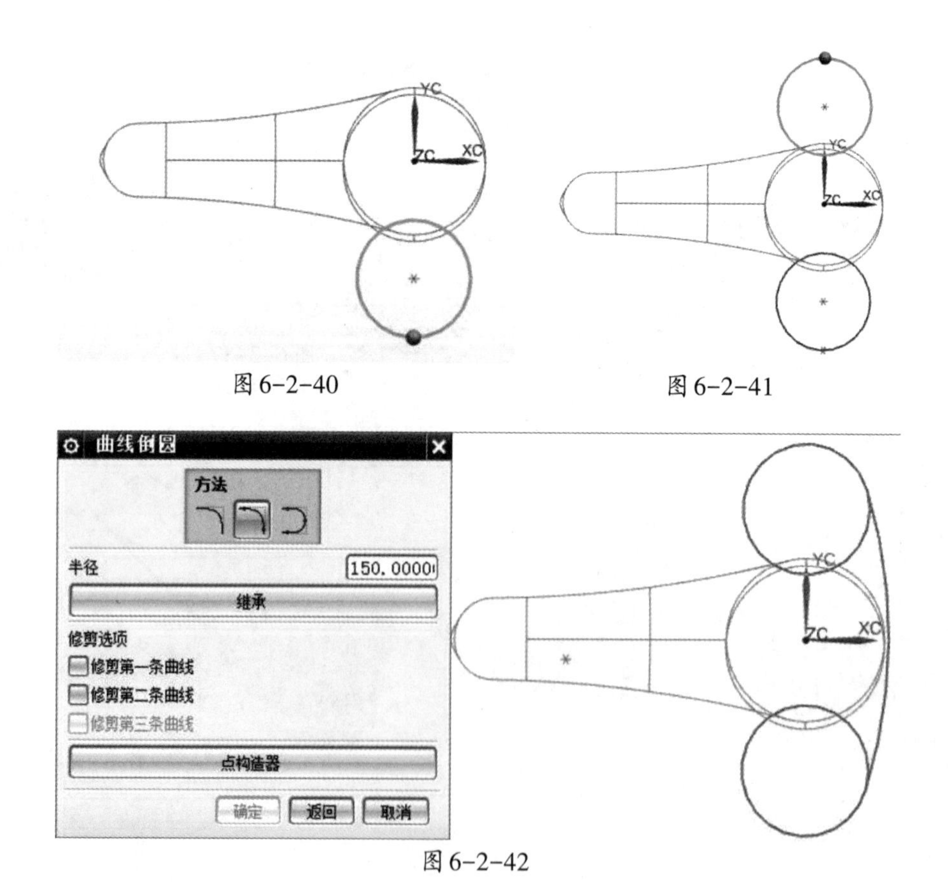

图6-2-40

图6-2-41

图6-2-42

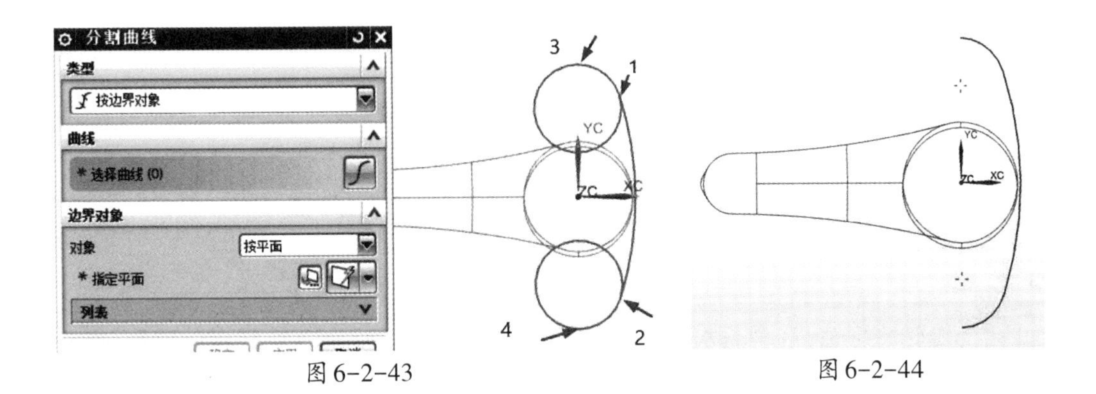

图 6-2-43　　　　图 6-2-44

的倒圆角，指出曲线的大致交点1点，圆被分成两段，同样方法对(1)步创建的下侧圆进行分割，分割交点2点；第二次“类型”选择“按边界对象”，曲线选择第一次分割后的优弧，“边界对象”选择“按平面”，选择“YC-ZC平面”，指出曲线的大致交点3，同样方法对第一次分割的下侧优弧进行分割，得交点4，结果如图6-2-43所示。

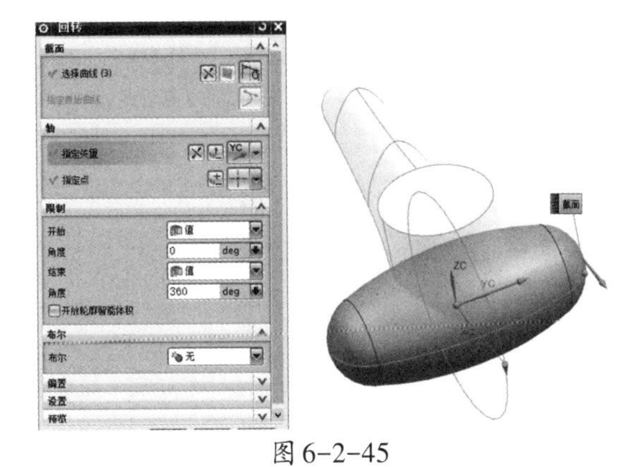

图 6-2-45

(5)选中“多余线段”，按键盘“Delete”键删除，结果如图6-2-44所示。

(6)单击“特征”工具条中的“回转”按钮，打开“回转”对话框。选择上一步剩下的3段曲线，创建如图6-2-45所示的回转特征。

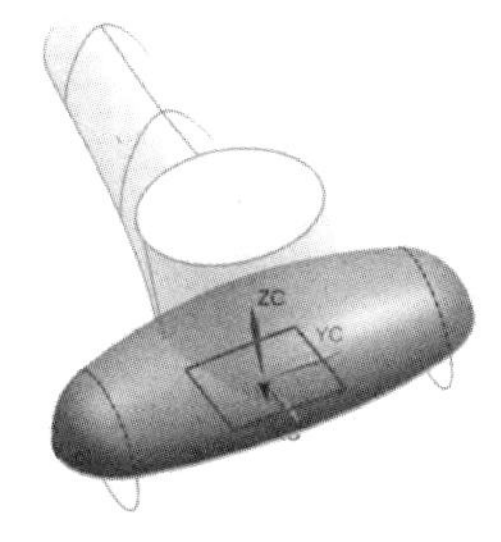

图 6-2-46

6. 创建进出水口

(1)用XY平面修剪实体，结果如图6-2-46所示。

(2)点击“凸台”按钮,输入直径为30、高度为3,选择底平面,定位方式采用“点到点”,选择“圆弧的中心”“布尔求和”,得到两圆柱,如图6-2-47所示。

(3)同理再建立直径为25 、高度为12的圆柱,“布尔求和”,如图6-2-48所示。

(4)“Ctrl+shift+K”,显示两根线。移动坐标原点到如图6-2-49所示两线交点位置。

(5)旋转坐标轴,ZC轴向XC轴转15°,如图6-2-50所示。

(6)“插入”—“曲线”—“基本曲线”,在点(0,0,-6)的位置创建半径为8的圆,如图6-2-51所示。

(7)对(6)步创建的圆进行拉伸操作,拉伸方向为ZC轴,距离为10,并求和,拉伸效果如图6-2-52所示。

(8)“Ctrl+B”,隐藏所有的曲线和基准,关闭工作坐标系。渲染模式选择“着色”,完成的模型如图6-2-53所示。

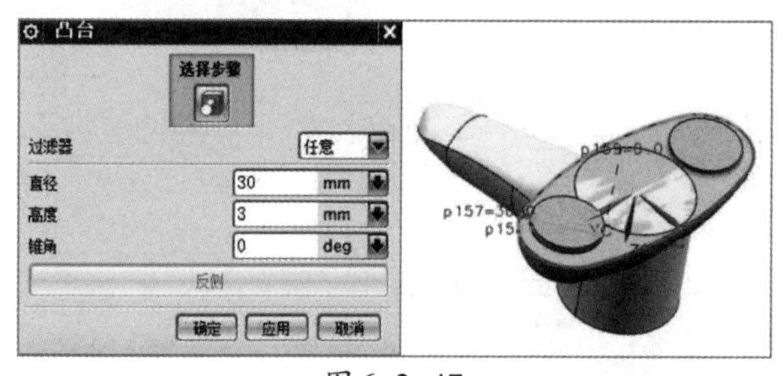

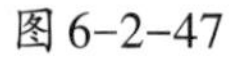
图6-2-47

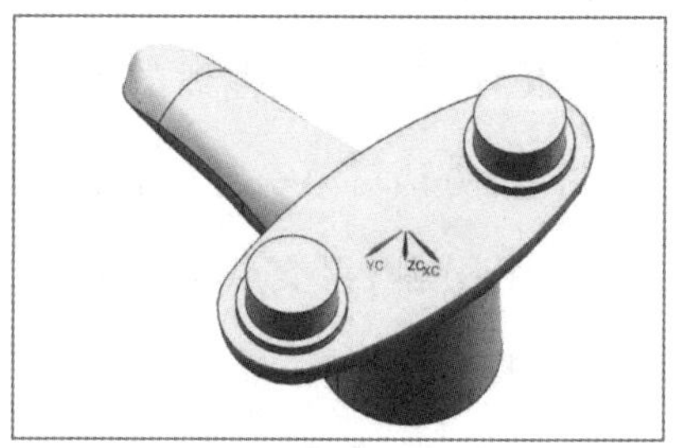

图6-2-48

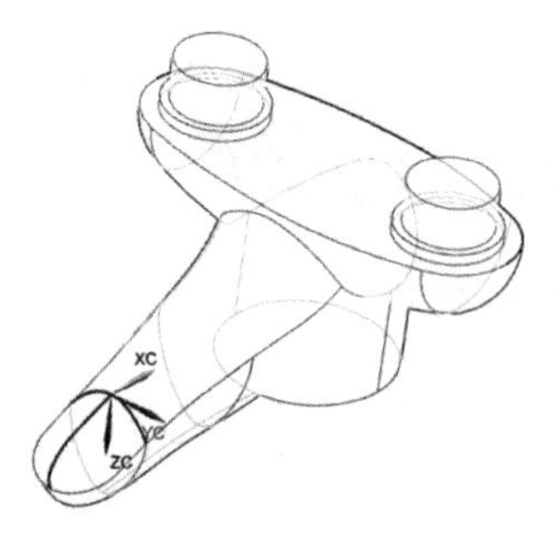

图6-2-49

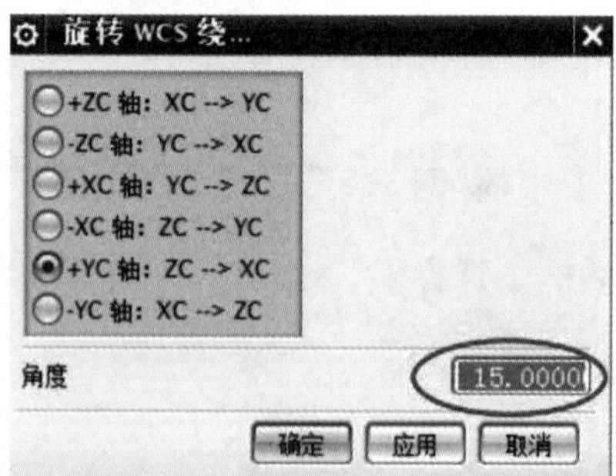

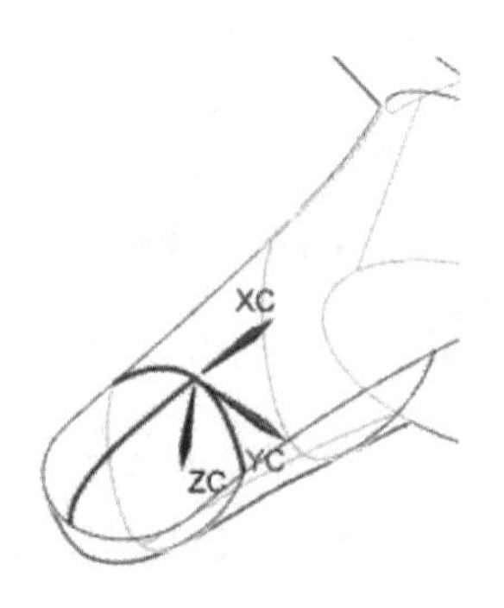

图6-2-50

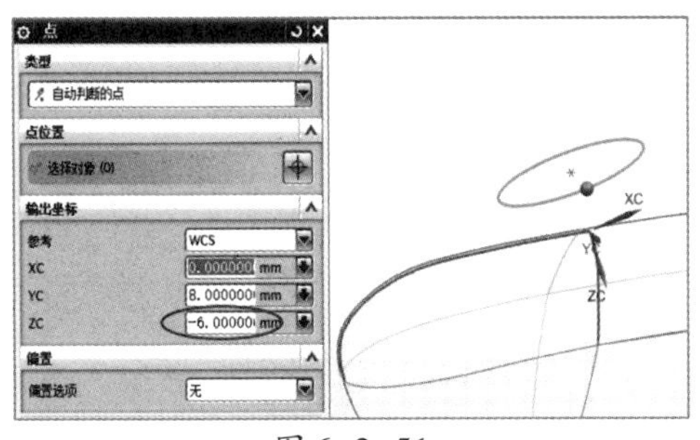

图 6-2-51

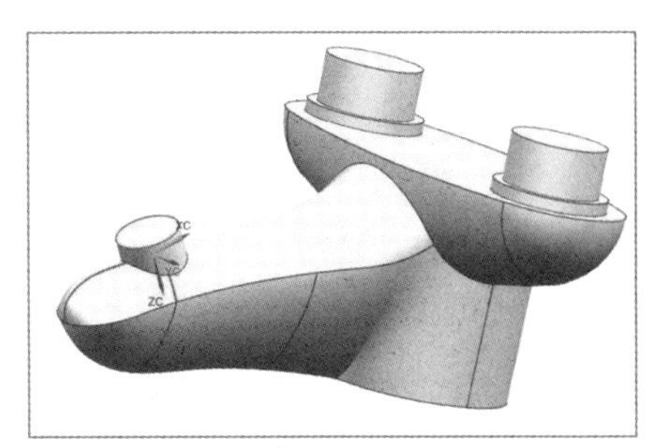

图 6-2-52

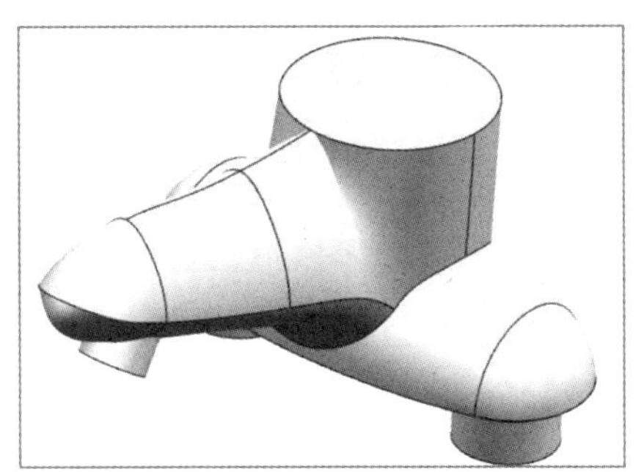

图 6-2-53

一、通过曲线网格构面

通过曲线网格构面就是沿着两个不同方向的两组指定曲线串生成片体或实体。这种创建曲面的方法定义了两个方向的控制曲线，可以很好地控制曲面的形状，因此它也是最常用的创建曲面的方法之一。

通过曲线网格构面需要指定两类曲线，即主曲线串和交叉曲线串，它的操作步骤与扫描方式相类似。但需要指定的曲线数量更多，主曲线串和交叉曲线串各自的数量都必须是 2 ~ 150 中的任意数值。注意在指定线串时，必须注意选择的顺序，以避免引起不必要的曲线交叉而导致的错误，如图 6-2-54 所示。

图 6-2-54

对话框中的常用选项的功能及含义：着重用于决定主线串和交叉线串哪一组控制线串对曲线网格体的形状最有影响，或者指定两组有同样的影响效果。（注意：此选项只有在主线串对和交叉线串对不相交时才有意义。主曲线：系统在生成曲面的时候，更强调主线串。交叉：系统在生成曲面的时候，交叉线串更有影响。）

(1)打开路径文件:\CAD/CAM\6\3.PRT,得到如图6-2-55所示文件,进入建模状态。

(2)点击“扫描”按钮,系统弹出对话框菜单,系统提示选择引导线串1,点击图形窗口中的曲线1,按“中键”;系统提示选择引导线串2,点击图形窗口中的曲线2,按“中键”;系统提示选择引导线3,因没有线串可选,所以直接按“中键”转换。系统提示选择剖面线串1,点击图形窗口中的曲线3,按中键;系统提示选择剖面线串2,直接按“中键”确定。结果如图6-2-56所示。

(3)系统提示“指定参数”,按“确定”;系统又提示“选择比例方法”,按“确定”;系统提示“选择脊线串”,在图形窗口中选择直线4,按“确定”或“中键”,按“确定”,得到如图6-2-57所示直纹曲面(为了达到网格显示,采用面分析显示方式,并且将对象显示中的栅格数V和U都改为5)。

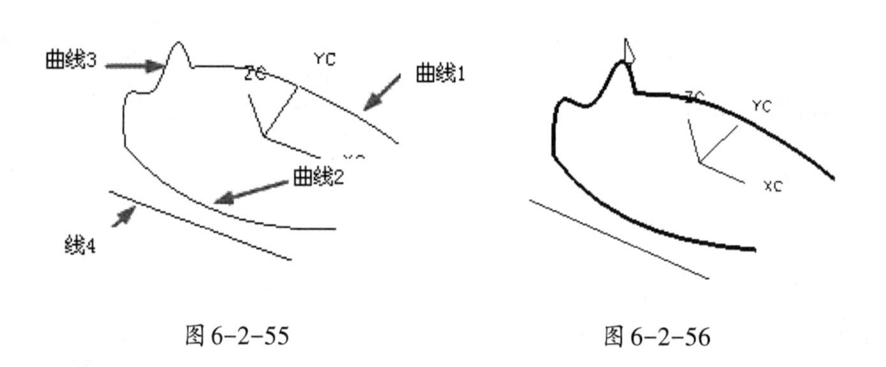

图6-2-55　　　　图6-2-56

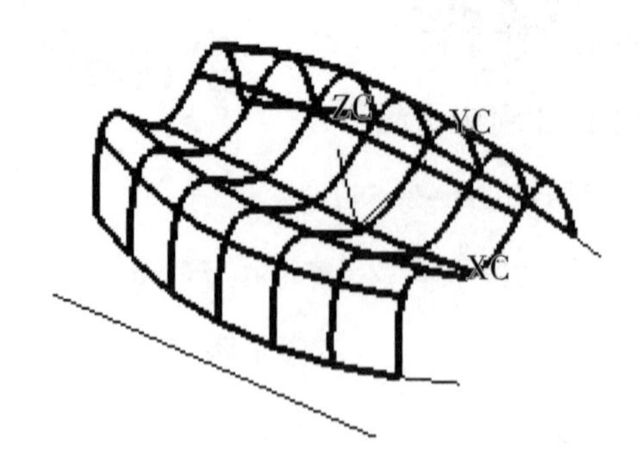

图6-2-57

二、曲面编辑

1. 扩大曲面

扩大曲面主要是用来调整曲面的大小，生成一个新的扩大特征，该特征和原始的片体相关联。用户可以根据百分率改变扩大特征的各个边缘曲线。

2. 修剪片体

在曲面设计中，构造的曲面长度往往大于实际模型的曲面长度，利用“修剪的片体”可把曲面修剪成所需要的曲面形状，如图6-2-58所示。

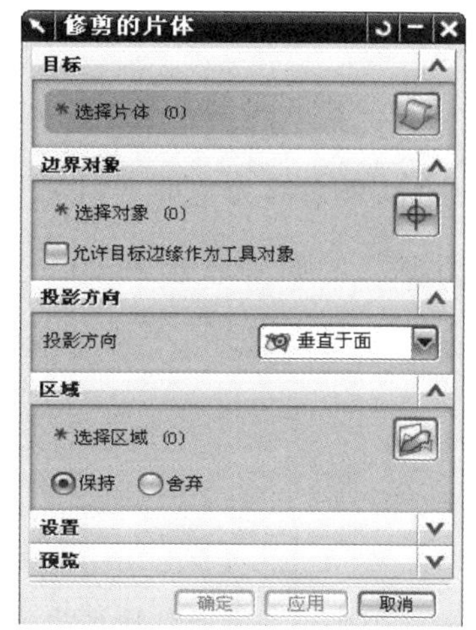

图 6-2-58

(1)打开路径文件：\CAD/CAM\6\4.PRT，得到如图6-2-59所示文件，进入建模状态。

(2)点击“修剪片体 ”，系统弹出如图6-2-60所示菜单，系统提示“选择目标片体”，点击图形窗口中的曲面，系统提示“选择修剪对象”，点击图形窗口中的轮廓1，按“应用”，得到如图6-2-61所示的修剪轮廓。

(3)继续点击图形窗口中的轮廓2，按“应用”，系统警告如图6-2-62所示。说明投影方向不对，点击菜单中的“投影沿着”—“矢量构造器”，选择“-ZC”，点击“确定”“应用”，得到如图6-2-63所示的修剪轮廓。

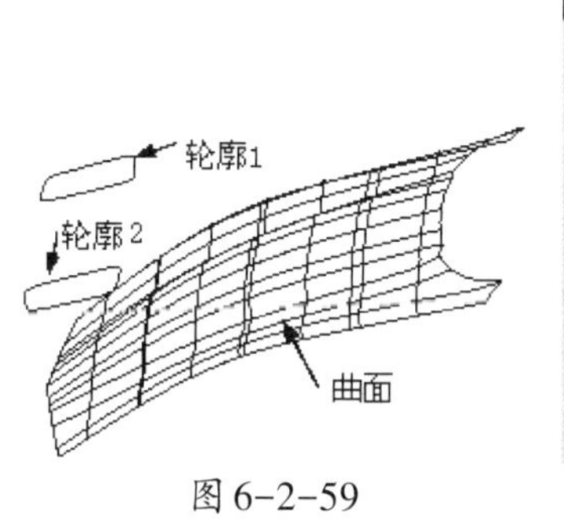

图 6-2-59

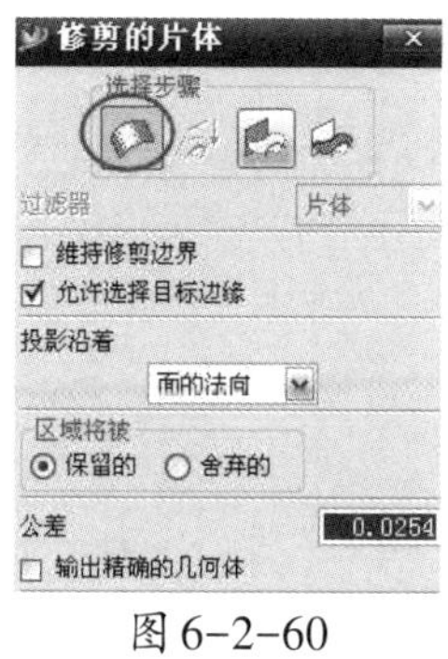

图 6-2-60

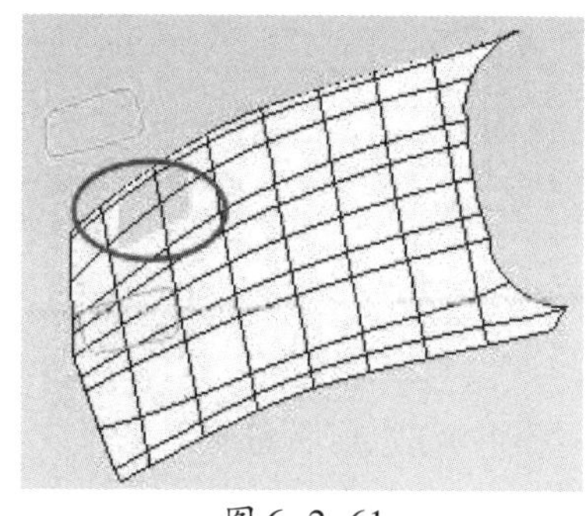

图 6-2-61

3. 偏置曲面

此选项用于从一个或者更多已有的面生成曲面。系统利用沿选定的面得法向偏置点的方法来生成正确的偏置曲面，指定的距离成为偏置距离，已有面称为基面，可以选择任何类型的面作为基面。如果选择多个面进行偏置操作，则产生多个偏置体。

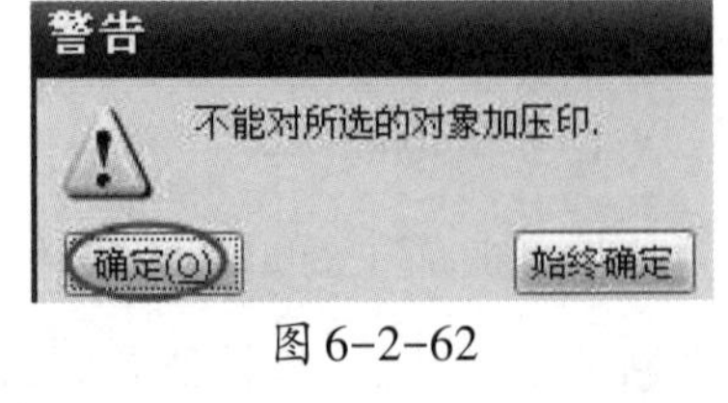

图 6-2-62

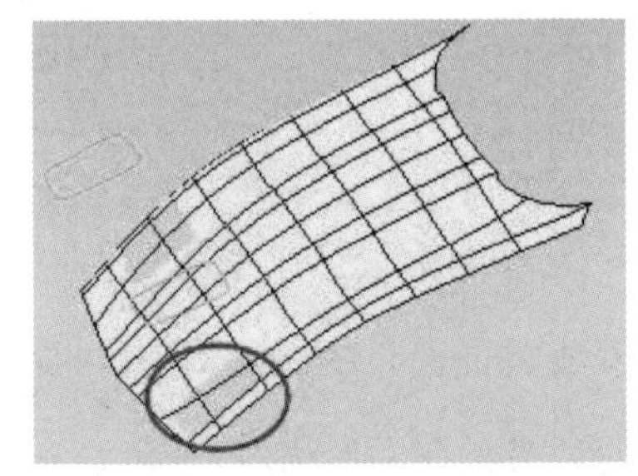
图 6-2-63

任务评价

水龙头的曲面建模评价表，见表6-2-1。

表6-2-1

评价内容	评价标准	分值	学生自评	教师评估
主要轮廓曲线	光滑曲线点的确定	20分		
辅助轮廓曲线	辅助曲线建立方法	10分		
龙头曲面	多个曲面建立	30分		
底座曲面	建模方法	20分		
其他曲面	扫掠、修剪曲面操作	10分		
情感评价	画图的耐心、毅力和认真的态度	10分		
学习体会				

练一练

用曲面绘制如图6-2-64所示图形，注意前后轮廓不是直线。

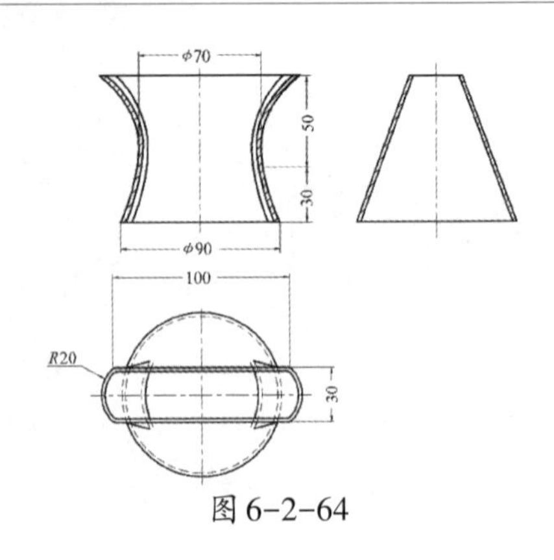

图 6-2-64

项目七 灯架盒塑料模具设计

塑料制品是以塑料为主要原料加工而成的生活、工业等用品的统称，它包括注塑、吸塑等制品。塑料制品，可回收再利用，节省原材料，保护生态环境。本项目以注塑模(如右图所示)设计为例，让学生分工合作设计注塑模具，培养学生的团结合作精神。以游戏柄外壳为综合案例进行强化训练，促进学生的创新精神，培养个性化的设计理念。

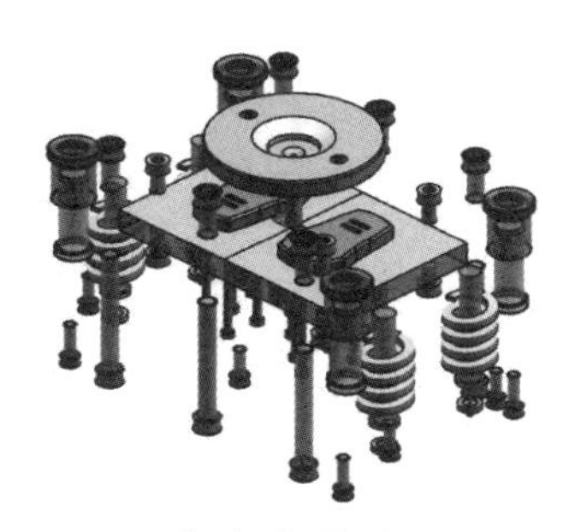

灯架盒塑料模具

在 UG注塑模向导提供的标准模架基础上，从系统提供的整体式、嵌入式、镶拼式等多种形式的动、定模结构中，依据自身需要灵活地选择并设计动、定模部件装配图，并采用参数化设计浇口套、拉料杆等通用部件，接着设计推出机构、流道系统等，进而完成模具总装图设计。在本项目的任务实施过程中分别讲解了自动分模方法、导入标准模架以及标准模架的相关参数、常用标准件的导入和与标准件相关的一些参数、浇注系统的设计方法。本项目通过一个典型案例分为“型芯、型腔的分型”“标准件的导入”两个任务来完成整套模具的设计；最后用一个综合案例来完成整套模具的结构设计，以此熟练塑料模具的设计流程。

目标类型	目标要求
知识目标	(1)掌握UG NX 8.5零件设计的基本方法 (2)知道UG NX 8.5注塑模向导模具设计流程 (3)熟悉注塑模设计的基本知识
技能目标	(1)学会自动分模 (2)学会导入标准模架及模架的参数设置 (3)学会浇注系统、顶出系统等的装配设计
情感目标	(1)学会与人有礼貌地讨论、交流和合作 (2)学会表达自己的观点 (3)能自学或是与同伴一起合作学习 (4)能利用网络资源查看、搜集学习资料

任务一　型芯、型腔的分型

任务目标

通过本任务的学习，学会模具的初始化项目，学会设置模具坐标系，学会简单曲面的补片，学会设置产品收缩率。

任务分析

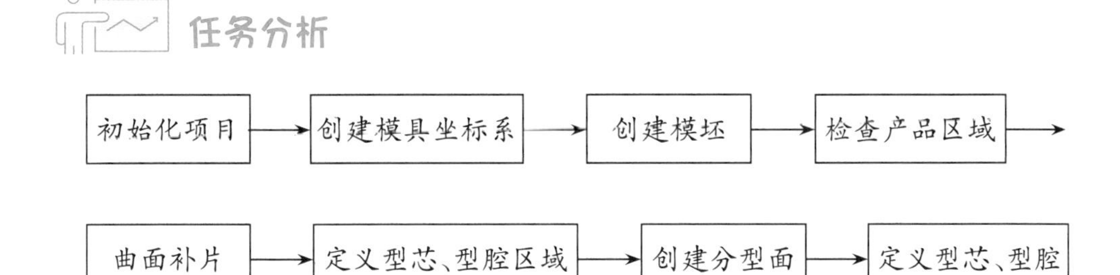

任务实施

一、任务准备

打开“UG NX 8.5”软件，打开“mj”文件夹下文件名为“7”的二级文件夹，打开里面命名为“7.1.prt”的文件，如图7-1-1所示。

图7-1-1

图 7-1-2

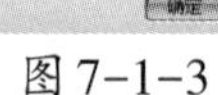
图 7-1-3

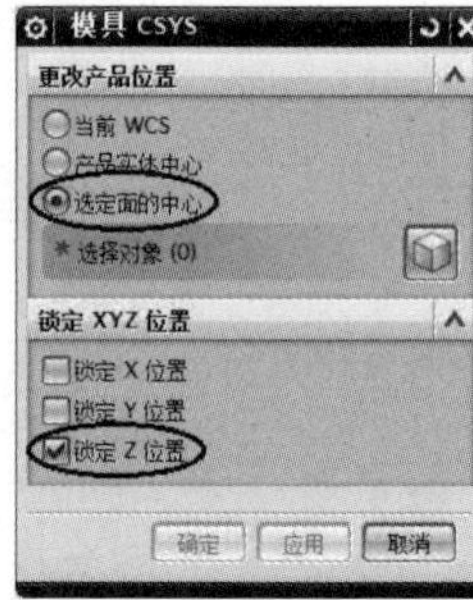

图 7-1-4

图 7-1-5

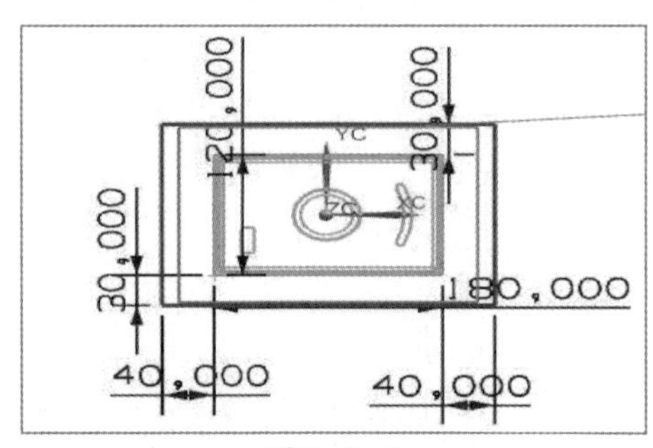

图 7-1-6

二、操作步骤

1. 初始化项目

(1)点击“开始 ”按钮，选择“所有应用模块”，再选择“注塑模向导”，弹出“注塑模向导”工具条，如图 7-1-2 所示。

(2)点击“初始化项目 ”按钮，弹出“初始化项目”对话框，如图 7-1-3 所示，将“收缩率”设为“1.005”，点击“确定”按钮完成项目初始化。

2. 创建模具坐标系

把模具坐标系设置在产品下表面中心处。点击“模具 CSYS ”按钮，弹出相应对话框，设置如图 7-1-4 所示，点击产品的下表面，模具坐标系会自动创建到选定面的中心处，点击“确定”按钮完成模具坐标系的创建。

3. 创建工件(模坯)

点击“工件 ”按钮，弹出相应对话框，参数设置如图 7-1-5 所示；再双击工作界面上工件的尺寸值修改尺寸，修改后的尺寸如图 7-1-6 所示。点击“确定”按钮完成工件的创建。

图 7-1-7

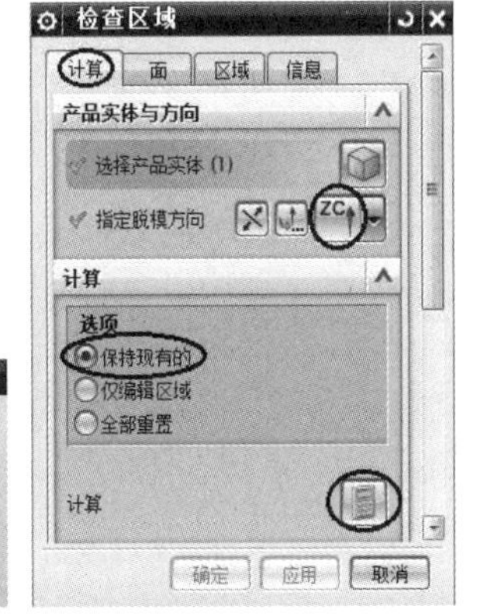

图 7-1-8

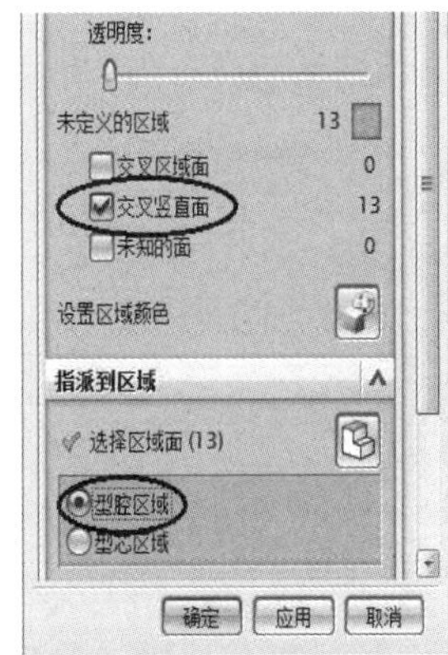

图 7-1-9

4. 检查区域

(1)点击“模具分型工具”按钮,弹出相应对话框,如图 7-1-7 所示。

(2)点击“检查区域”按钮,弹出相应对话框,如图 7-1-8 所示,点击“计算”按钮,待计算完成后,点击“区域”按钮,将交叉竖直面指派到型腔区域,参数设置如图 7-1-9 所示,点击“确定”按钮。

5. 曲面补片

点击“曲面补片”按钮,弹出“边缘修补”对话框,“环”选择中“类型”选为“体”,如图 7-1-10 所示,此时点击绘图区域内产品模型,点击“确定”按钮,系统会自动将产品上的破空修补好,修补位置如图 7-1-11 中 a、b、c 处。

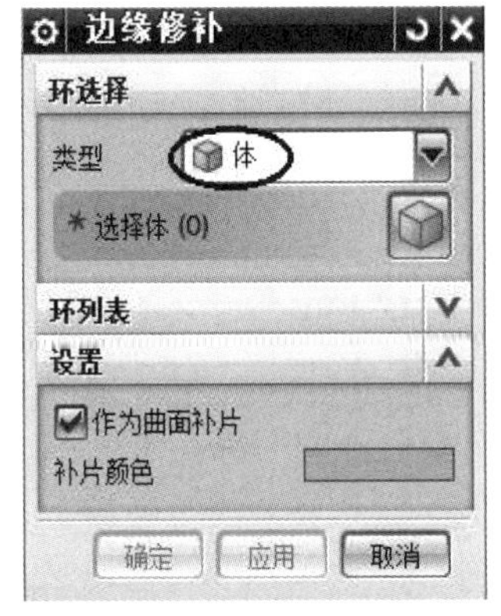

图 7-1-10

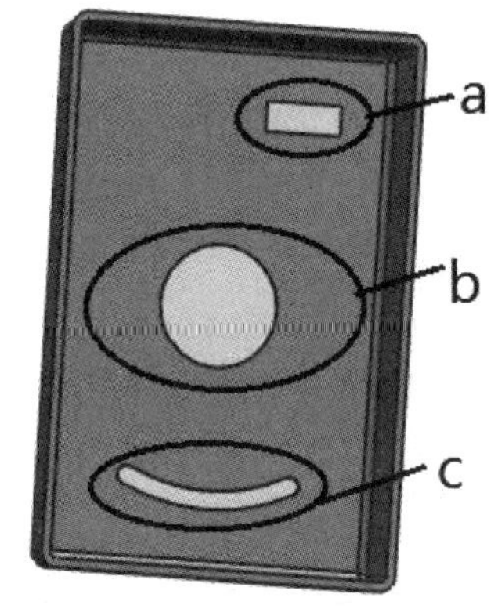

图 7-1-11

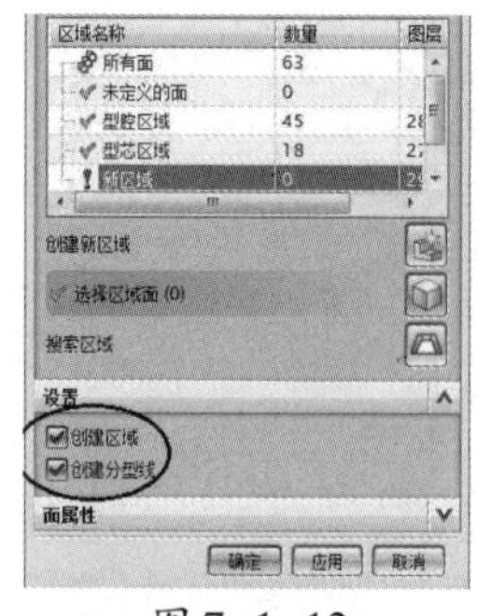

图 7-1-12

图 7-1-13

图 7-1-14

6. 定义区域

点击“定义区域”按钮，弹出相应对话框，勾选“创建区域”和“创建分型线”，如图 7-1-12 所示，点击“确定”按钮完成区域的创建。

7. 设计分型面

点击“设计分型面”按钮，弹出相应对话框，点击“有界平面”按钮，系统会自动选择“分型线”创建分型面，参数设置如图 7-1-13 所示，点击“确定”按钮完成分型面的创建。

8. 定义型芯、型腔

(1)点击“定义型芯和型腔”按钮，弹出相应对话框，“区域名称”选择“所有区域”，如图 7-1-14 所示，连续点击“确定”按钮完成型芯和型腔的创建。

(2)点击“窗口”按钮，在弹出的下拉选项中选择“7.1_core_006.prt”，此时可查看“型芯”，如图 7-1-15 所示。

(3)点击“窗口”按钮，在弹出的下拉选项中选择“7.1_carity_002.prt”，此时可查看“型腔”，如图 7-1-16 所示。点击“文件”按钮，再点击“全部保存”按钮保存全部文件。

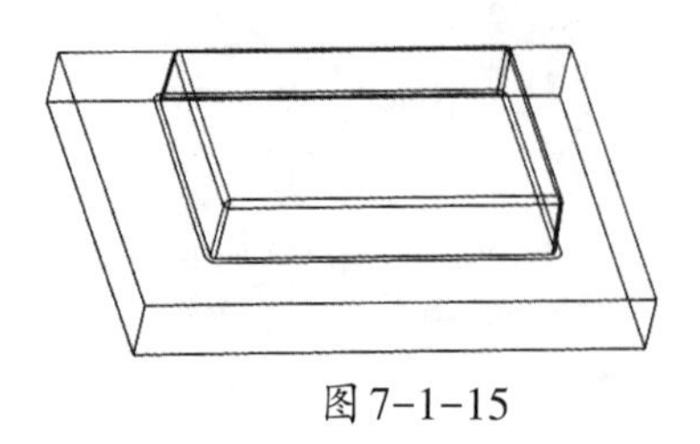

图 7-1-15

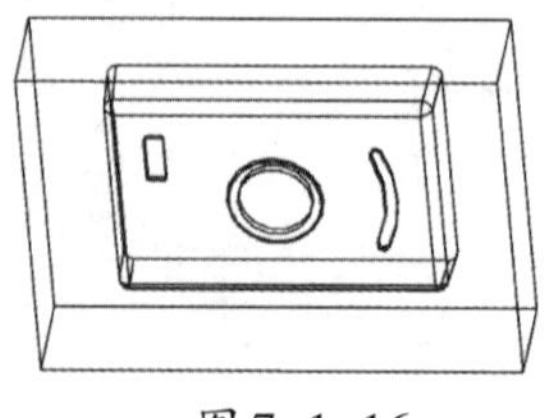

图 7-1-16

相关知识

注塑模的工作原理是什么？注塑模的工作原理包括：(1)塑料在注射机底加热料筒内受热熔融；(2)在注射机的螺杆或柱塞推动下，经注射机喷嘴和模具的浇注系统进入模具型腔；(3)塑料冷却硬化成型；(4)脱模得到制品。

注塑模的结构有哪些？注塑模的结构由成型部件、浇注系统、导向部件、推出机构、调温系统、排气系统、支撑部件等组成。

注塑模的注射成型加工方式，通常只适用于热塑料制品的生产，从生活日用品到各类复杂的机械，如电器、交通工具零件等，都是用注射模具成型的，它是塑料制品生产中应用最广的一种加工方法。

注塑模向导的相关知识

(1)（初始化项目）：加载所有用于模具设计的产品模型，如果要在模具中放置多个产品，则需要多次点击该按钮。

(2)（模具CSYS）：设计模具坐标系，用于确定产品模型在模具中的摆放位置。

(3)（收缩率）：设定产品的收缩率以补偿“金属型腔”与“塑料熔体”的热胀冷缩差异，按设定的收缩率对产品三维模型进行缩放生成一名为“缩放体”的三维实体模型。收缩率也可在项目初始化时设置。

(4)（工件，也可称作模坯）：用于设计模具模坯。

(5)（模具分型工具）：点击该工具按钮，弹出“模具分型工具”对话框，该对话框内工具可以完成区域的提取、修补破孔、自动创建分型线、创建分型面、自动生成型芯和型腔等操作。

任务评价

型芯、型腔的分型评价表，见表7-1-1。

表7-1-1

评价内容	评价标准	分值	学生自评	教师评估
初始化项目	正确初始化项目	10分		
创建模具坐标系	正确创建模具坐标系	10分		
创建模坯	正确创建模坯	15分		
检查区域工具的应用	正确使用检查区域工具	15分		
曲面补片工具的应用	正确修补曲面破空	20分		
设计分型面	分型面正确	10分		
定义区域工具的应用	正确创建型芯、型腔	10分		
情感评价	严谨、认真	10分		
学习体会				

打开“mj”文件夹下文件名为“7”的二级文件夹，打开里面命名为“7-1.prt”的文件，如图7-1-17所示。使用自动分模方法对该零件进行自动分模。

图7-1-17

任务二　标准件的导入

任务目标

通过本任务的学习，会运用标准模架、导入定位环和浇口套。知道螺钉定位。掌握顶杆的导入和修剪。

任务分析

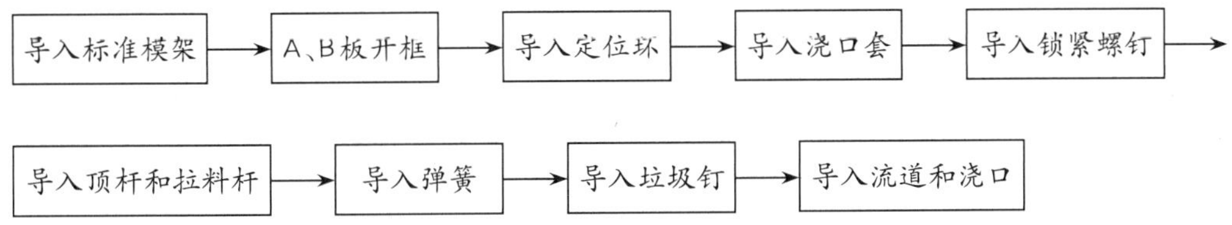

任务实施

一、任务准备

打开“UG NX 8.5”软件，打开上一个任务完成后，文件保存路径下面名为“7.2_top_000.prt”的文件，如图7–2–1所示。

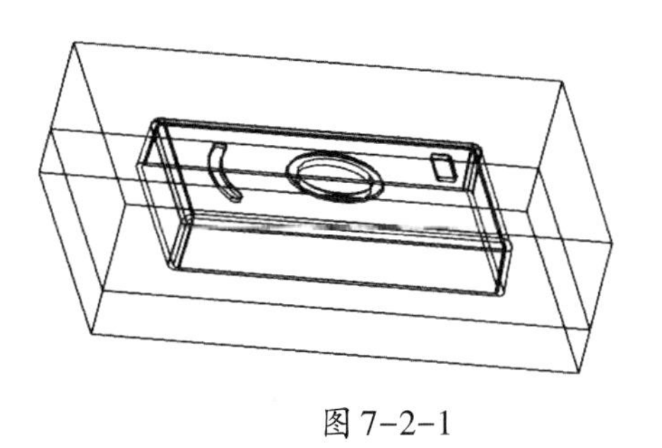

图7–2–1

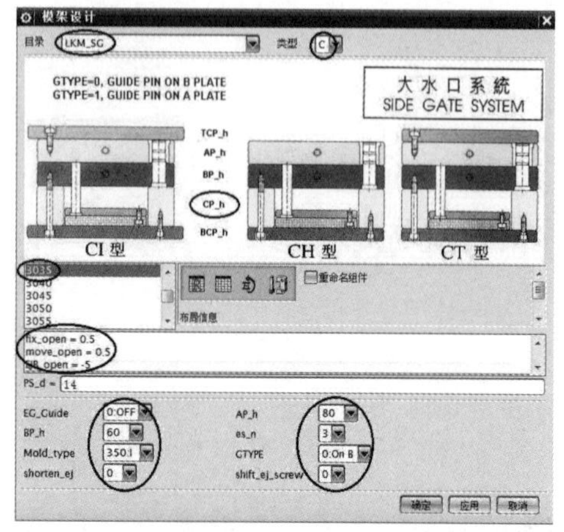

图 7-2-2
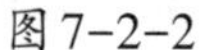

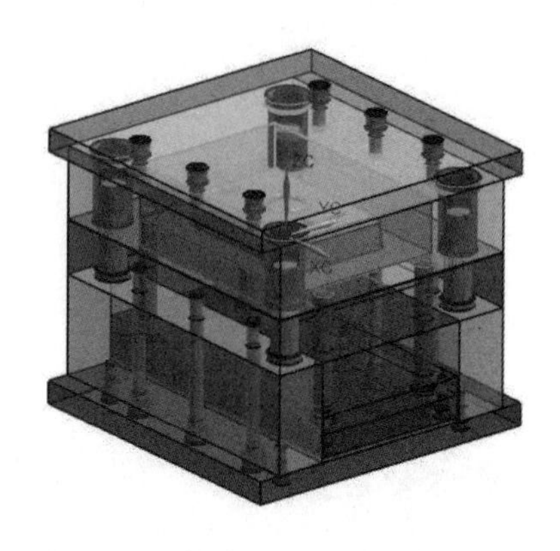
图 7-2-3

二、操作步骤

1. 导入标准模架

点击“开始”按钮，选择“所有应用模块”，再选择“注塑模向导”，弹出“注塑模向导”工具条，再点击“模架库”按钮，弹出“模架设计”对话框，选择“龙记CI型模架”。在“模架设计”对话框里面的表达式列表里将“CP_h”的值改为“110”，模架其他参数设置如图7-2-2所示，点击“确定”按钮完成模架的加载，如图7-2-3所示。如果加载的模架方向不对，可以再次点击“模架库”，再在弹出的对话框中点击“旋转模架”按钮即可。

2. A、B板开框

（1）“隐藏”除型腔外的其他组件，双击“型腔”，让“型腔”处于编辑状态，用“拉伸”工具拉伸型腔底面边缘线，拉出一个略高于型腔的方块，隐藏型腔，再点击“管道”工具，用该方块四条边缘线为中心线做出直径为10 mm的圆柱体，如图7-2-4所示。用同样的方法，在型芯侧也做出一个这样的方块用来修剪B板。

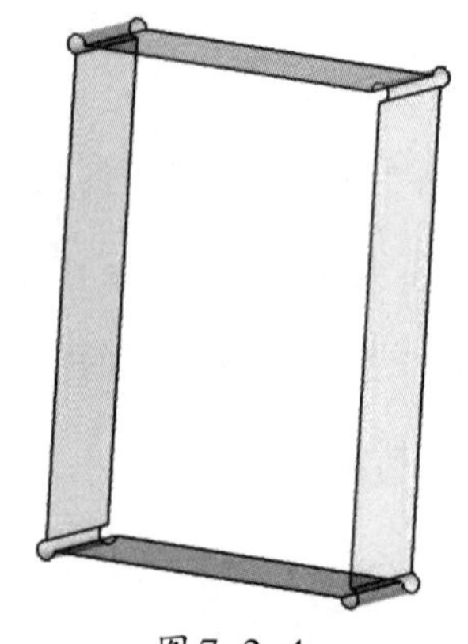
图 7-2-4

(2)显示全部组件,双击装配导航器中 7.1_top_000 ,再点击"腔体"按钮,弹出"腔体"对话框,参数设置如图7-2-5所示,"目标"选择A板,"刀具"选择型腔上的方块,点击"确定"按钮,完成A板的开框。用同样的方法完成B板的开框。A板和B板都开框完成以后将两个方块都移动到256图层,并"隐藏"256图层。

3. 导入定位环

(1)点击"标准件库"按钮,弹出"标准件管理"对话框,参数设置如图7-2-6所示,点击"确定"按钮,系统会自动将"定位环"加载到"上模固定板"上。如果位置不合适可再次点击"标准件库"按钮,然后点击已加载好的"定位环",最后点击"重定位"按钮就可以对定位环进行重新定位了。

(2)点击"腔体"按钮,弹出"腔体"对话框,参数设置如图7-2-7所示,"目标"选择上模固定板,"刀具"选择定位环,点击"确定"按钮。

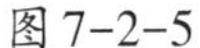
图7-2-5

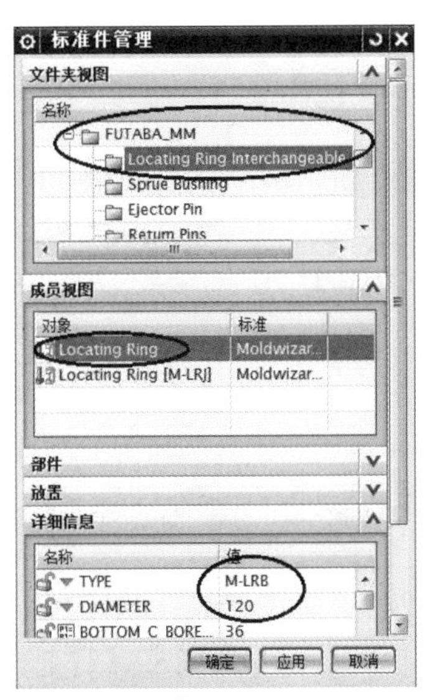

图7-2-6

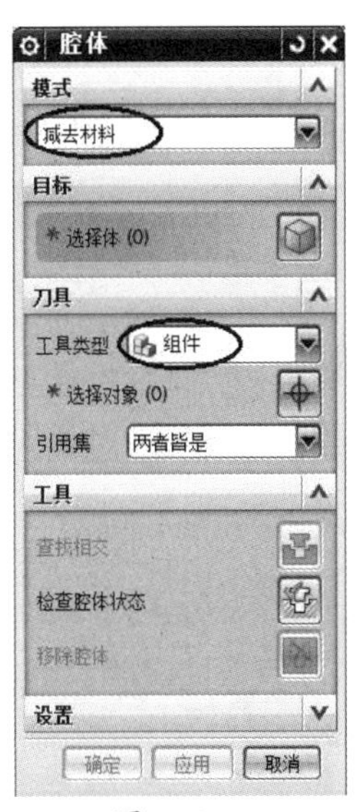

图7-2-7

4. 导入浇口套

(1)点击"标准件库"按钮,弹出"标准件管理"对话框,参数设置如图7-2-8所示,点击"确定"按钮。

图 7-2-8

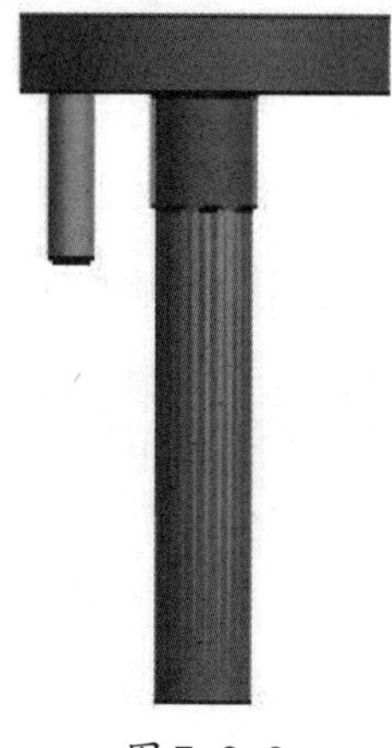

图 7-2-9

(2)“隐藏”除浇口套外的其他组件,双击“浇口套”,使“浇口套”处于编辑状态,如图 7-2-9 所示,删除螺钉组件。

(3)显示“全部组件”,双击装配导航器中 7.1_top_000 ,通过测量,“浇口套”的顶面距定位环底面为 5 mm,点击“标准件库”按钮,然后点击“浇口套”,再点击“重定位”按钮,将“浇口套”沿 Z 轴负方向移动 5 mm。

(4)点击“腔体”按钮,弹出“腔体”对话框,“模式”选择“减去材料”,“刀具类型”选择“组件”,“目标”选择上模“固定板、A 板、型腔”,“刀具”选择“浇口套”,点击“确定”。

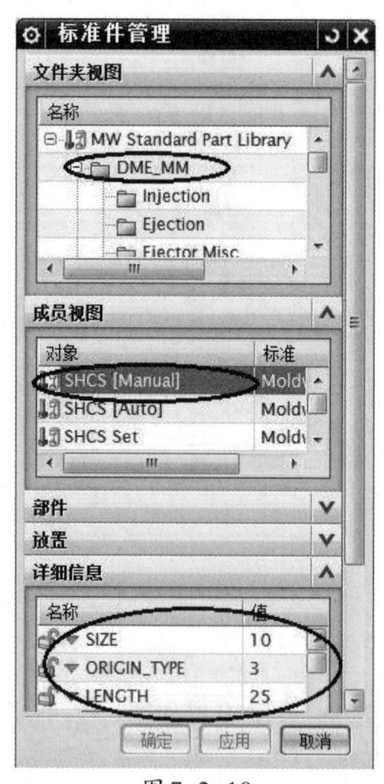

图 7-2-10

5. 导入锁紧螺钉

(1)点击“标准件库”按钮,弹出“标准件管理”对话框,参数设置如图 7-2-10 所示,点击“确定”按钮,弹出“标准件位置”对话框,在 X-Y 平面上调整螺钉到合适位置,点击“确定”按钮完成螺钉的加载。

(2)双击已加载完成的螺钉,使螺钉处于编辑状态,用“移动”工具在 Z 轴方向上将螺钉调整到合适位置,再用“镜像装配”工具完成其他三个锁紧螺钉的加载。

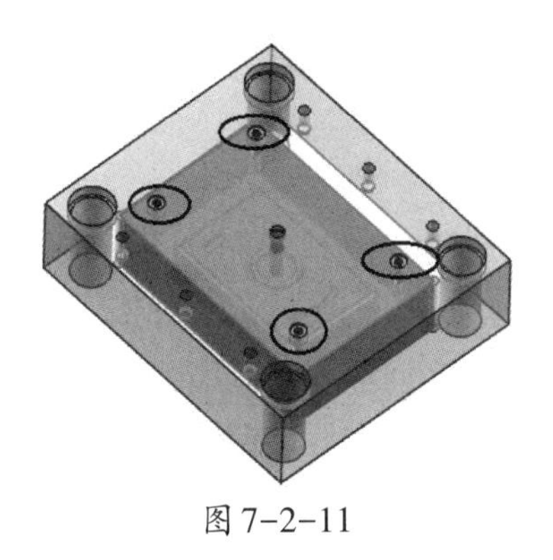
图 7-2-11

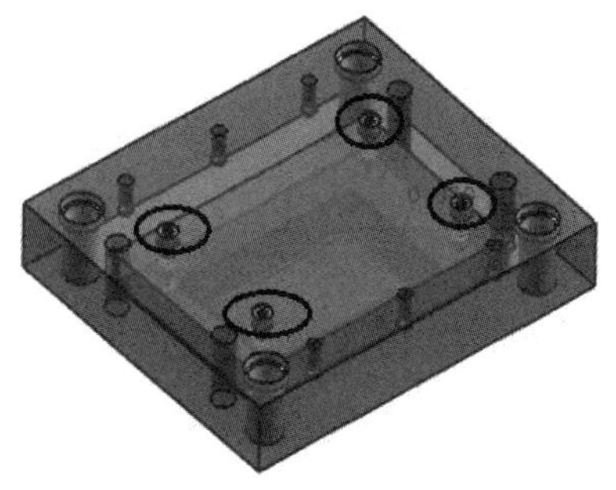
图 7-2-12

(3)点击“腔体”按钮,弹出“腔体”对话框,“目标”选择“A板、型腔”,“刀具类型”选择“组件”,“刀具”选择所有已加载的锁紧螺钉,点击“确定”按钮,如图7-2-11所示。用同样的方法,做出型芯的锁紧螺钉,如图7-2-12所示。

6. 导入顶杆和拉料杆

(1)“隐藏”除产品外其他全部组件,在X-Y平面上画出如图7-2-13所示的圆,把画出的这些圆的圆心作为加载顶杆时的捕捉点。

(2)点击“标准件库”按钮,弹出“标准件管理”对话框,参数设置如图7-2-14所示,点击“确定”按钮。弹出“点”对话框,选中图7-2-13所画圆的圆心点,点击“确定”按钮完成顶杆的加载。

(3)测量顶杆的顶面距型芯上表面的距离为27.5 mm,再次点击“标准件库”按钮,弹出对话框后点击任意一根顶杆,然后将CATALOG_LENGTH

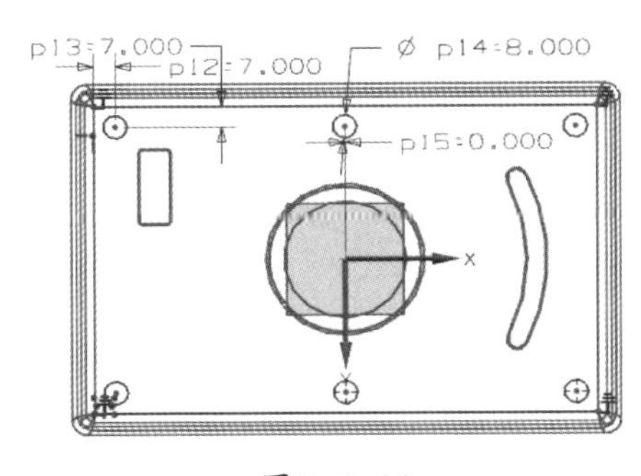

图 7-2-13

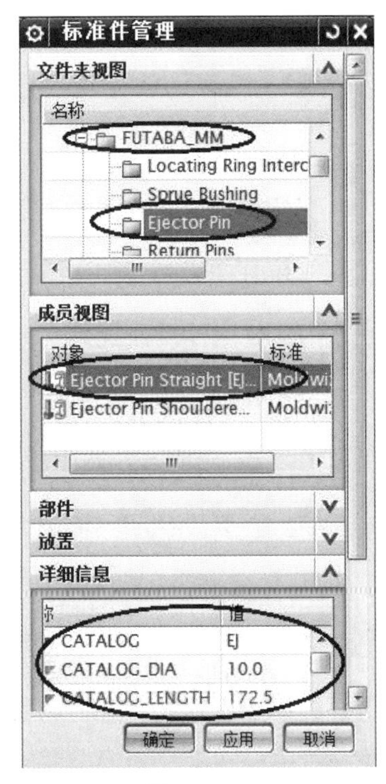

图 7-2-14

参数的值改为172.5，点击"确定"按钮完成顶杆的修剪。

（4）点击"标准件库"按钮，弹出"标准件管理"对话框，在详细信息中将表达式CLEARANCE_DIA_PIN的值设为10，其他参数设置如图7-2-15所示，点击"确定"按钮。弹出"点"对话框，选中WCS坐标系原点，点击"确定"按钮完成拉料杆的加载。

（5）点击"腔体"按钮，"目标"选择"B板、顶针固定板、型芯"，"刀具类型"选择"组件"，"刀具"选择所有已加载好的顶针和拉料杆，点击"确定"按钮。

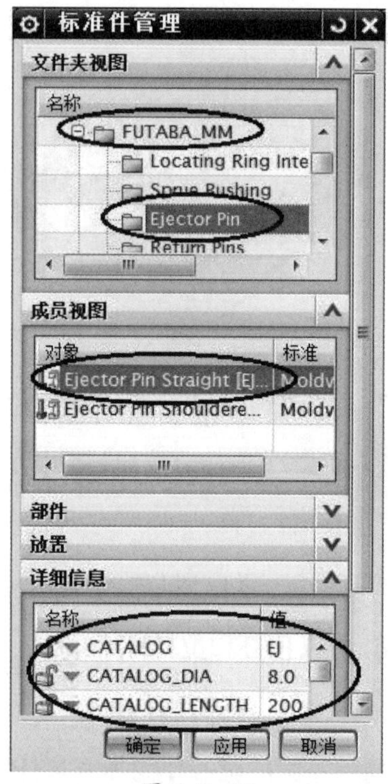

图7-2-15

7. 导入弹簧

（1）点击"标准件库"按钮，弹出"标准件管理"对话框，"放置面"选择顶针固定板上表面，参数设置如图7-2-16所示，点击"确定"按钮，弹出"标准件位置"对话框，捕捉到复位杆中心点，然后点击鼠标左键，再点击"应用"按钮；捕捉到另一复位杆中心点后点击鼠标左键，再点击"应用"按钮。重复以上方法，完成另外两根弹簧的加载。

（2）点击"腔体"按钮，弹出"腔体"对话框，"模式"选择"减去材料"，"目标"选择"B板"，"刀具类型"选择"组件"，"刀具"选择所有已加载的弹簧，点击"确定"按钮。

图7-2-16

8. 导入垃圾钉

（1）点击“标准件库”按钮，弹出“标准件管理”对话框，“放置面”选择下模座板上表面，参数设置如图 7-2-17 所示，点击“确定”按钮，弹出“标准件位置”对话框。捕捉到复位杆中心点，然后点击鼠标左键，然后点击“应用”按钮；捕捉到另一复位杆中心点后点击鼠标左键，再点击“应用”按钮。重复以上方法，完成另外两个“垃圾钉”的加载。

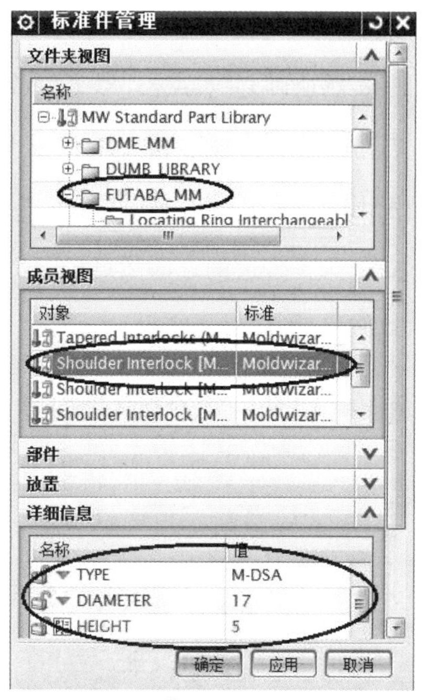

图 7-2-17

（2）点击“腔体”按钮，弹出“腔体”对话框，“模式”选择“减去材料”，“目标”选择下模座板，“刀具类型”选择“实体”，“刀具”选择“垃圾钉”的螺钉，点击“确定”按钮。

9. 导入流道和浇口

（1）修剪浇口套至合适的位置，点击“测量距离”按钮，量出浇口套底面距型腔底面为21.5 mm，如图 7-2-18 所示，双击“浇口套”，使“浇口套”处于编辑状态，用“移动面”工具将浇口套底面沿Z轴的正方向移动25.5 mm。

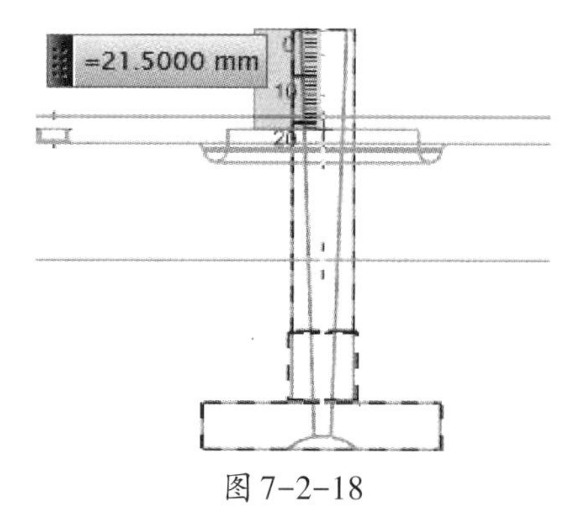

图 7-2-18

（2）用“曲线”工具在型腔的底面的圆台上沿着X轴方向画一根长为28 mm的曲线，出如图 7-2-19 所示。

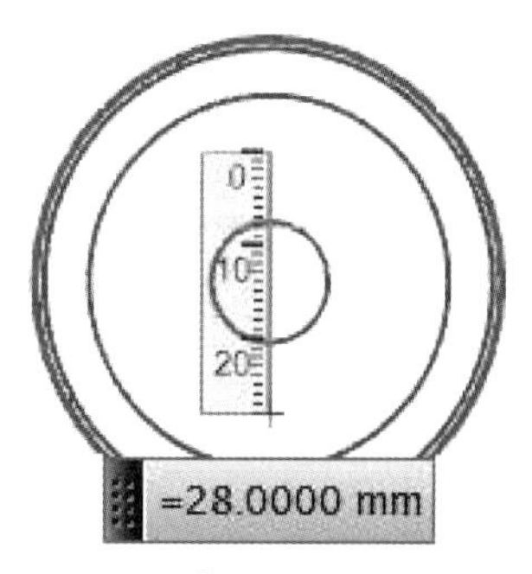

图 7-2-19

(3)点击“流道”按钮，弹出“流道”对话框，参数设置如图7-2-20所示，“引导线”选择上一步骤所画直线，点击“确定”按钮完成流道的创建。

(4)点击“浇口库”按钮，弹出“浇口设计”对话框，参数设置如图7-2-21所示，点击“应用”按钮，弹出“点”对话框，点击型腔底部圆台上合适的象限点，此时弹出“矢量”对话框，选择合适的方向后点击“确定”按钮完成浇口的加载。点击“镜像装配”按钮，将加载好的浇口镜像到另一方向，加载完成的浇口和流道如图7-2-22所示。

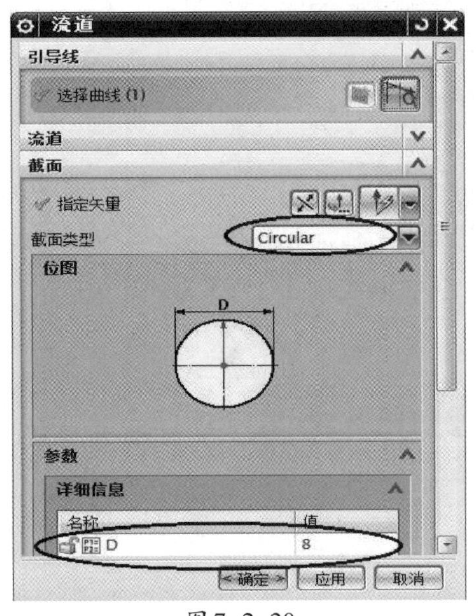

图7-2-20

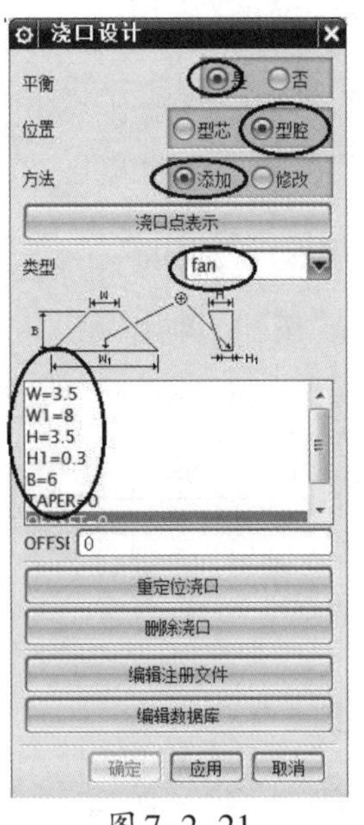

图7-2-21

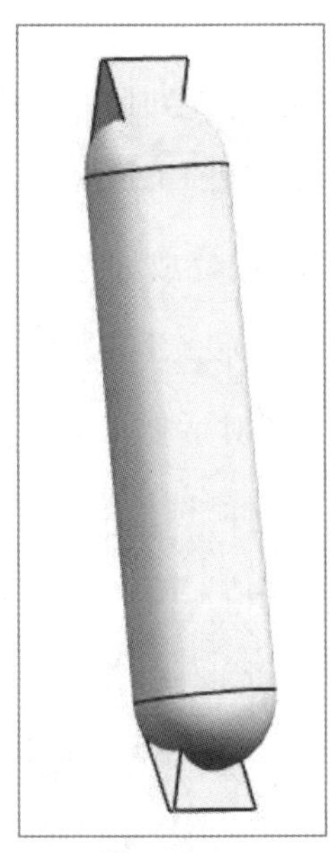

图7-2-22

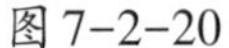

(5)点击“腔体”按钮，弹出“腔体”对话框，“目标”选择“型腔”，“刀具类型”选择“实体”，“刀具”选择“流道和浇口”，点击“确定”按钮完成型腔上的“流道”和“浇口”的创建，如图7-2-23所示。再次点击“腔体”按钮，“目标”选择“型芯”，“刀具类型”选择“实体”，“刀具”选择“流道”，点击“确定”按钮完成型芯上“流道”的创建。

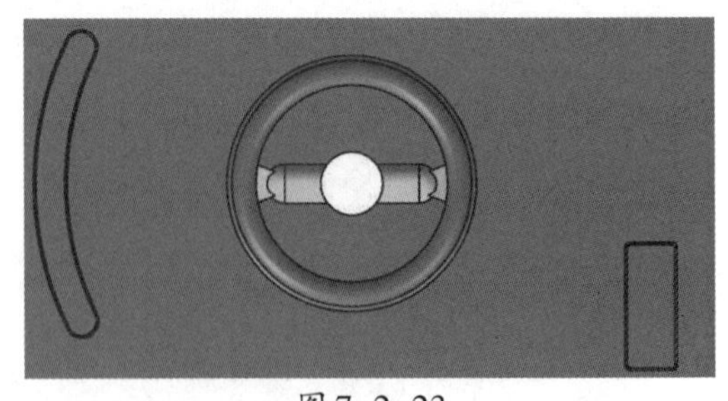

图7-2-23

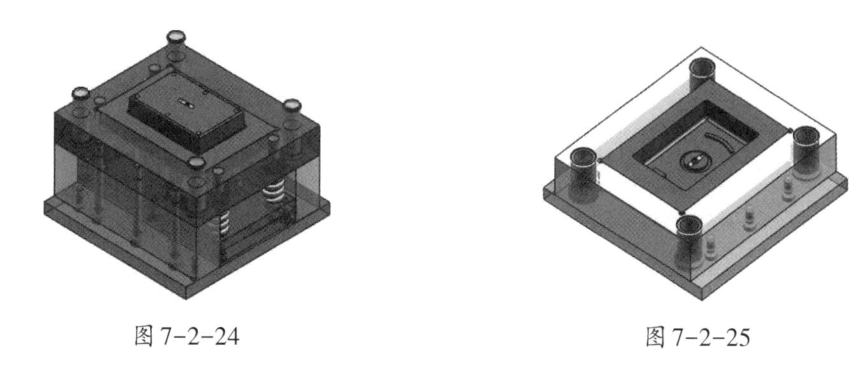

图 7-2-24　　　　图 7-2-25

(6)将“流道”和“浇口”实体移动到256图层，双击“拉料杆”，使“拉料杆”处于编辑状态，再用“移动面”工具把拉料杆的上表面沿着Z轴负方向移动15 mm。双击装配导航器中 7.1_top_000 ，再双击下模座板，使下模座板处于编辑状态，在下模座板的正中心用“孔”工具做出一个直径为40 mm的通孔并倒上C2的斜角。双击装配导航器中 7.1_top_000 ，显示全部组件，保存全部文件完成该任务。模具动模部分如图7-2-24所示，定模部分如图7-2-25所示。

相关知识

模架设计对话框相关说明，如图7-2-26所示。

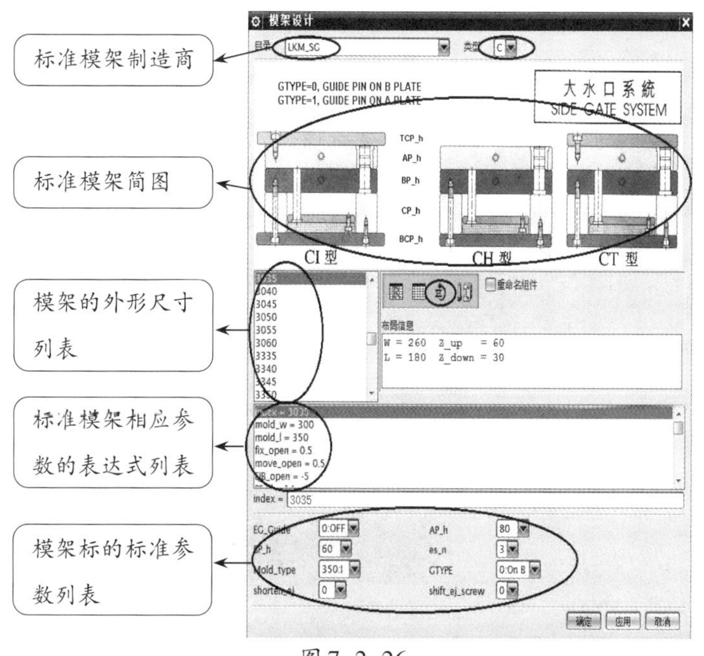

图 7-2-26

任务评价

导入标准件的评价表，见表7-2-1。

表7-2-1

评价内容	评价标准	分值	学生自评	教师评估
导入标准模架	正确导入标准模架	15分		
A、B板开框	正确进行A、B板开框	10分		
导入定位环	正确导入定位环	5分		
导入浇口套	正确导入浇口套	10分		
导入螺钉	正确导入螺钉	15分		
导入顶杆和拉料杆	正确导入顶杆和拉料杆	15分		
导入弹簧	正确导入弹簧	5分		
导入垃圾钉	正确导入垃圾钉	5分		
导入流道和浇口	正确导入流道和浇口	10分		
情感评价	认真、严谨	10分		
学习体会				

打开“mj”文件夹下文件名为“7”的二级文件夹，打开里面命名为“7-2.prt”的文件，如图7-2-27所示。对该零件使用注塑模向导完成一模一腔的整套模具设计。

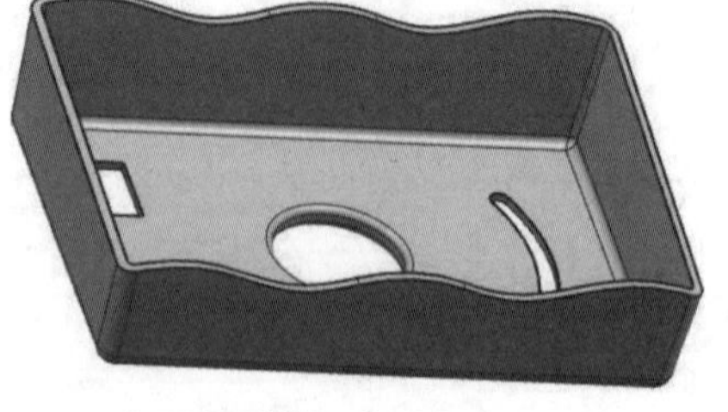

图7-2-27

任务三　游戏柄外壳综合案例

任务目标

通过本任务的学习，学会一模多腔模具的设计过程；熟练掌握自动分模的过程和标准模架参数设置；掌握相关标准件的调用。

任务分析

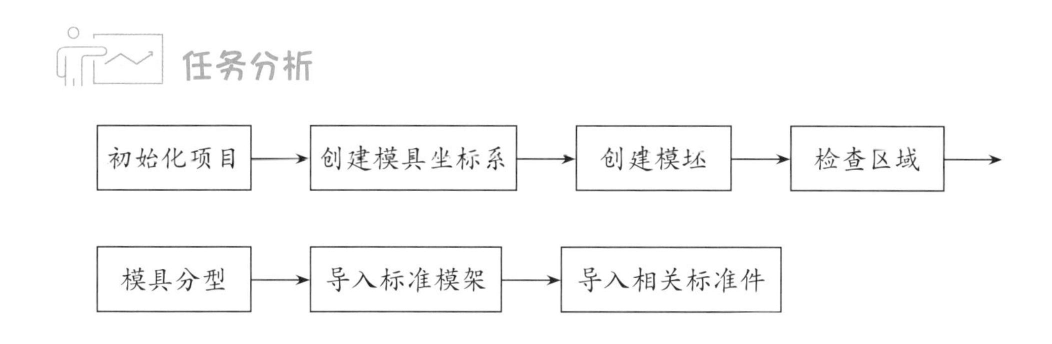

任务实施

一、任务准备

打开“UG NX 8.5”软件，打开“mj”文件夹下文件名为“7”的二级文件夹，打开里面命名为“7.3.prt”的文件，如图7-3-1。

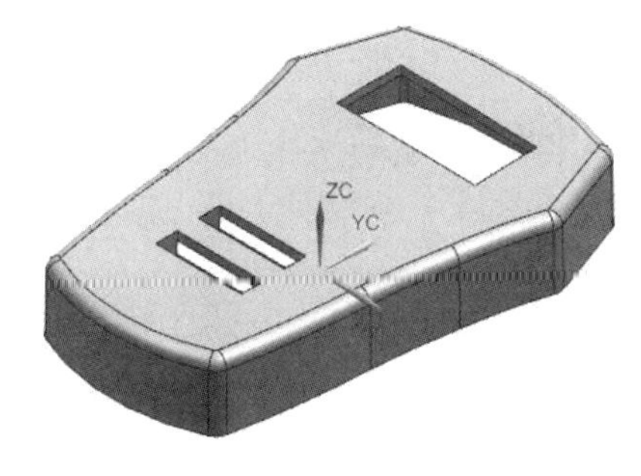

图 7-3-1

图 7-3-2

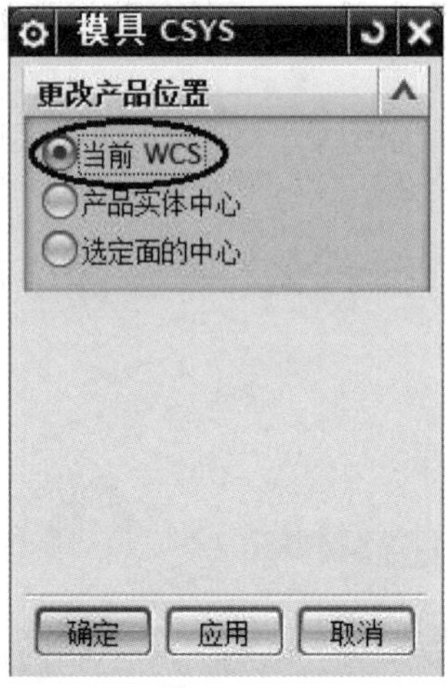

图 7-3-3

二、操作步骤

1. 初始化项目

(1)点击“开始”按钮,选择“所有应用模块”,再选择“注型模向导”,弹出“注型模向导”工具条。

(2)点击“初始化项目”按钮,弹出“初始化项目”对话框,如图 7-3-2 所示,将“收缩率”设为“1.005”,点击“确定”按钮完成项目初始化。

2. 创建模具坐标系

模具坐标系使用 WCS 坐标。点击“模具 CSYS”按钮,弹出“模具 CSYS”对话框,设置如图 7-3-3 所示,点击“确定”按钮完成模具坐标系的创建。

3. 创建工件(模坯)

(1)点击“工件”按钮,弹出“工件”对话框,参数使用默认设置;再双击工作界面上工件的尺寸值修改尺寸,修改后的尺寸如图 7-3-4 所示。点击“确定”按钮完成模坯的创建。

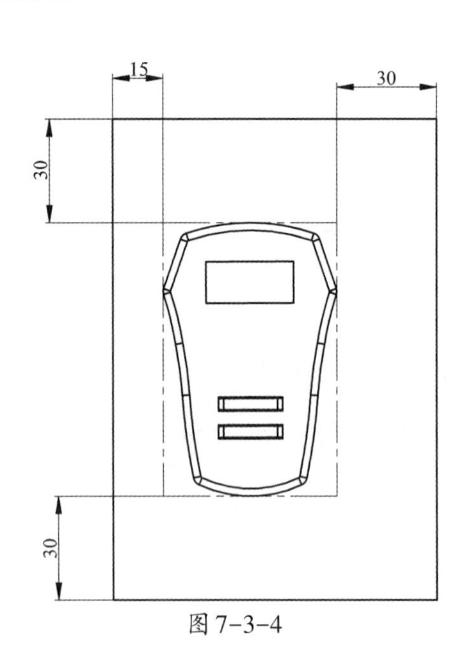

图 7-3-4

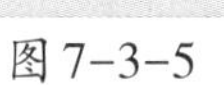
图 7-3-5

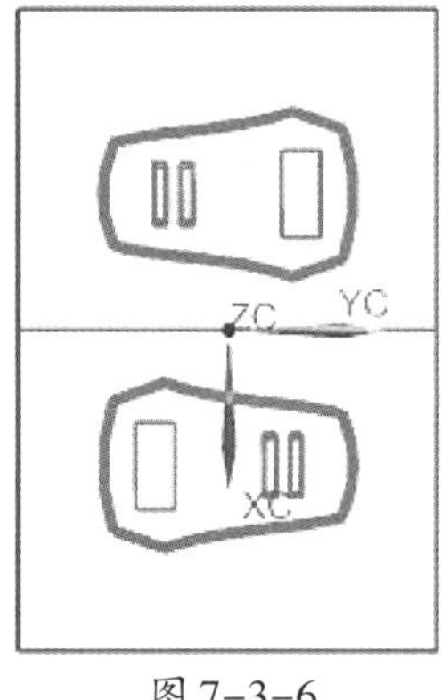

图 7-3-6

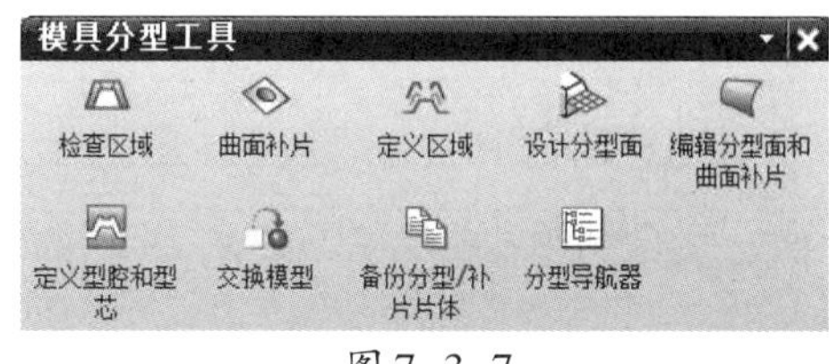

图 7-3-7

(2)点击“型腔布局”按钮，弹出“型腔布局”对话框，参数设置如图 7-3-5 所示，点击“指定矢量”，选择 X 轴正方向；点击“开始布局”按钮，待系统自动布局完成后，点击“自动校准”按钮，点击“关闭”按钮完成型腔的布局，如图 7-3-6 所示。

4. 检查区域

(1)点击“模具分型工具”按钮，弹出“模具分型工具”对话框，如图 7-3-7 所示。

(2)点击“检查区域”按钮，弹出“检查区域”对话框，如图 7-3-8 所示，点击“计算”按钮，待计算完成后，点击“区域”按钮，将“交叉竖直面”指派到型腔区域，参数设置如图 7-3-9 所示，点击“确定”按钮。

图 7-3-8

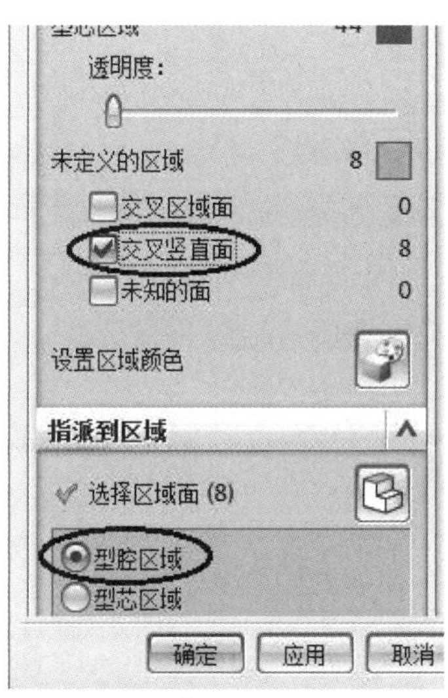

图 7-3-9

5. 曲面补片

点击“曲面补片”按钮，弹出“边缘修补”对话框，“环”选择中“类型”选择为“体”，点击绘图区域内产品模型，点击“确定”按钮，系统会自动将产品上的破空修补好。

6. 定义区域

点击“定义区域”按钮，弹出“定义区域”对话框，钩选“创建区域”和“创建分型线”，点击“确定”按钮完成区域的创建。

7. 设计分型面

点击“设计分型面”按钮，弹出“设计分型面”对话框，点击“有界平面”按钮，把“分型面长度”设为“50”，点击“确定”按钮完成分型面的创建，如图7-3-10所示。

8. 定义型芯、型腔

（1）点击“定义型芯和型腔”按钮，弹出“定义型腔和型芯”对话框，区域名称选择所有区域，如图7-3-11所示，连续点击“确定”按钮完成型芯和型腔的创建。

（2）点击“窗口”按钮，在弹出的下拉选项中选择“7.3_top_025.prt”，再在装配导航器中双击7.3_top_025查看型芯、型腔，如图7-3-12所示。

（3）点击“腔体”按钮，“模式”选择“添加材料”，分别把两个型芯和两个型腔求和在一起。

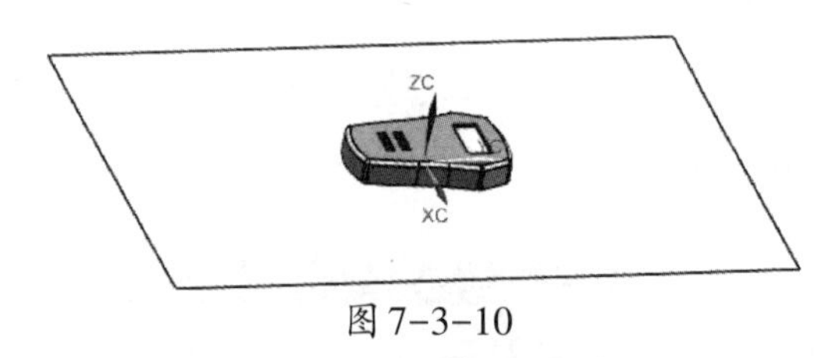

图7-3-10

图7-3-11

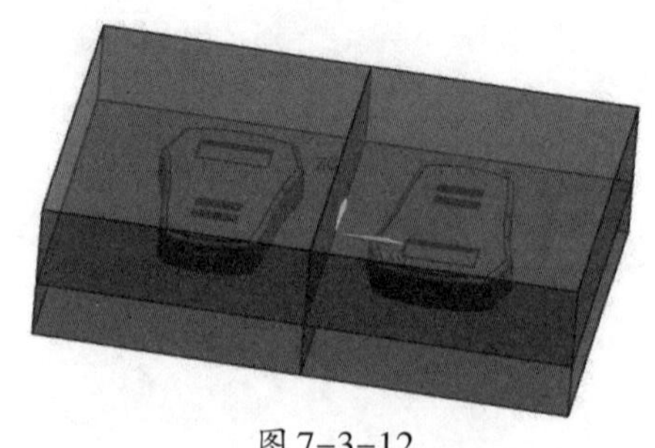
图7-3-12

9. 导入标准模架

点击“模架库”按钮，弹出“模架设计”对话框，选择“龙记CI型模架”。在模架设计对话框里面的表达式列表里将“CP_h”的值改为“80”，模架其他参数设置如图7-3-13所示，点击“确定”按钮完成模架的加载，如图7-3-14所示。

10. A、B板开框

(1)用“拉伸”工具拉伸型腔底面边缘线，拉出一个略高于型腔的方块，“隐藏”型腔，再点击“管道”工具，用该方块四条边缘线为中心线做出直径为10的圆柱体，再用“求和”工具将方块与所有的圆柱体求和，如图7-3-15所示。用同样的方法，在型芯侧也做出一个合适的方块。

(2)点击“腔体”按钮，弹出“腔体”对话框，“模式”选择“减去材料”，“工具类型”选择“实体”，“目标”选择A板，“刀具”选择型腔上的方块，点击“确定”按钮，完成A板的开框。用同样的方法完成B板的开框。A板B板都开框完成以后将两个方块都移动到256图层，并隐藏256图层。

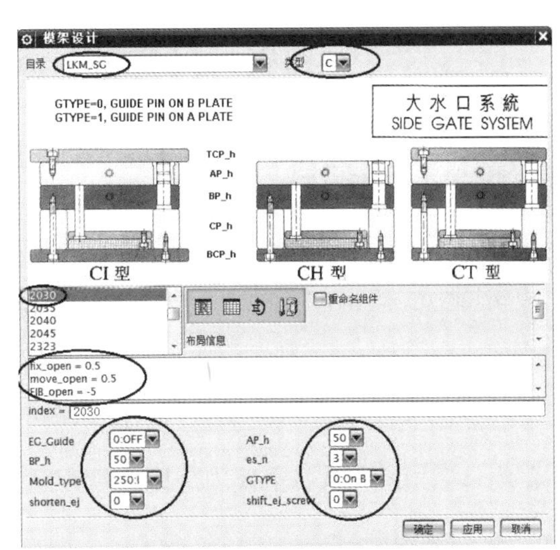

图7-3-13

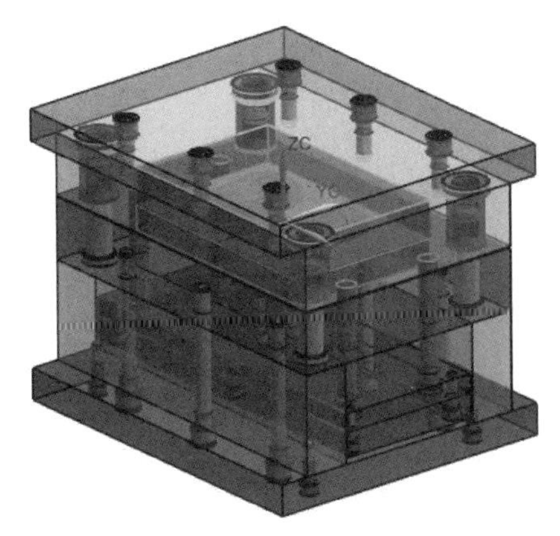

图7-3-14

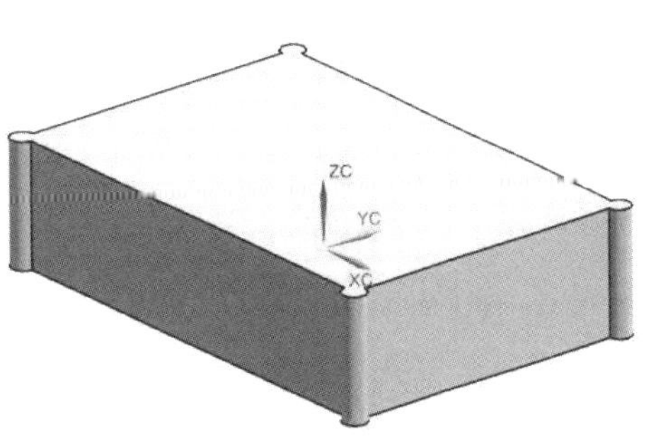

图7-3-15

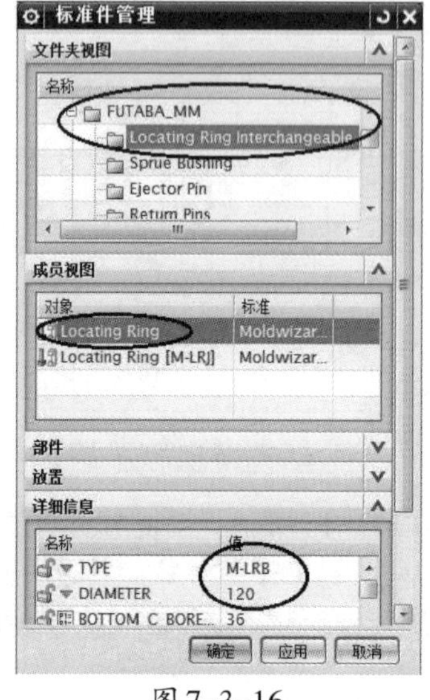

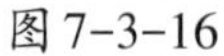
图 7-3-16

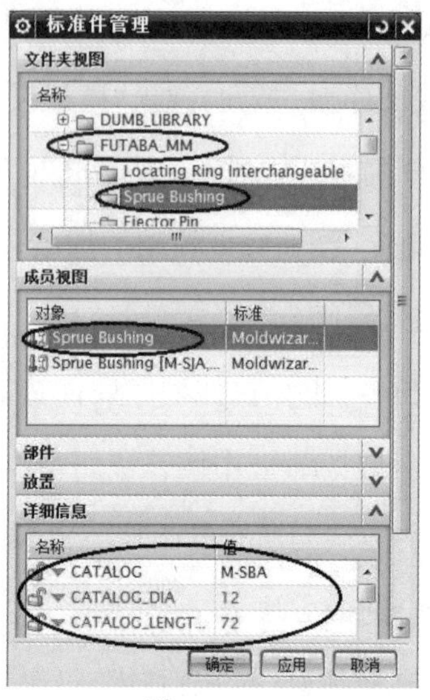

图 7-3-17

11. 导入定位环

(1)点击“标准件库”按钮，弹出“标准件管理”对话框，参数设置如图7-3-16所示，点击“确定”按钮，如果位置不合适可再次点击“标准件库”按钮，然后点击已加载好的定位环，再点击“重定位”按钮就可以对定位环进行重新定位。

(2)点击“腔体”按钮，弹出“腔体”对话框，“模式”选择“减去材料”，“工具类型”选择“组件”，“目标”选择上模固定板，“刀具”选择“定位环”，点击“确定”按钮。

12. 导入浇口套

(1)点击“标准件库”按钮，弹出“标准件管理”对话框，参数设置如图7-3-17所示，点击“确定”按钮。

(2)双击“浇口套”，使“浇口套”处于编辑状态，删除螺钉组件。

(3)双击装配导航器中 7.1_top_000 显示全部组件，通过测量，浇口套的顶面距定位环底面5 mm，点击“标准件库”按钮，然后点击“浇口套”，再点击“重定位”按钮，将浇口套沿Z轴负方向移动5 mm。

(4)点击“腔体”按钮，弹出“腔体”对话框，“模式”选择“减去材料”，“工具类型”选择“组件”，“目标”选择“上模固定板、A板、型腔”，“刀具类型”选择“组件”，“刀具”选择“浇口套”，点击“确定”按钮。

13. 导入锁紧螺钉

(1)点击"标准件库"按钮,弹出"标准件管理"对话框,参数设置如图7-3-18所示,点击"确定"按钮,弹"标准件位置"对话框,在X-Y平面上调整螺钉到合适位置,点击"确定"按钮完成螺钉的加载。

(2)双击已加载完成的螺钉,使螺钉处于编辑状态,用"移动"工具在Z轴方向上将螺钉调整到合适位置,再用"镜像装配"工具完成其他三个锁紧螺钉的加载。

(3)点击"腔体"按钮,弹出"腔体"对话框,"目标"选择"A板、型腔","刀具类型"选择"组件","刀具"选择所有已加载的锁紧螺钉,点击"确定"按钮,如图7-3-19所示。用同样的方法,做出型芯上的锁紧螺钉。

14. 导入顶杆和拉料杆

(1)在X-Y平面上画出如图7-3-20所示的圆,圆心作为加载顶杆时的捕捉点。

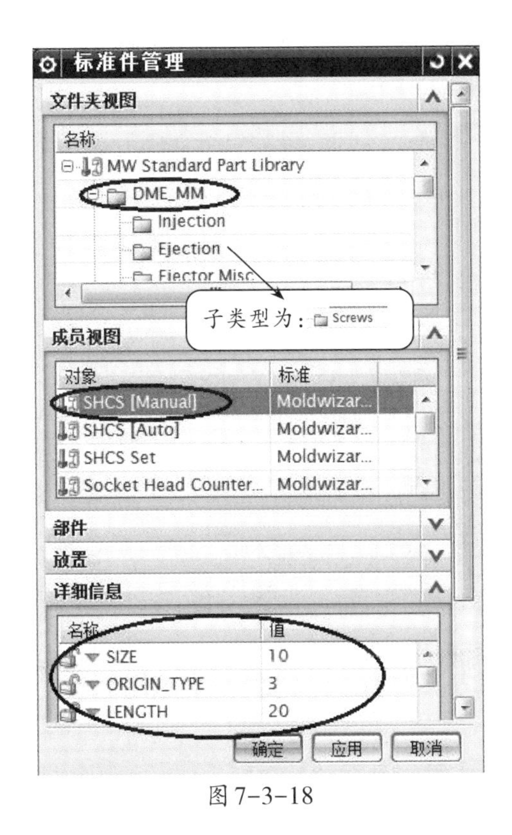

图7-3-18

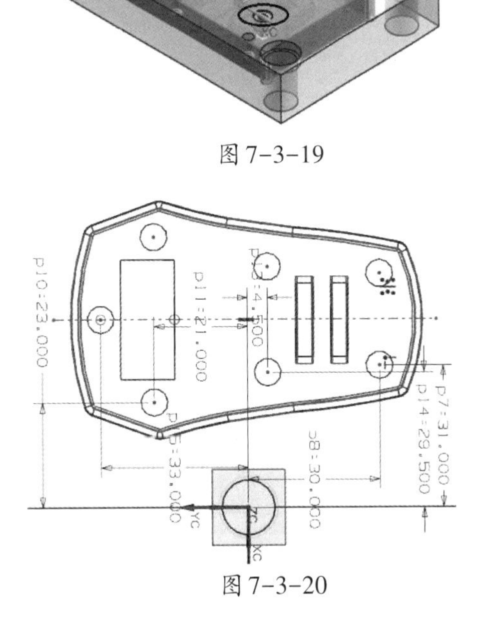

图7-3-19

图7-3-20

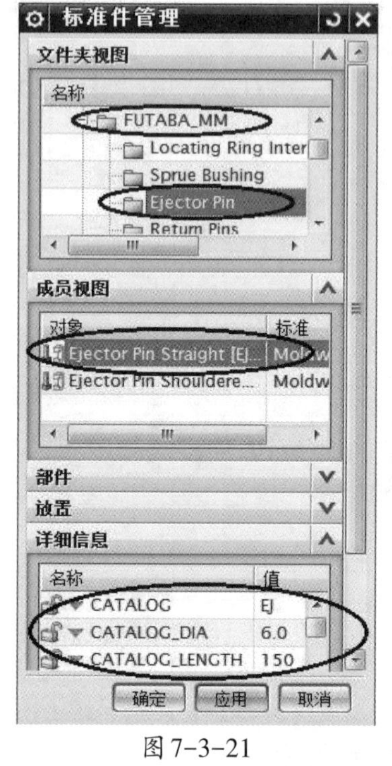

图 7-3-21

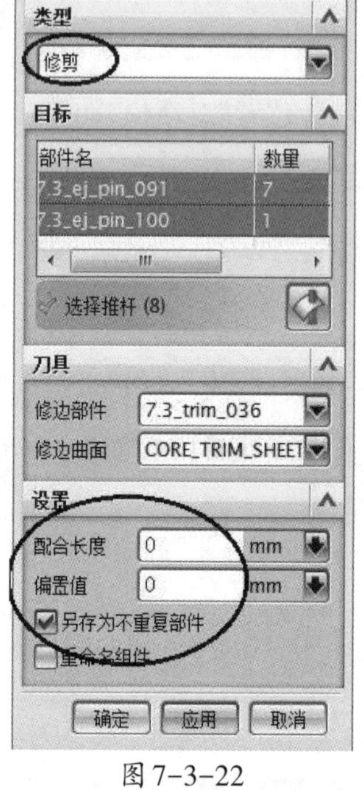

图 7-3-22

图 7-3-23

(2)点击“标准件库”按钮，弹出“标准件管理”对话框，参数设置如图 7-3-21 所示，点击“确定”按钮。弹出“点”对话框，选中图 7-3-20 所画圆的圆心点，点击“确定”按钮完成顶杆的加载。

(3)点击“标准件库”按钮，弹出“标准件管理”对话框，参数设置把图 7-3-21 中“CATALOG_DIA”的值改为“8”即可，点击“确定”按钮，弹出“点”对话框，选中 WCS 坐标系原点，点击“确定”按钮完成拉料杆的加载。

(4)点击“顶杆后处理”按钮，弹出“顶杆后处理”对话框，“类型”选择“修剪”，参数设置如图 7-2-22 所示，选择拉料杆和相应顶杆，系统会自动修剪顶杆到合适位置。

(5)点击“腔体”按钮，“模式”选择“减去材料”，“目标”选择“B 板、顶针固定板、型芯”，“刀具类型”选择“组件”，“刀具”选择所有已加载好的顶针和拉料杆，点击“确定”按钮。

15. 导入弹簧

(1)点击“标准件库”按钮，弹出“标准件管理”对话框，“放置面”选择顶针固定板上表面，参数设置如图 7-3-23 所示，点击“确定”按钮，弹出“标准件位置”对话框，弹簧的放置点为复位杆的中心点。

(2)点击“腔体”按钮,弹出“腔体”对话框,“模式”选择“减去材料”,“目标”选择“B板”,“刀具类型”选择“组件”,“刀具”选择所有已加载的弹簧,点击“确定”按钮。

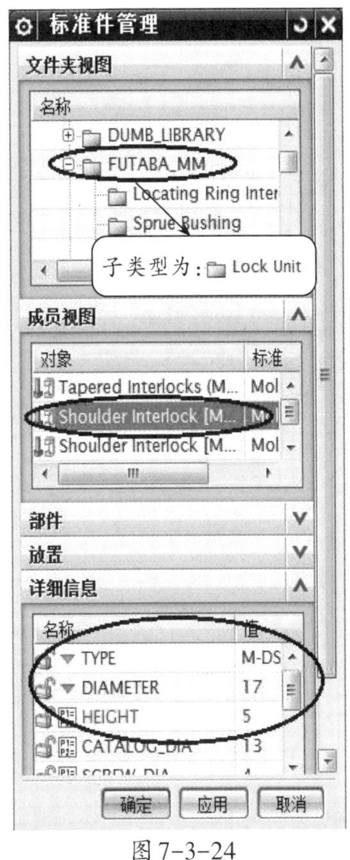

图7-3-24

16. 导入垃圾钉

(1)点击“标准件库”按钮,弹出“标准件管理”对话框,放置面选择下模座板上表面,参数设置如图7-3-24所示,点击“确定”按钮,弹出“标准件位置”对话框。捕捉到复位杆中心点作为垃圾钉的放置点。

(2)点击“腔体”按钮,弹出“腔体”对话框,“模式”选择“减去材料”,“目标”选择“下模座板”,“刀具类型”选择“实体”,“刀具”选择垃圾钉的螺钉,点击“确定”按钮。

17. 导入流道和浇口

(1)用“曲线”工具X-Y平面上,沿着X方向画一根长为28的曲线,如图7-3-25所示。

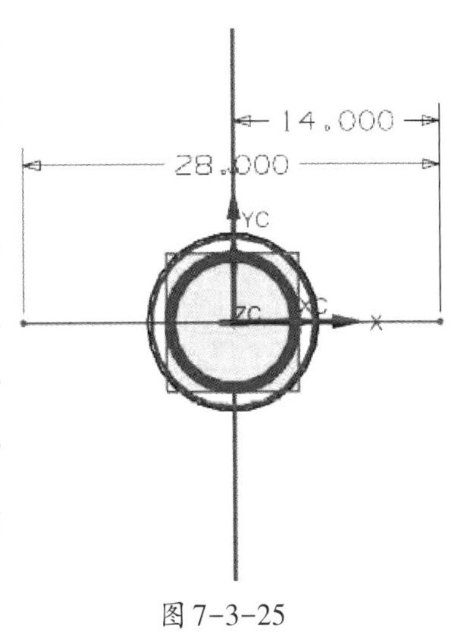

图7-3-25

(2)点击“流道”按钮,弹出“流道”对话框,参数设置如图7-3-26所示,引导线选择上一步骤所画直线,点击“确定”按钮完成流道的创建。

(3)点击“浇口库”按钮,弹出“浇口设计”对话框,参数设置如图7-3-27所示,点击“应用”按钮,弹出“点”对话框,点击加载流道所用的曲线端点,此时弹出“矢量”对话框,选择X轴的负方向,点击“确定”按钮完成浇口的加载,加载完成的浇口和流道如图7-3-28所示。

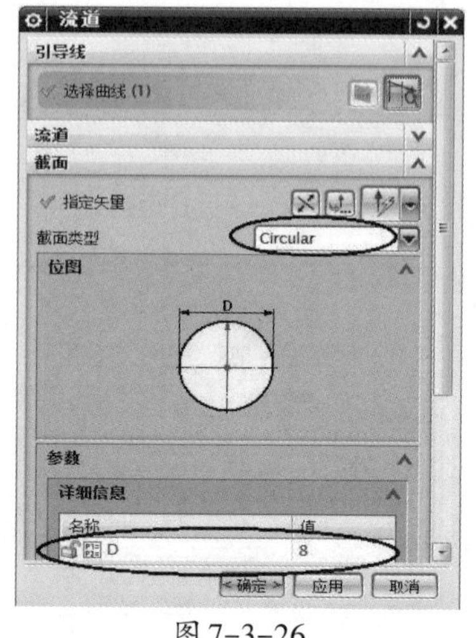

图 7-3-26

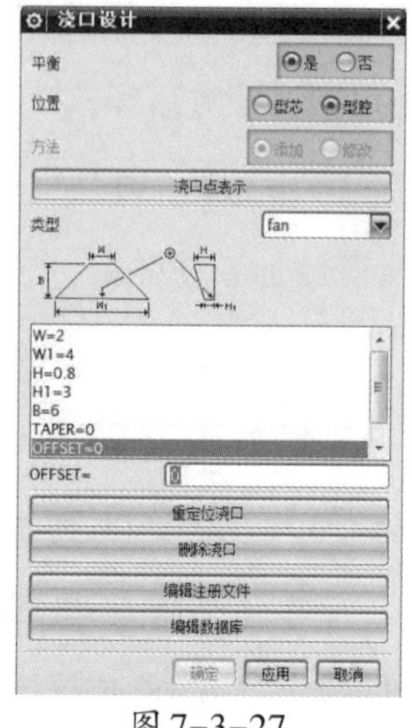

图 7-3-27

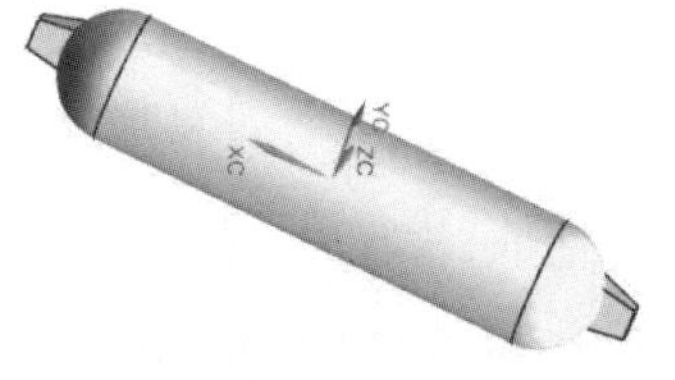

图 7-3-28

(4)点击“腔体”按钮，弹出“腔体”对话框，“目标”选择“型腔”，“刀具类型”选择“实体”，“刀具”选择“流道”和“浇口”，点击“确定”按钮完成型腔上的流道和浇口的创建，如图 7-3-29 所示。用同样的方法完成型芯上流道的创建。

(5)把“拉料杆”和“浇口套”的长度调整到合适的位置。

(6)双击下模座板，使下模座板处于编辑状态，在下模座板的正中心用“孔”工具做出一个直径为 40 mm 的通孔并倒上 C2 的斜角，双击装配导航器中“7.3_top_000”，显示全部组件，保存全部文件完成该任务。模具动模部分如图 7-3-30 所示，定模部分如图 7-3-31 所示。

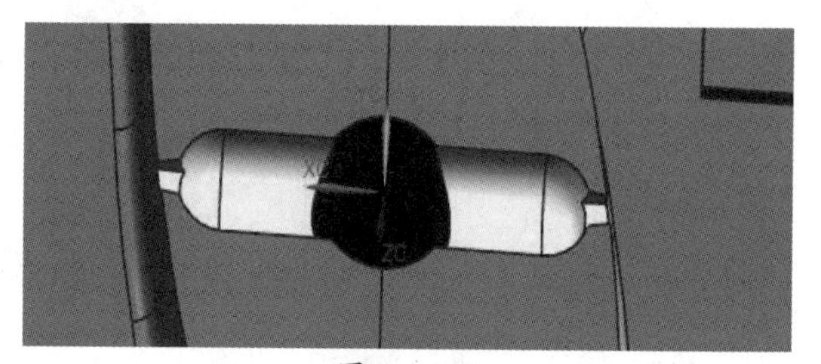

图 7-3-29

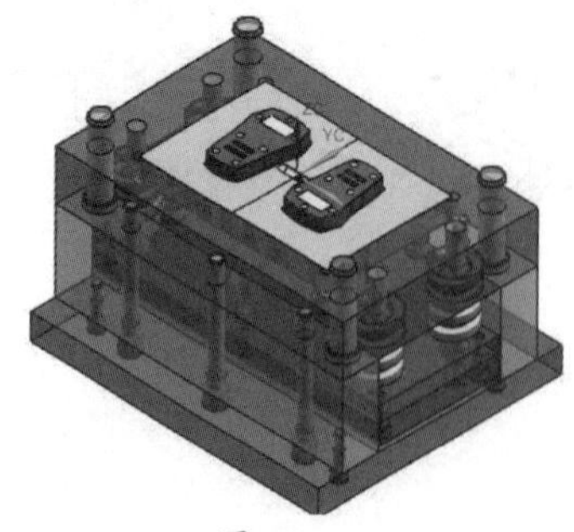

图 7-3-30

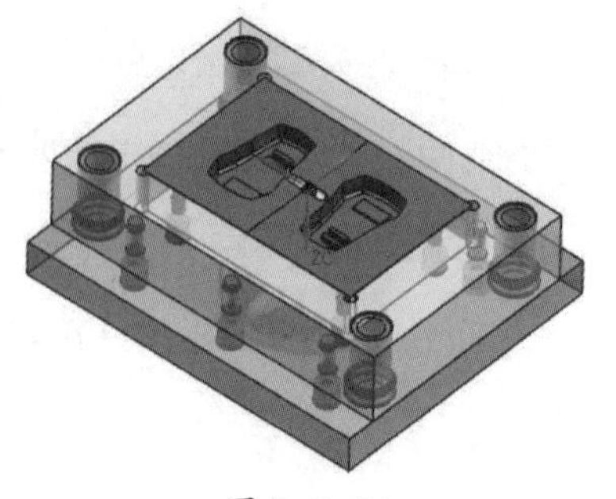

图 7-3-31

相关知识

注塑模向导型腔布局的相关知识，如图7-3-32所示。

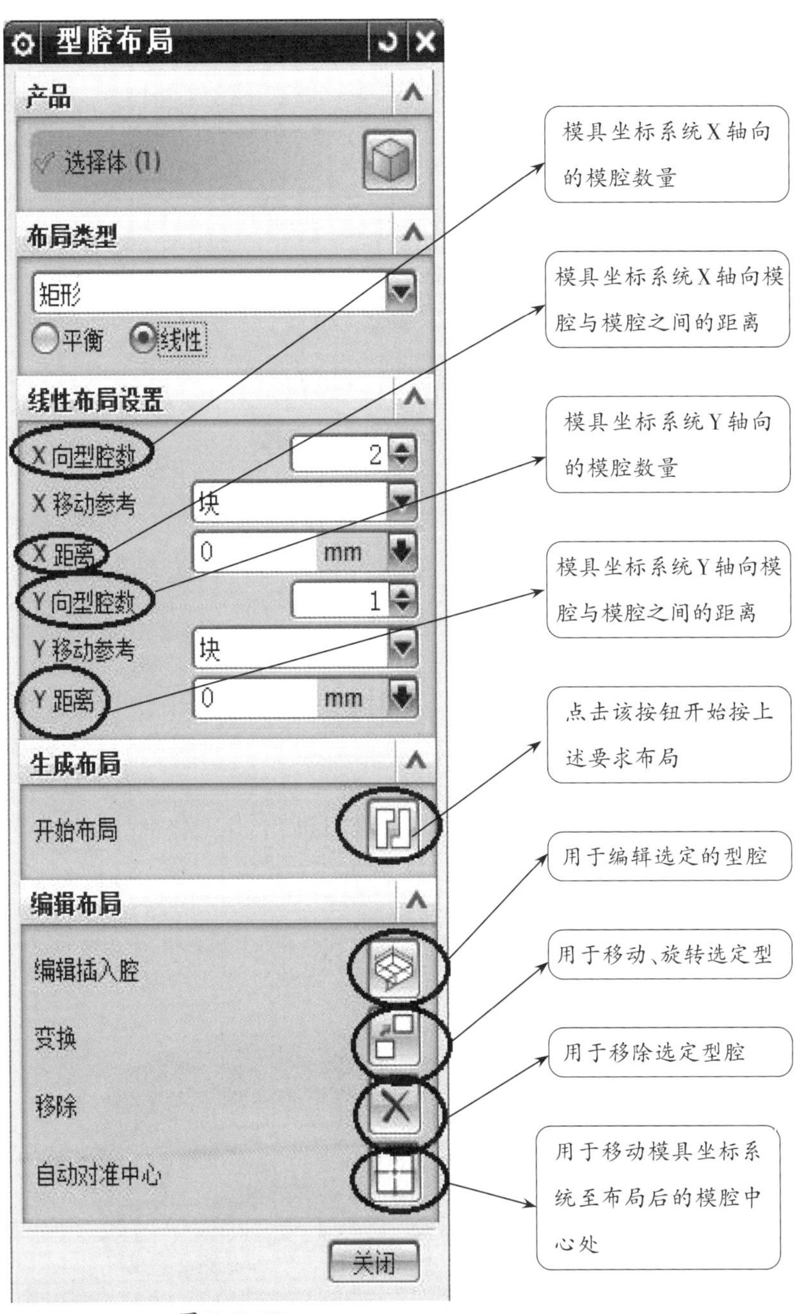

图7-3-32

任务评价

游戏柄外壳综合案例评价表,见表7-3-1。

表7-3-1

评价内容	评价标准	分值	学生自评	教师评估
初始化项目	正确初始化项目	5分		
创建模具坐标系	创建设置模具坐标系	5分		
创建模坯	正确创建模坯	5分		
检查区域	正确进行区域的检查	10分		
模具分型	模具分型正确	25分		
导入标准模架	正确导入标准模架	10分		
导入相关标准件	正确导入相关标准件	30分		
情感评价	严谨、认真	10分		
学习体会				

打开“mj”文件夹下文件名为“7”的二级文件夹,打开里面命名为“7-3.prt”的文件,如图7-3-33所示。对该零件使用“注塑模向导”完成一模两腔的整套模具设计。

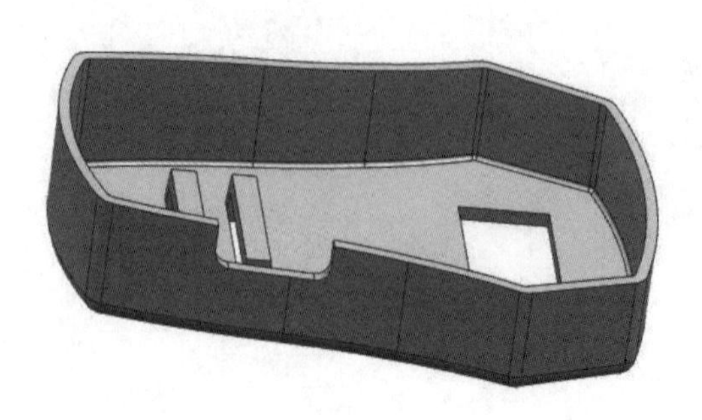

图7-3-33

项目八 冲压模主要零件的平面加工

冲压模是在冷冲压加工中，将材料(金属或非金属)加工成零件(或半成品)的一种特殊工艺装备。冲模的工作零件包括凸模、凹模及凸凹模。凸凹模的加工主要通过铣削来完成。通过分工合作，协作完成冲压模主要零件的平面加工，可以培养学生的团结合作精神。

冲压模加工基本参数的设置、加工坐标系的创建、刀具刀号的创建、工件毛坯的创建，需要学生具备吃苦耐劳的精神。加工过程中，要求精益求精，可以培养学生的工匠精神。通过落料凹模综合案例练习，可以培养学生的创新精神。

平面铣适用于底面为平面且垂直于刀具轴、侧壁为垂直面的工件。通常用于粗加工移除大量材料，也用于精加工外形、清除转角残留余量。其加工对象是以曲线边界来限制切削区域，生成的刀轨上下一致。通过设置不同的切削方法，平面铣可以完成挖槽或者是轮廓外形的加工，如右图所示。该项目通过几个典型的案例对加工基本参数的设置、加工坐标系的创建、刀具刀号的创建、工件毛坯的创建等知识点进行讲解。任务的实施过程是先分析工件形状尺寸，再确定所需刀具种类及规格大小，然后创建刀具、加工坐标系、工件及毛坯，创建加工工序，最后生成刀路并对刀路进行模拟仿真。

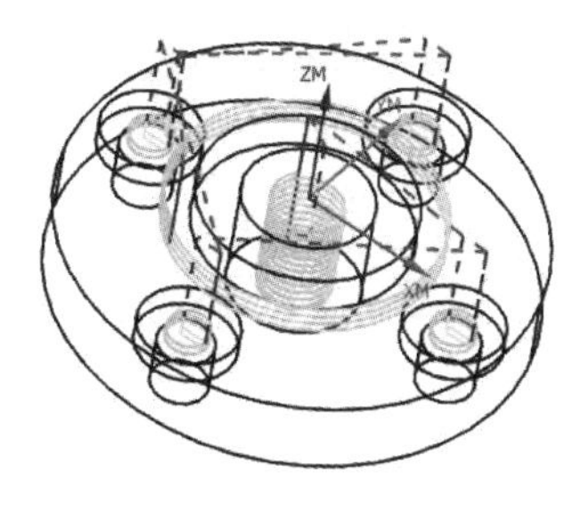

平面铣示意图

目标类型	目标要求
知识目标	(1)掌握UG CAM基本知识 (2)知道UG NX 8.5编程的基本流程 (3)知道刀具的种类及适用范围
技能目标	(1)学会创建加工坐标系 (2)学会创建加工刀具、几何体及毛坯 (3)学会创建平面铣削工序和钻孔加工工序
情感目标	(1)学会与人有礼貌地讨论、交流和合作 (2)学会表达自己的观点 (3)能自学或是与同伴一起合作学习 (4)能利用网络资源查看、搜集学习资料

任务一　拉深凸模铣削通用知识

任务目标

通过本任务的学习，能创建加工坐标系、创建工件及毛坯、创建刀具，并学会创建加工工序。

任务分析

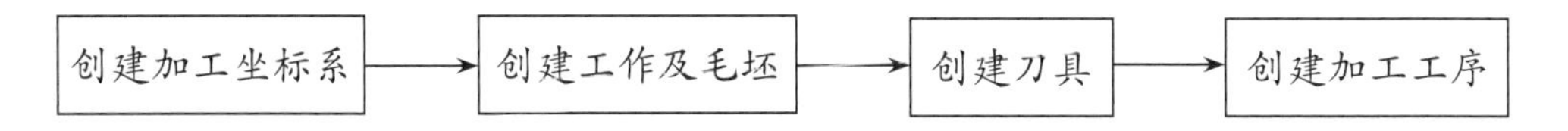

任务实施

一、任务准备

打开 UG NX 8.5 软件，打开“CAD-CAM”文件夹下文件名为“8”的二级文件夹，打开里面命名为“8.1.prt”的文件，如图 8-1-1 所示。

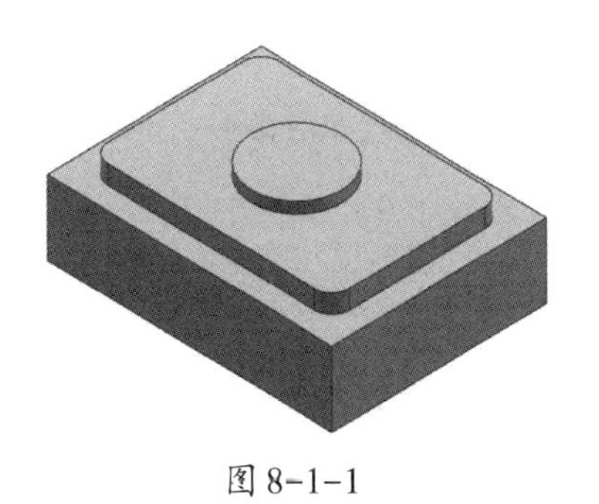

图 8-1-1

二、操作步骤

1. 创建加工坐标系

(1)点击“开始”按钮，在弹出的下拉菜单中点击“加工”按钮，在系统弹出的对话框里直接点击“确定”按钮进入加工环境。

(2)点击“创建几何体”按钮，在弹出的对话框中选择如图8-1-2所示，点击“确定”按钮，在弹出的对话框中“安全距离”设置为“20”，选择“自动平面”，如图8-1-3所示，再点击几何模型的圆柱上表面，加工坐标系自动移动到圆柱上表面中心，再点击“确定”按钮完成加工坐标系的创建。

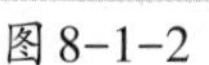
图8-1-2

图8-1-3

2. 创建工件及毛坯

(1)点击“创建几何体”按钮，在弹出的对话框中选择如图8-1-4所示标记选项，点击“确定”按钮，在弹出的对话框中选择“指定部件”按钮如图8-1-5所示，系统弹出“部件几何体”对话框后点击绘图界面中几何体模型，再点击“确定”按钮完成加工部件的创建。

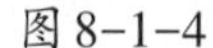
图8-1-4

图8-1-5

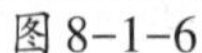
图8-1-6

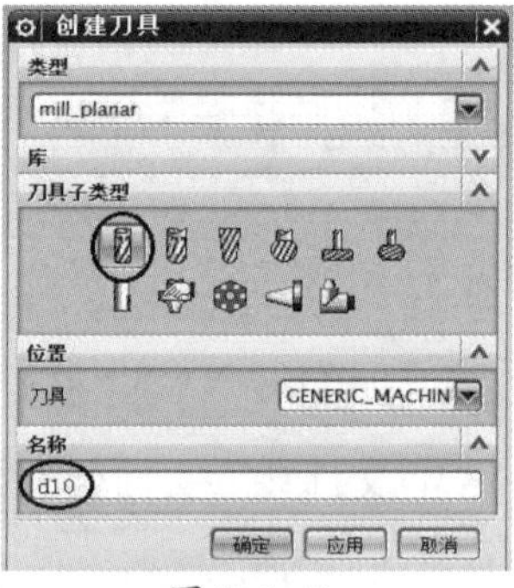

图8-1-7

(2)点击“指定毛坯”按钮，在弹出的对话框中选择如图8-1-6所示标记选项，两次点击“确定”按钮完成加工毛坯的创建。

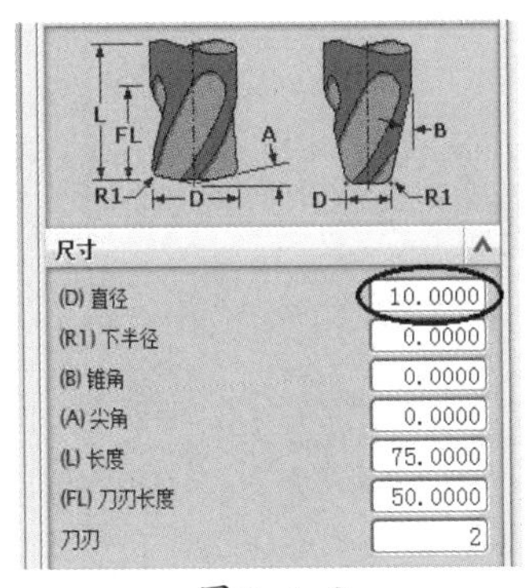

图 8-1-8

图 8-1-9

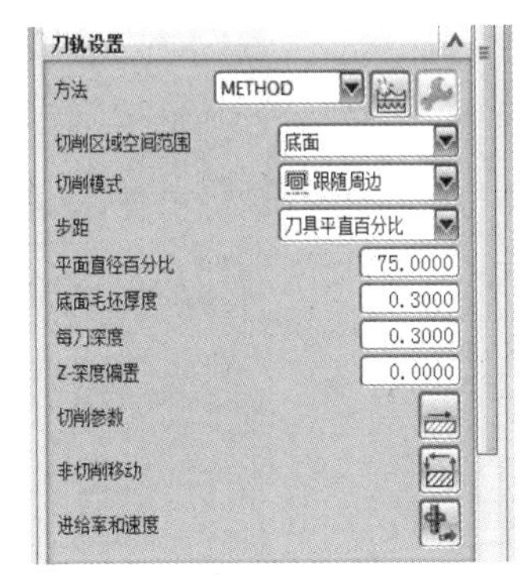

图 8-1-10

3. 创建刀具

点击“创建工具”按钮，在弹出的对话框中“名称”输入“d10”，其余选择如图 8-1-7 所示，点击“确定”按钮，在弹出的对话框中将“直径”设为“10”，其他选项默认，如图 8-1-8 所示，点击“确定”按钮完成刀具的创建。

4. 创建加工工序

（1）点击“创建工序”按钮，在弹出的对话框中“名称”输入“GX1”，其余选择如图 8-1-9 所示，点击“确定”按钮，在弹出的对话框中设置如图 8-1-10 所示，点击“指定切削区域底面”按钮，如图 8-1-11 所示，弹出“切削区域”对话框，选择切削的区域为图 8-1-12 上标号为 a、b、c 的面，点击“确定”按钮完成切削区域的选择。

（2）点击“进给率和速度”按钮，弹出“进给率真和速度”设置对话框，把“主轴速度”设为 3000 r/min，“进给率”设为 1200 mm/min，如图 8-1-13 所示，点击“确定”按钮完成进给率和速度的设置。

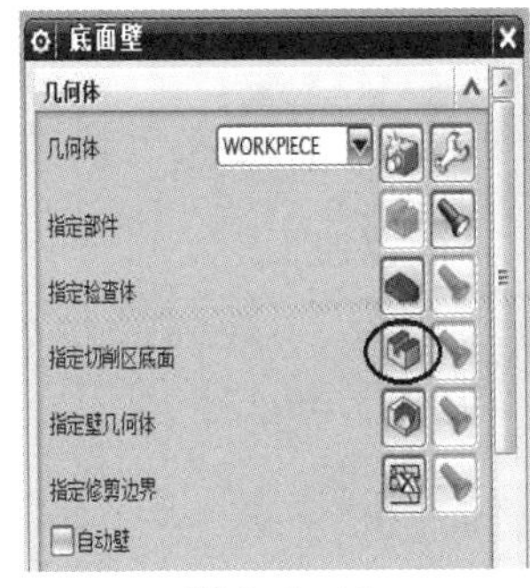

图 8-1-11

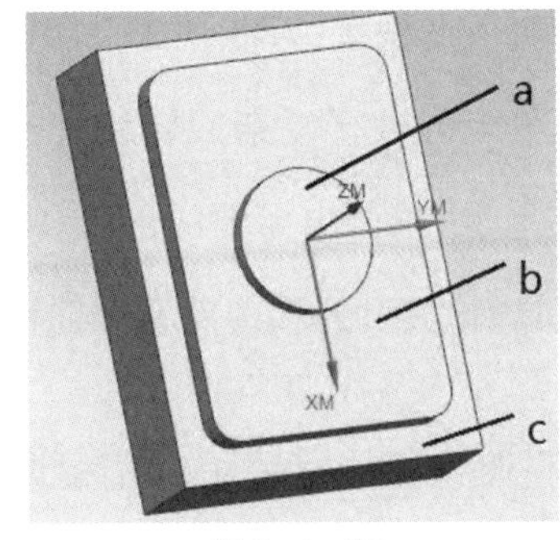

图 8-1-12

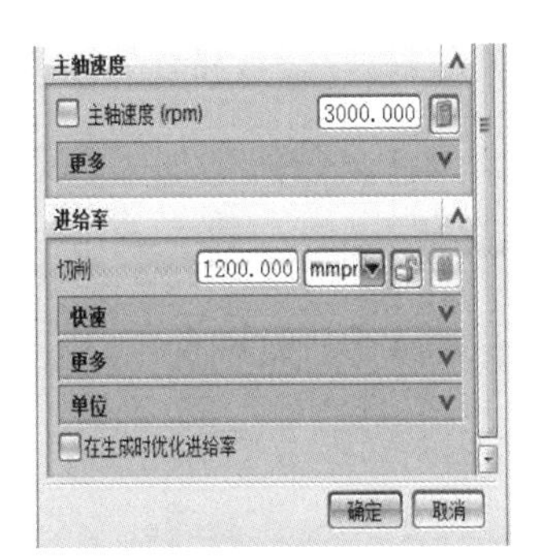

图 8-1-13

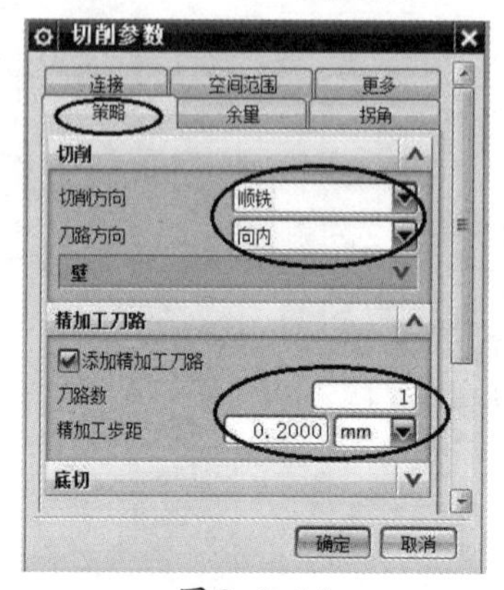

图 8-1-14

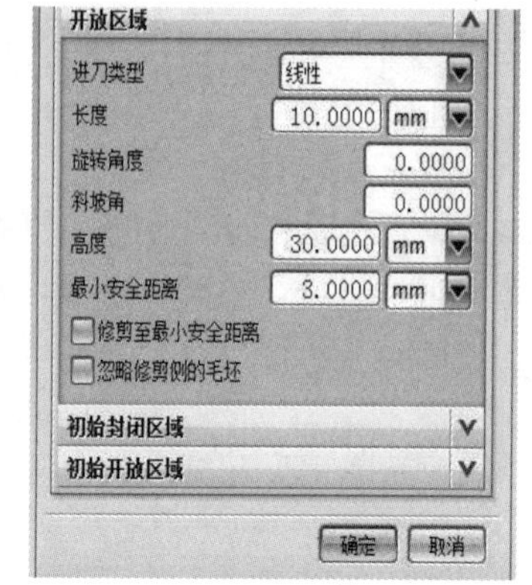

图 8-1-15

(3)点击“切削参数按钮”,弹出“切削参数”对话框,“切削方向”设为“顺铣”,“刀路方向”设为“向内”,添加一个“精加工刀路”,参数设置如图 8-1-14 所示,点击“确定”按钮完成切削参数的设置。

(4)点击“非切削参数按钮”,弹出“非切削参数”对话框,“进刀类型”设为“线性”,“长度”设为“10”,“高度”设为“30”,参数设置如图 8-1-15 所示,点击“确定”按钮完成非切削参数的设置。

(5)点击“生成”按钮,生成“刀路”,点击“确认”按钮,弹出“刀路模拟”对话框,选择“3D 动态”模式,把“刀具显示”设为“实体”,“动画速度”设为“2”,点击“播放”按钮观察模拟加工过程和加工效果。两次点击“确定”按钮,完成该步工序的创建。

相关知识

什么是铣削?铣削是以铣刀为刀具加工物体表面的一种机械加工方法。铣床有卧式铣床、立式铣床、龙门铣床、仿形铣床、万能铣床、杠铣床等。

什么是铣削加工?数控车床可进行复杂回转体外形的加工。铣削是将毛坯固定,用高速旋转的铣刀在毛坯上走刀,切出需要的形状和特征。铣镗加工中心可进行三轴或多轴铣镗加工,用于模具、检具、胎具,薄壁复杂曲面、人工假体、叶片等。

UG铣削加工通用功能的相关说明

(1)加工坐标系的创建方法:常用的创建加工坐标系方法如图 8-1-16 所示。

（2）刀具参数设置：常用刀具参数设置如图 8-1-17 所示。

（3）毛坯几何体的创建方法：常用创建毛坯几何体的创建方法如图 8-1-18 所示。

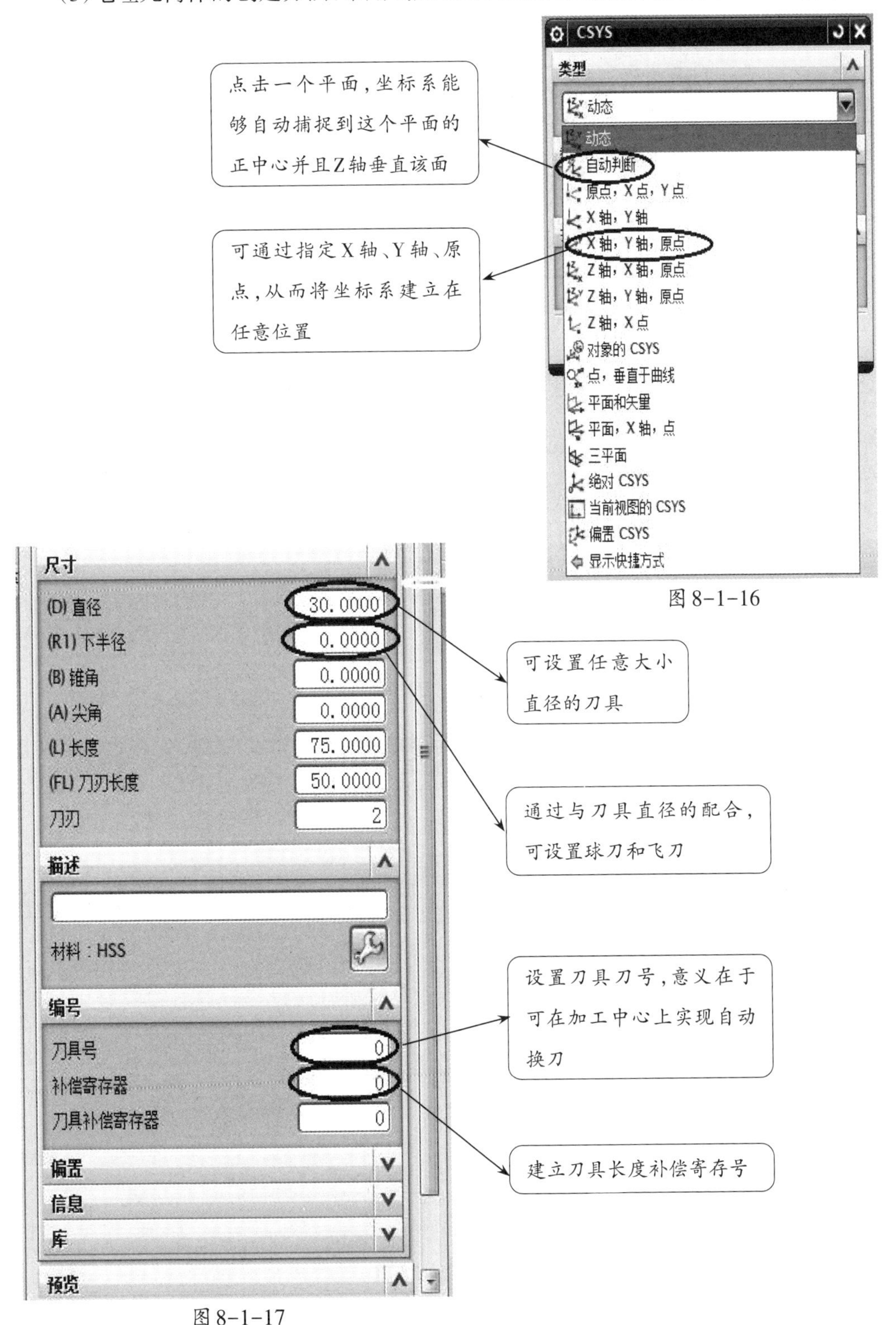

图 8-1-16

图 8-1-17

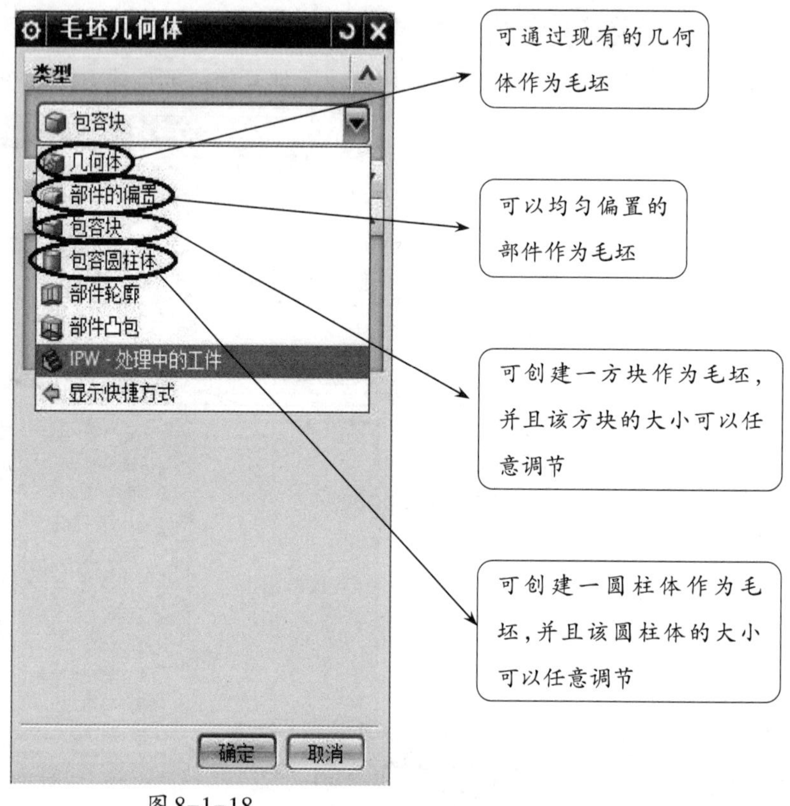

图 8-1-18

任务评价

拉深凸模铣削通用知识的评价表，见表 8-1-1。

表 8-1-1

评价内容	评价标准	分值	学生自评	教师评估
创建工件坐标系	正确创建工件坐标系	20分		
创建工件及毛坯	正确创建部件及毛坯	20分		
创建刀具	正确创建刀具	15分		
对加工环境的认识程度	能够正确认识加工环境	15分		
加工工序的创建	正确创建加工工序	20分		
情感评价	认真、严谨	10分		
学习体会				

打开“mj”文件夹下文件名为“8”的二级文件夹，打开里面命名为“8-1.prt”的文件，如图 8-1-18 所示。使用本任务学习的方法完成该零件的编程加工。

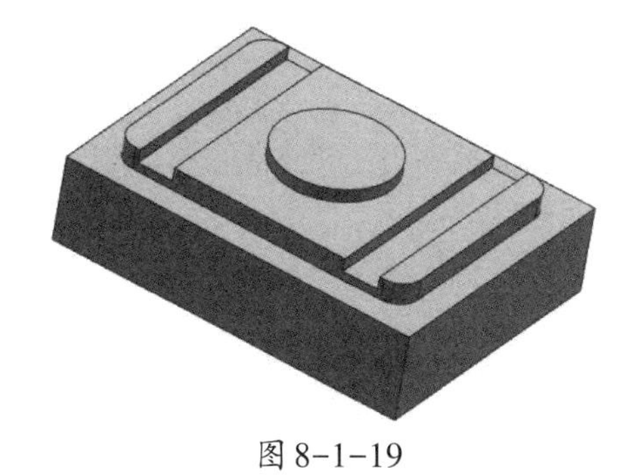

图 8-1-19

任务二　成型凹模的平面铣削

任务目标

通过本任务的学习，会创建多种类型的刀具，知道创建加工边界，掌握设置斜向下刀参数和设置切削层。

任务分析

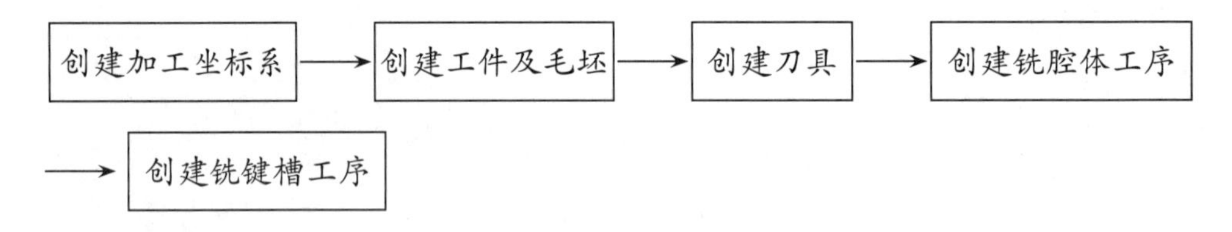

任务实施

一、任务准备

打开“UG NX 8.5”软件，打开“CADCAM”文件夹下文件名为“8”的二级文件夹，打开里面成型凹模命名为“8.2.prt”的文件，如图8-2-1所示。

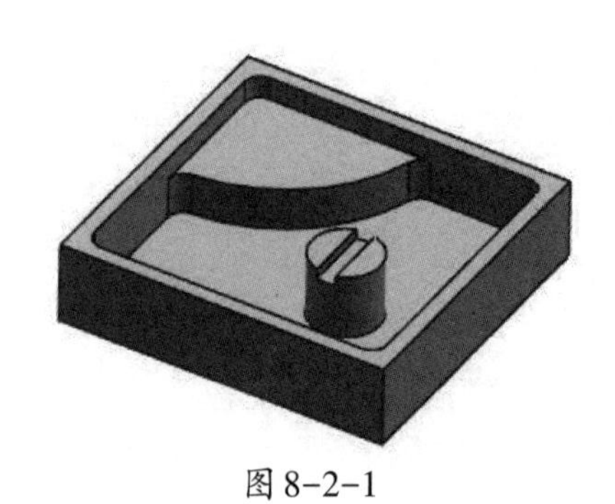

图8-2-1

二、操作步骤

1. 创建加工坐标系

(1)点击“开始”按钮，在弹出的下拉菜单中点击“加工”按钮，在系统弹出的对话

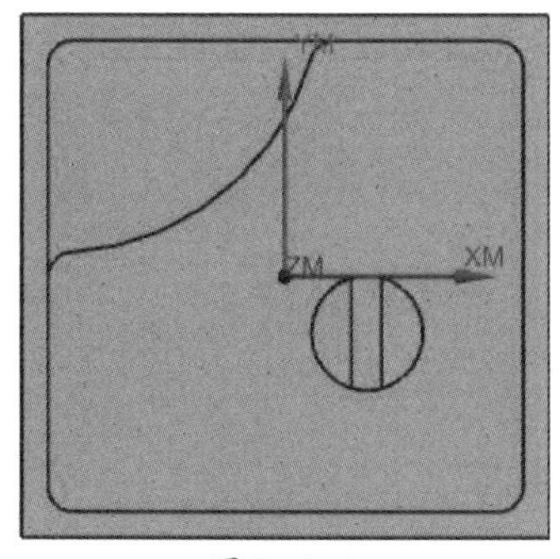

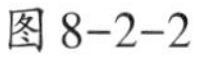
图 8-2-2

图 8-2-3

框里直接点击“确定”按钮进入加工环境。

(2) 点击“创建几何体”按钮，创建加工坐标系，命名为 MCS。将加工坐标系建立在工件上表面中心处，如图 8-2-2 所示。

图 8-2-4

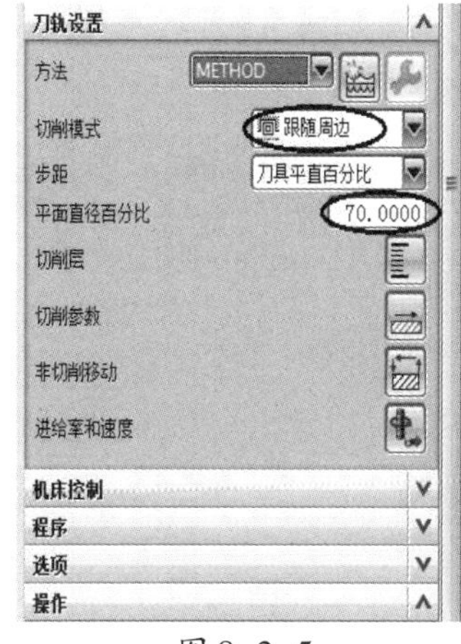

图 8-2-5

2. 创建工件及毛坯

点击“创建几何体”按钮，创建加工部件，命名为“WORKPIECE”；创建毛坯，毛坯的创建类型选择“包容块”，参数设置如图 8-2-3 所示。

3. 创建刀具

(1) 首先应分析加工部件需要的刀具类型，点击“测量距离”按钮，测量出圆柱上槽宽为“6 mm”，深度为“3 mm”；点击“简单半径”按钮，测量出所有的倒圆角均为“5 mm”。根据以上测量结果需要创建一把 Φ10 的平底铣刀，一把 Φ5 的平底铣刀。

(2) 点击“创建刀具”按钮，将刀具名称命名为“Φ10”，“直径”设置为“10”，点击“确定”按钮，完成 Φ10 刀具的创建；重复以上步骤完成 Φ5 刀具的创建。

4. 创建铣腔体工序

(1) 点击“创建工序”按钮，在弹出的对话框中名称输入“GX1”，其余选择如图 8-2-4 所示，点击“确定”按钮，在弹出的对话框中设置如图 8-2-5 所示。

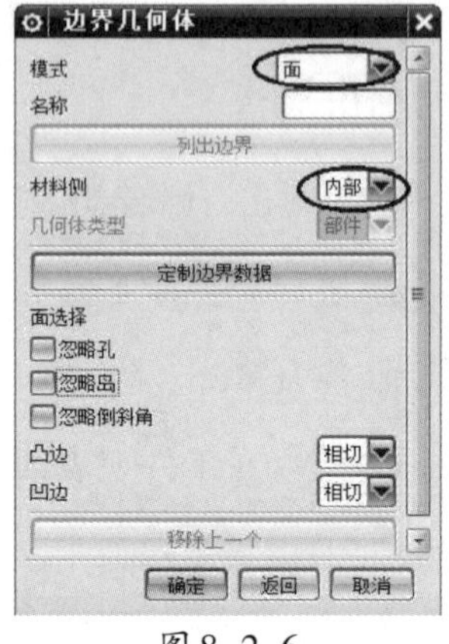

图 8-2-6

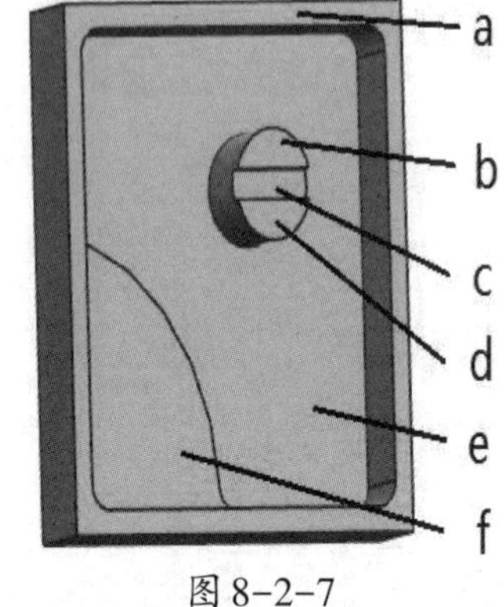

图 8-2-7

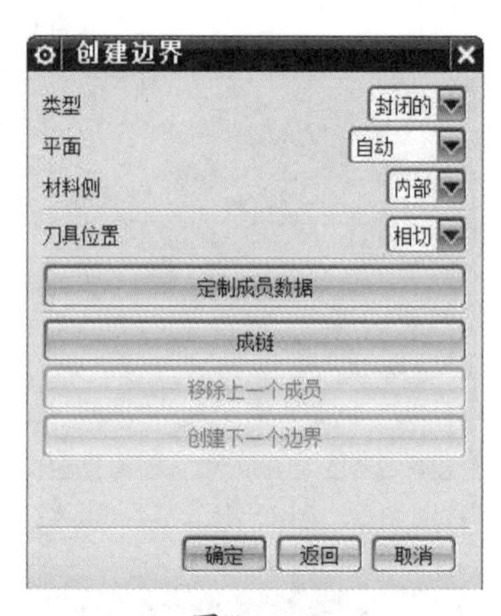

图 8-2-8

(2)点击“指定部件边界”按钮，在弹出对话框中设置如图8-2-6所示，依次点击图8-2-7中a、b、c、d、e、f面作为边界，点击“确定”按钮完成部件边界的创建。

(3)点击“指点毛坯边界”按钮，在弹出对话框中设置如图8-2-8所示，依次点击图8-2-9中a、b、c、d线条作为边界，两次点击“确定”按钮完成毛坯边界的创建。

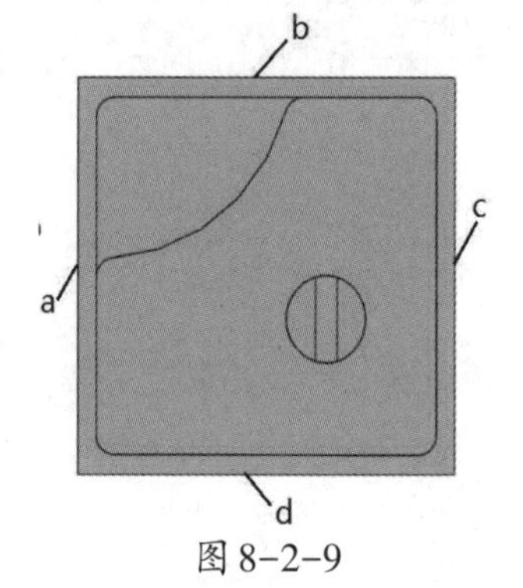

图 8-2-9

(4)点击“切削层”按钮，在弹出的对话框中设置如图8-2-10所示；点击“切削参数”按钮，在弹出的对话框中选择“余量”按钮，参数设置如图8-2-11所示；点击“策略”按钮，在弹出的对话框中设置如图8-2-12所示，其他参数默认即可，点击“确定”按钮完成切削参数的设置。

图 8-2-10

图 8-2-11

图 8-2-12

(5)点击“非切削移动”按钮，在弹出的对话框中选择“进刀”按钮，参数设置如图8-2-13所示，其他参数选择默认即可，点击“确定”按钮完成非切削移动参数设置。

(6)点击“进给率和速度”按钮，弹出“进给量和速度”设置对话框，把主轴速度设为3500 r/min，进给率设为1200 mm/min，点击“确定”按钮完成进给率和速度的设置。

(7)点击“生成”按钮，生成“刀路”，点击“确认”按钮，弹出“刀路模拟”对话框，选择“3D”动态模式，把“刀具显示”设为“实体”，“动画速度”设为“2”，点击“播放”按钮观察模拟加工过程和加工效果。两次点击“确定”按钮，完成该步工序的创建。

5. 创建铣键槽工序

(1)点击“创建工序”按钮，在弹出的对话框中名称输入“GX2”，其余选择如图8-2-14所示，点击“确定”按钮，在弹出的对话框中设置如图8-2-15所示。

(2)点击“指定切削区域底面”按钮，弹出切削区域对话框，选择键槽底面，点击“确定”按钮，完成切削区域的选择。

(3)点击“进给率和速度”按钮，弹出进给量和速度设置对话框，把“主轴速度”设为5000 r/min，“进给率”设为800 mm/min，点击“确定”按钮完成进给率和速度的设置。

(4)点击“生成”按钮，生成刀路。待刀路生成完成后，可进行仿真模拟观察加工过程及加工结果，从而判断加工刀路是否正确。

图 8-2-13

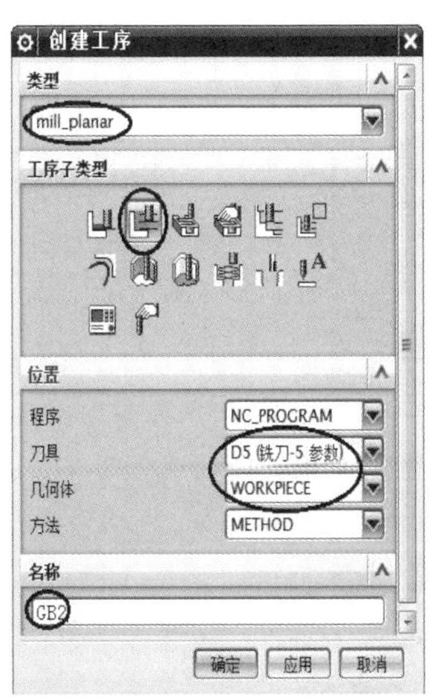

图 8-2-14

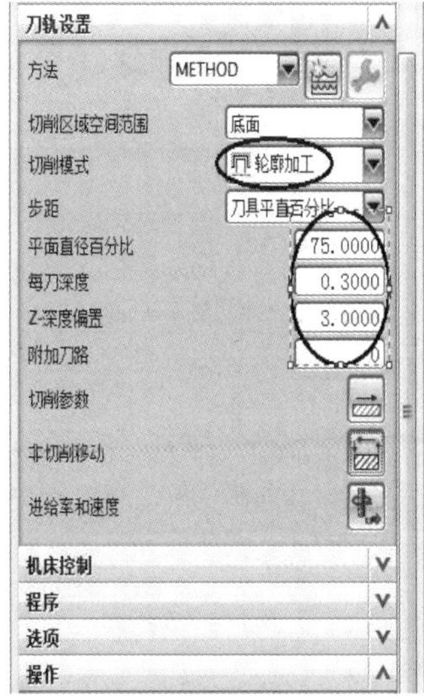

图 8-2-15

相关知识

模具是用来制作成型物品的工具，由各种零件构成，主要通过所成型材料物理状态的改变来实现物品外形的加工，素有“工业之母”的称号。

UG平面铣削加工的相关说明

(1)刀具的创建与选择，如图8-2-16所示。

(2)“切削层”中常用“类型”的意义，如图8-2-17。

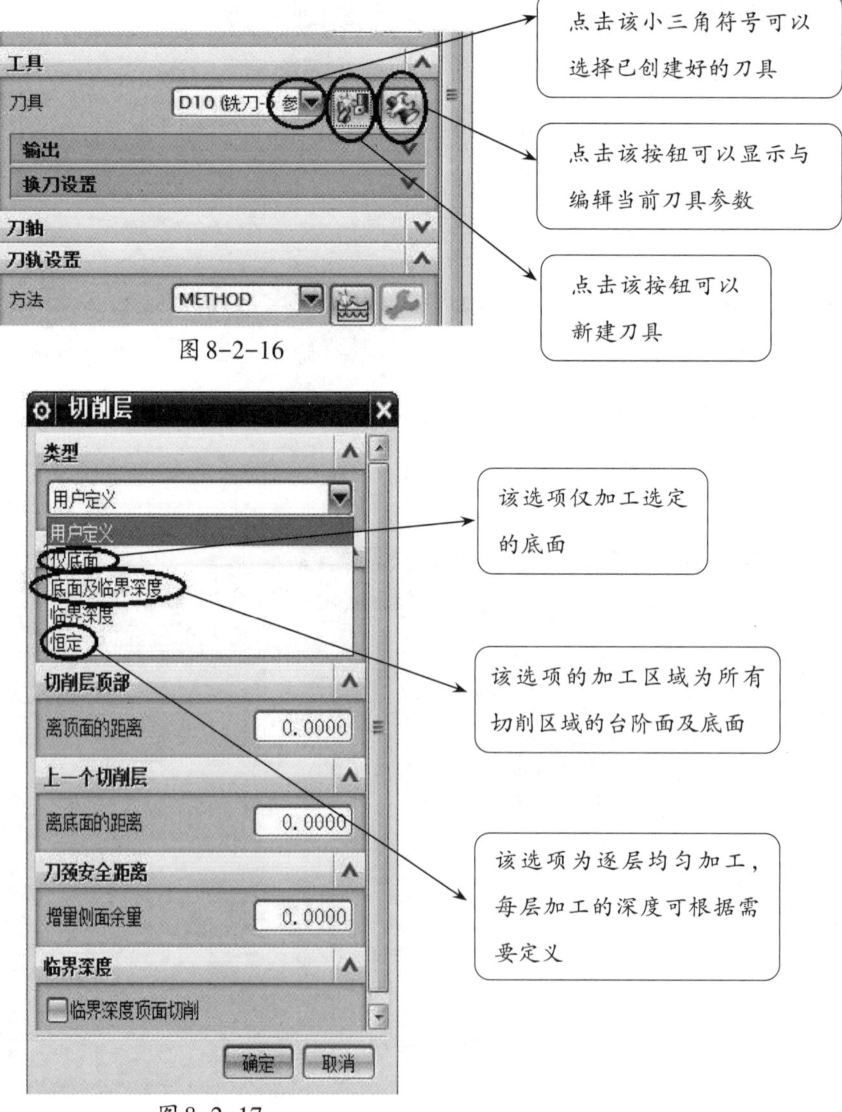

图8-2-16

图8-2-17

（3）“非切削移动”中常用参数的意义，如图 8-2-18。

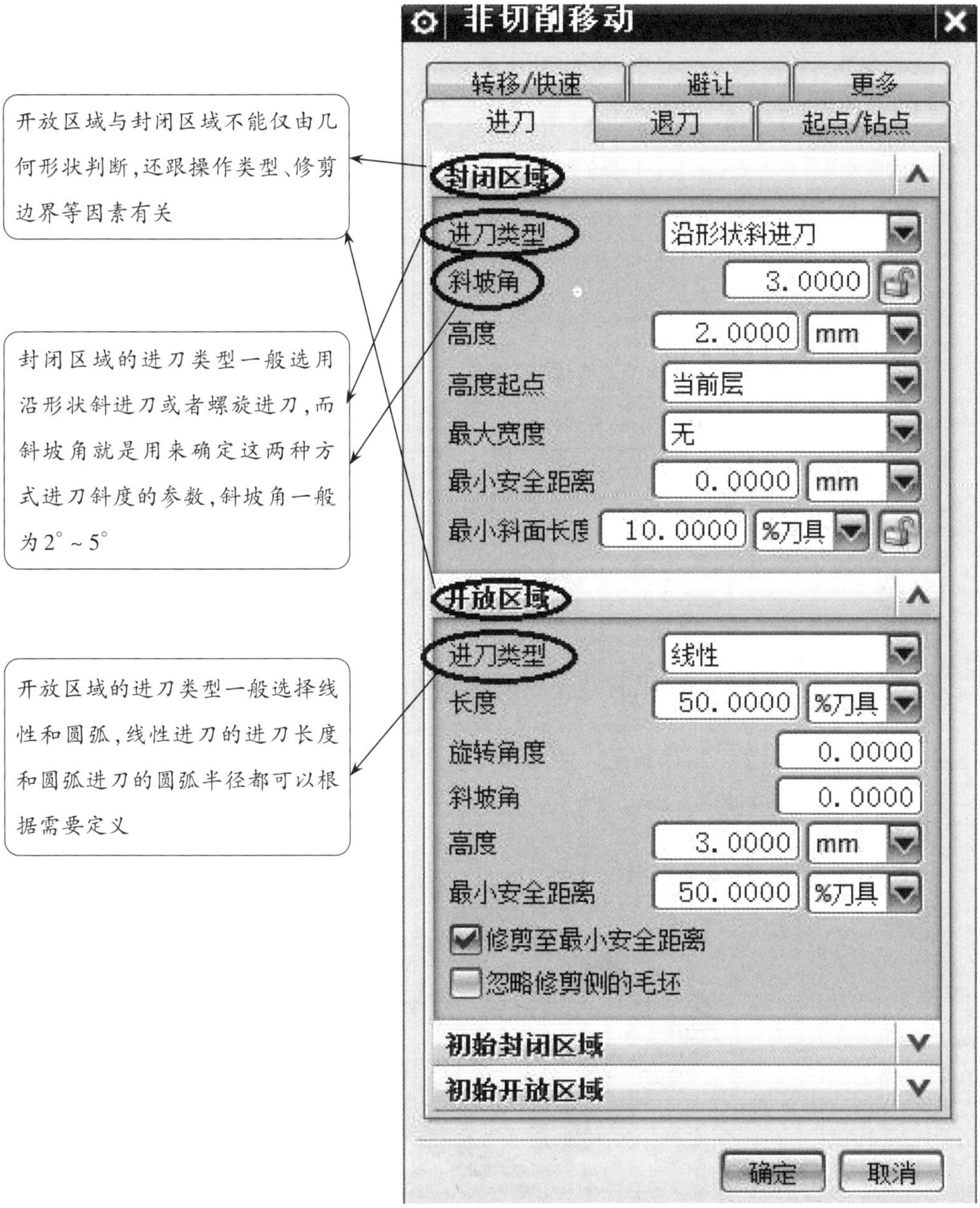
开放区域与封闭区域不能仅由几何形状判断，还跟操作类型、修剪边界等因素有关
封闭区域的进刀类型一般选用沿形状斜进刀或者螺旋进刀，而斜坡角就是用来确定这两种方式进刀斜度的参数，斜坡角一般为2°～5°
开放区域的进刀类型一般选择线性和圆弧，线性进刀的进刀长度和圆弧进刀的圆弧半径都可以根据需要定义
非切削移动
转移/快速
避让
更多
进刀
退刀
起点/钻点
封闭区域
进刀类型
沿形状斜进刀
斜坡角
3.0000
高度
2.0000
mm
高度起点
当前层
最大宽度
无
最小安全距离
0.0000
mm
最小斜面长度
10.0000
%刀具
开放区域
进刀类型
线性
长度
50.0000
%刀具
旋转角度
0.0000
斜坡角
0.0000
高度
3.0000
mm
最小安全距离
50.0000
%刀具
修剪至最小安全距离
忽略修剪侧的毛坯
初始封闭区域
初始开放区域
确定
取消

图 8-2-18

任务评价

成型凹模的平面铣削评价表,见表8-2-1。

表8-2-1

评价内容	评价标准	分值	学生自评	教师评估
创建工件坐标系	正确创建工件坐标系	5分		
创建工件及毛坯	正确创建部件及毛坯	5分		
创建刀具	正确创建刀具	5分		
对加工环境的认识程度	对加工环境的熟悉程度	15分		
创建加工工序	正确创建加工工序	10分		
切削边界的创建	正确创建切削边界	25分		
切削参数的设置	正确设置切削参数	25分		
情感评价	认真、严谨	10分		
学习体会				

打开“mj”文件夹下文件名为“8”的二级文件夹,打开里面命名为“8-2.prt”的文件,如图8-2-19所示。使用本任务学习的方法完成该零件的编程加工。

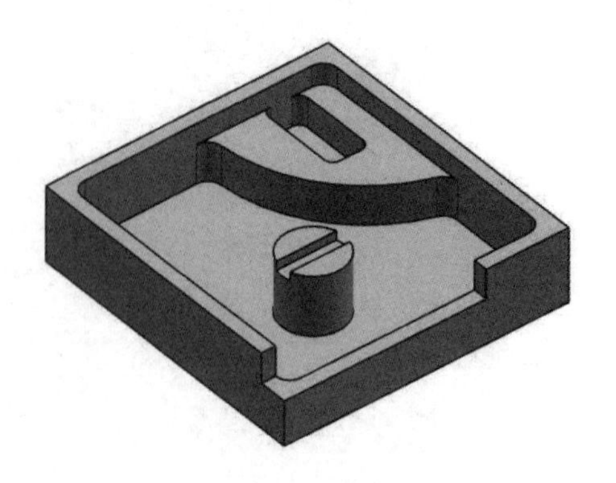

图8-2-19

任务三　固定凹模板钻孔加工

任务目标

通过本任务的学习，掌握创建钻头的方法，学会设置钻中心孔参数、啄钻参数。

任务分析

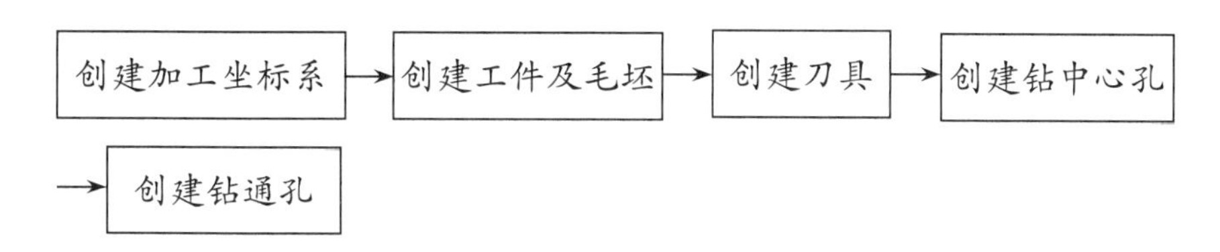

任务实施

一、任务准备

打开“UG NX 8.5”软件，打开“mj”文件夹下文件名为“10”的二级文件夹，打开里面命名为“8.3.prt”的文件，如图8–3–1所示。

图8–3–1

二、操作步骤

1. 创建加工坐标系

(1)点击“开始”按钮,在弹出的下拉菜单中点击“加工”按钮,在系统弹出的对话框里点击“确定”按钮进入加工环境。

(2)点击“创建几何体”按钮,创建加工坐标系,命名为“MCS”。将加工坐标系建立在工件上表面中心处,如图8-3-2所示。

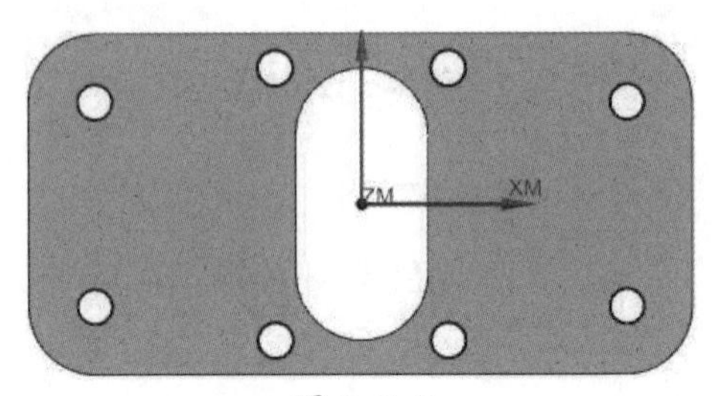

图8-3-2

2. 创建工件及毛坯

点击“创建几何体”按钮,创建加工工件,命名为“WORKPIECE”;创建“毛坯”,毛坯的创建类型选择为“包容块”。

3. 创建刀具

(1)首先分析加工工件需要的刀具类型,点击“简单直径⊖”按钮,测量出所需加工孔的直径为“$\Phi10$”。根据以上测量结果需要创建一把$\Phi10$的钻头和一把$\Phi5$的中心钻。

(2)点击“创建刀具”按钮,在弹出的对话框中“名称”输入“z10”,其余选择如图8-3-3所示,点击“确定”按钮。在弹出的对话框中将“直径”设为“10”其他选项默认,如图8-3-4所示,点击“确定”按钮完成$\Phi10$钻头的创建。重复以上步骤完成$\Phi5$中心钻的创建。

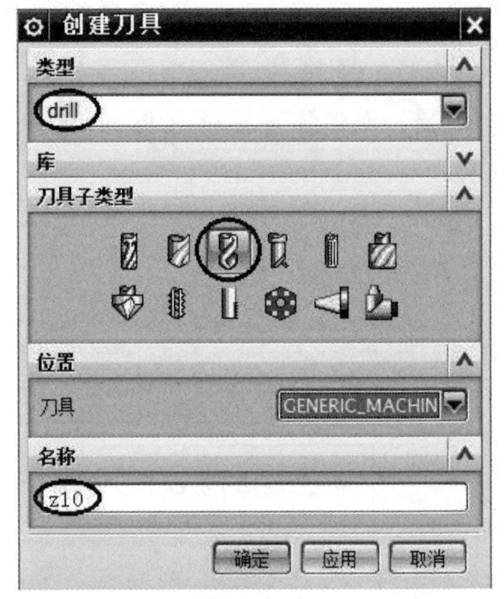

图8-3-3

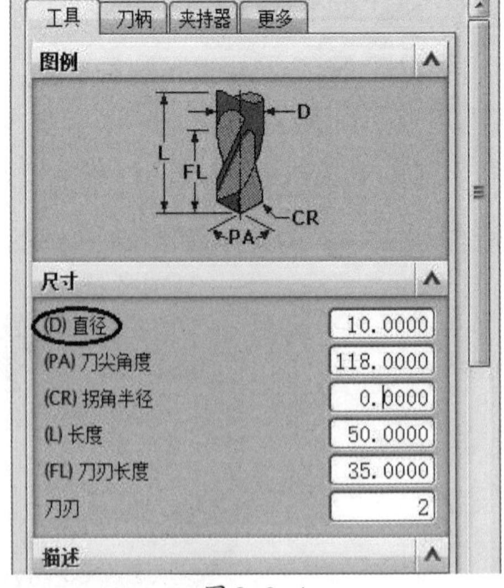

图8-3-4

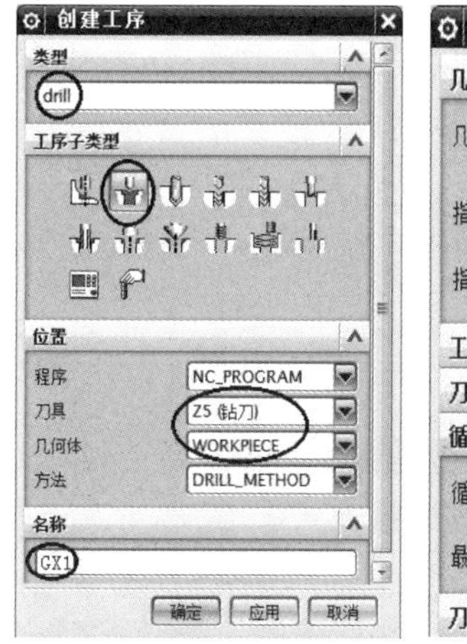

图 8-3-5

图 8-3-6

图 8-3-7

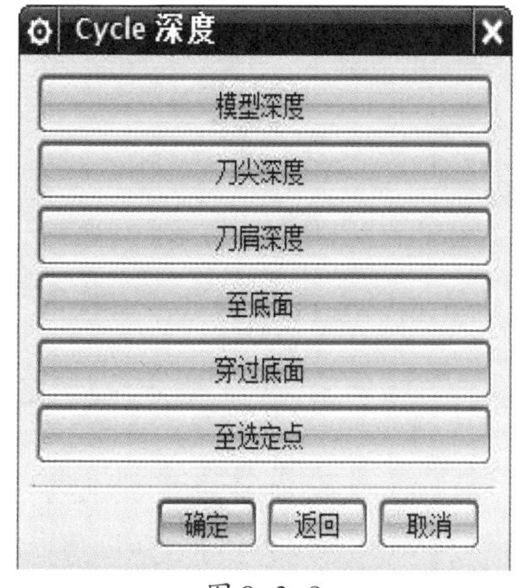

图 8-3-8

4. 创建钻中心孔

(1)点击“创建工序”按钮，在弹出的对话框中“名称”输入“GX1”，其余选择如图8-3-5所示，点击“确定”按钮，在弹出的对话框中设置如图8-3-6所示。

(2)点击“指定孔”按钮，在弹出的对话框中点击“选择”按钮，依次点击加工工件上所有的孔，两次点击“确定”按钮完成加工孔的选择。

(3)点击循环类型中“编辑参数”按钮，弹出对话框后直接点击“确定”按钮，弹出如图8-3-7所示对话框，点击“Depth(Tip)-0.0000”按钮，弹出如图8-3-8所示对话框，点击“刀尖深度”按钮，弹出“深度”设置对话框，将“深度”设置为“4”，两次点击“确定”按钮完成加工孔深度的设置。

(4)点击“进给率和速度”按钮，将“主轴速度”设为1200 r/min，“进给率”设为50 mm/min，点击“确定”按钮完成进给率和速度的设置。

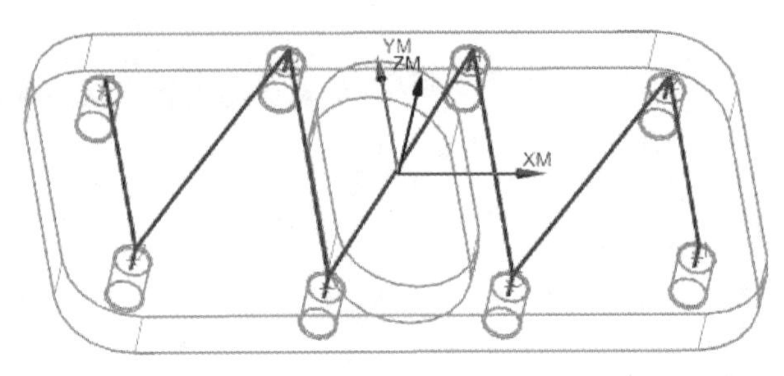

图 8-3-9

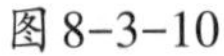
图 8-3-10

图 8-3-11

(5)点击“生成”按钮生成刀路，生成的刀路如图8-3-9所示，点击“确定”按钮完成该步工序的创建。

5. 创建钻通孔

(1)点击“创建工序”按钮，在弹出的对话框中“名称”输入“GB2”，其余选择如图8-3-10所示，点击“确定”按钮，在弹出的对话框中设置如图8-3-11所示。

(2)点击“指定孔”按钮，选择所有Φ10的孔。

(3)点击“指定顶面”按钮，在弹出的对话框中选择“平面”，再点击Φ10孔所在的上表面，点击“确定”按钮。

(4)点击“指定底面”按钮，在弹出的对话框中选择“平面”，再点击Φ10孔所在的下表面，点击“确定”按钮。

(5)点击循环类型中“编辑参数”按钮，弹出“距离”设置对话框，将“距离”设置为

"6",两次点击"确定"按钮,弹出如图8-3-12所示对话框,点击"Increment"按钮,弹出"增量"对话框,点击"恒定"按钮,在弹出的对话框中将"增量"设置为"5"。两次点击"确定"按钮完成循环参数的设置。

图 8-3-12

(6)点击"进给率和速度"按钮,弹出"进给量和速度"设置对话框,把"主轴速度"设为600 r/min,进给率设60 mm/min,点击"确定"按钮完成进给率和速度的设置。

(7)点击"生成"按钮生成刀路,点击"确定"按钮完成该步工序的创建。

相关知识

铣削的要素包括:(1)铣削速度:铣刀旋转运动的线速度。(2)铣削深度:平行于铣刀轴线测量的切削层尺寸。(3)铣削宽度:垂直于铣刀轴线测量的切削层尺寸。(4)每齿进给量:铣刀每转过一个刀齿,工件与铣刀的相对位移量。

UG钻孔加工参数设置的相关说明

(1)啄钻中"Cycle参数"对话框中各按钮的意义,如图8-3-13所示。

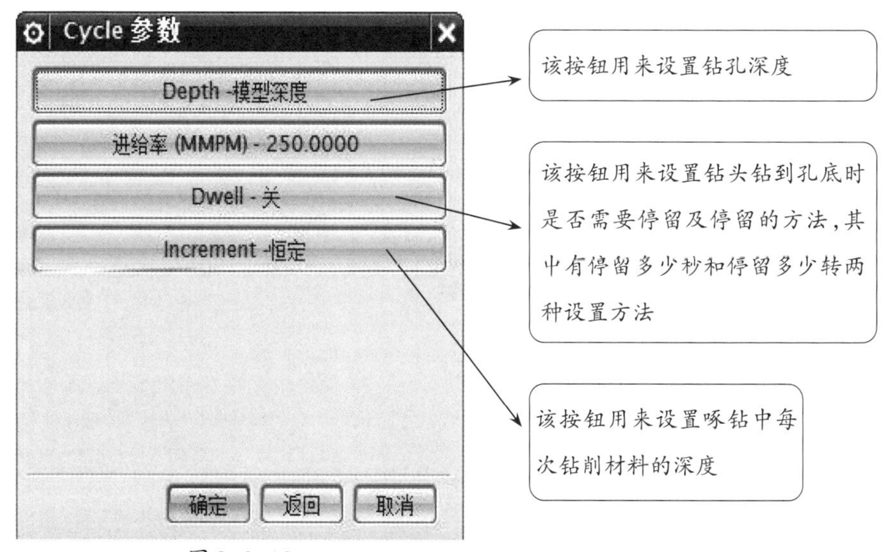

图 8-3-13

(2)“指定孔”选项“点到点几何体”对话框中常用按钮的意义,如图8-3-14所示。

(3)钻削加工中常用参数的意义,如图8-3-15所示。

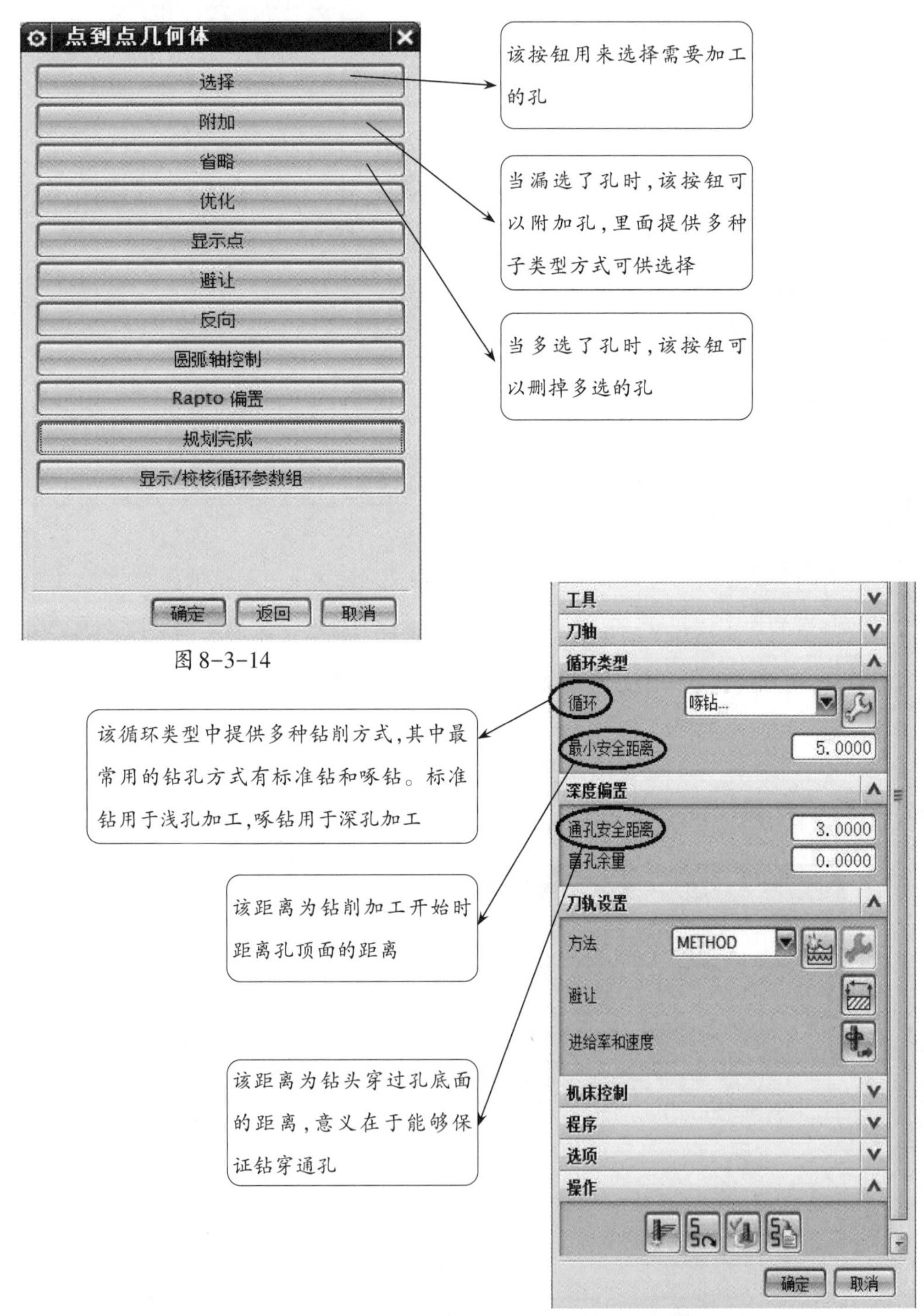

图8-3-14

图8-3-15

任务评价

固定凹模板钻孔加工评价表，见表8-3-1。

表8-3-1

评价内容	评价标准	分值	学生自评	教师评估
创建加工坐标系	正确创建加工坐标系	5分		
创建工件及毛坯	正确创建工件及毛坯	5分		
创建钻头	正确创建钻头	5分		
对钻削加工环境的认识	对钻削加工环境的认识程度	15分		
加工工序的创建	正确创建加工工序	10分		
钻削孔的指定	正确指定钻削孔	25分		
钻削参数的设置	正确设置钻削参数	25分		
情感评价	认真、严谨	10分		
学习体会				

打开“mj”文件夹下文件名为“8”的二级文件夹，打开里面命名为“8-3.prt”的文件，如图8-3-16所示。使用本任务学习的方法完成该零件的编程加工。

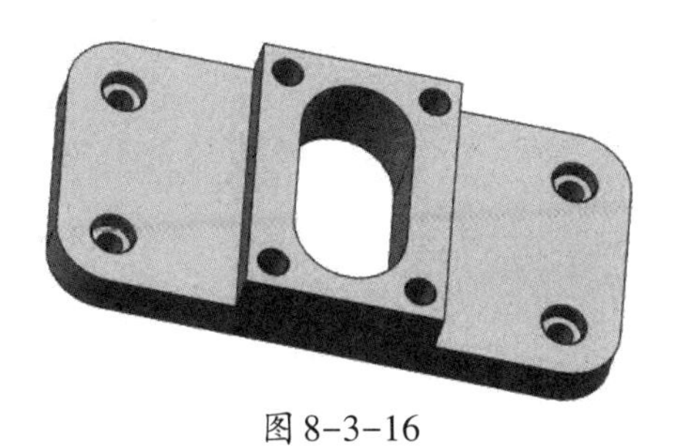

图8-3-16

任务四　落料凹模综合案例

任务目标

通过本任务的学习，能熟练创建加工所需刀具、创建加工几何体及毛坯。能熟练创建加工工序，学会设置粗、精加工参数。

任务分析

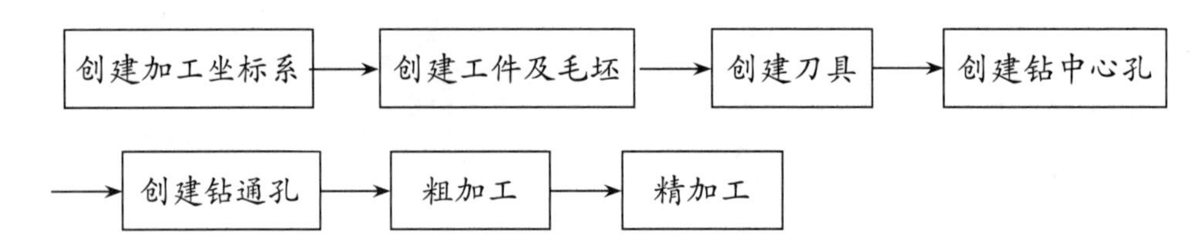

任务实施

一、任务准备

打开“UG NX 8.5”软件，打开“mj”文件夹下文件名为“8”的二级文件夹，打开里面命名为“8.4.prt”的文件，如图8-4-1所示。

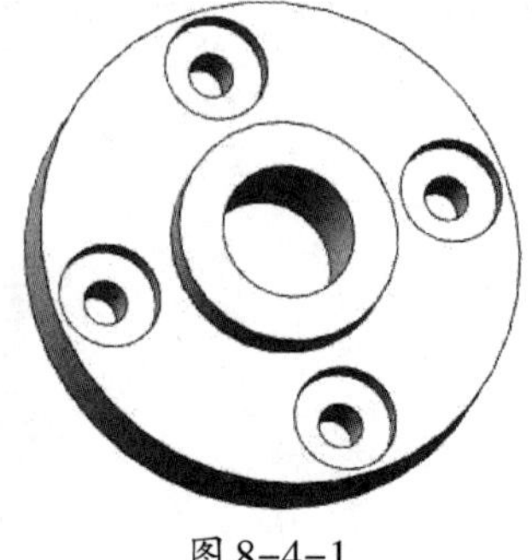

图8-4-1

二、操作步骤

1. 创建加工坐标系

（1）点击“开始”按钮，在弹出的下拉菜单中点击“加工”按钮，在系统弹出的对话框里点击“确定”按钮进入加工环境。

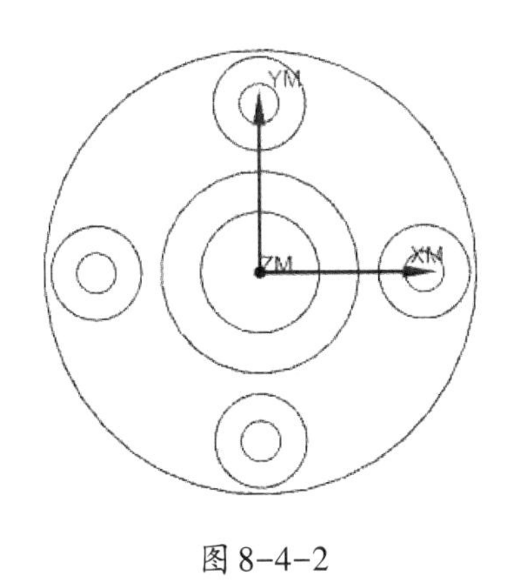

图 8-4-2

图 8-4-3

(2)点击“创建几何体”按钮,创建加工坐标系,命名为“MCS”。将加工坐标系建立在工件上表面中心处,如图 8-4-2所示。

2. 创建工件及毛坯

点击“创建几何体”按钮,创建加工工件,命名为“WORKPIECE”;创建毛坯,毛坯的创建类型选择为“包容圆柱体”,参数设置如图 8-4-3所示。

3. 创建刀具

根据部件的加工要素,需要创建一把Φ5的中心钻,一把Φ8的钻头,一把Φ10、Φ8的平底铣刀。

4. 创建钻中心孔

(1)点击“创建工序”按钮,选择工序类型为“drill”,子类型为“中心钻”,选择前面创建的加工部件“WORKPIECE”,选择“Φ5”的中心钻,将该步工序命名为“GX1”,点击“确定”按钮,在弹出的对话框中将“循环类型”设置为“标准钻”,“最小安全距离”设为“3”。

(2)点击“指定孔”按钮,在弹出的对话框中点击“选择”按钮,再在弹出的对话框中点击“面上所有孔”按钮,然后点击孔所在的上表面,三次点击“确定”按钮完成加工孔的选择。

(3)点击“指定顶面”按钮,在弹出的对话框中选择“平面”按钮,点击加工部件的上表面,点击“确定”按钮完成孔顶面的选择。

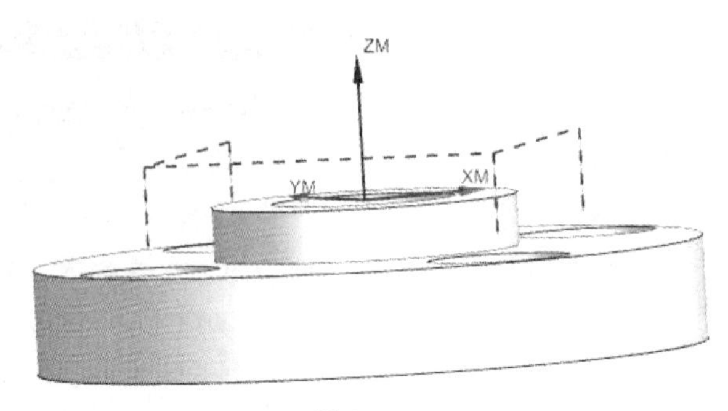

图 8-4-4

(4)点击循环类型中“编辑参数”按钮，弹出对话框后直接点击“确定”按钮，弹出“Cycle参数”对话框，点击“Depth(Tip)-0.0000”按钮，弹出“Cycle深度”对话框，点击“刀尖深度”按钮，在弹出的对话框中将“深度”设置为“4”，两次点击“确定”按钮完成加工孔深度的设置。

(5)点击“进给率和速度”按钮，将“主轴速度”设为1200 r/min，“进给率”设为50 mm/min，点击“确定”按钮完成进给率和速度的设置。点击“生成”按钮生成刀路，生成的刀路如图8-4-4所示，点击“确定”按钮完成该步工序的创建。

5. 创建钻通孔

(1)点击“创建工序”按钮，选择工序类型为“drill”，子类型为“啄钻”，选择前面创建的加工部件“WORKPIECE”，选择“Φ8”的钻头，将该步工序命名为“GX2”，点击“确定”按钮，在弹出的对话框中点击“指定孔”按钮，选择要加工的孔，点击“指定底面”按钮，在弹出的对话框中选择“平面”按钮，点击加工部件的上表面，点击“确定”按钮，点击“指定底面”按钮，在弹出的对话框中选择“平面”按钮，点击加工部件的下表面，点击“确定”按钮。

(2)“将循环类型”设为“啄钻”，在弹出的对话框中将“距离”设为“3”，两次点击“确定”按钮，弹出“Cycle参数”对话框，点击“Depth”按钮，弹出“Cycle深度”对话框，点击“穿过底面”按钮、“Increment”按钮，弹出“增量”对话框，点击“恒定”按钮，在弹出的对话框中将“增量”设为“5”，两次点击“确定”按钮，将“最小安全距离”设为“3”，“通孔安全距离”设为“3”。

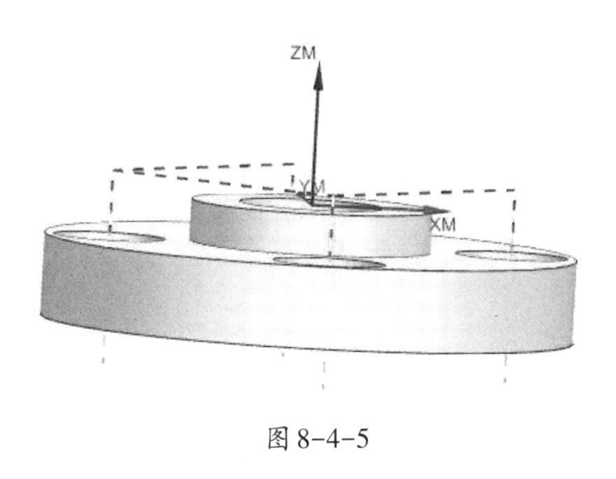

图 8-4-5

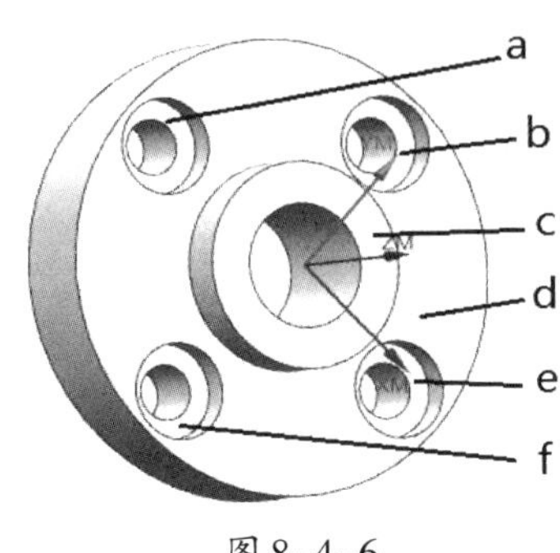

图 8-4-6

(3)点击“进给率和速度”按钮,点击“进给率和速度”按钮,弹出“进给量和速度”设置对话框,把“主轴速度”设为600 r/min,“进给率”设60 mm/min,点击“确定”按钮完成进给率和速度的设置。

(4)点击“生成”按钮生成刀路,生成的刀路如图8-4-5所示。点击“确定”按钮完成该步工序的创建。

6. 粗加工

(1)点击“创建工序”按钮,选择工序类型为“mill_planar”,子类型为“平面铣”,选择前面创建的加工部件“WORKPIECE”,选择“Φ10”的平底铣刀,将该步工序命名为“GX3”,点击“确定”按钮,在弹出的对话框中点击“指定部件边界”按钮,弹出“边界几何体”对话框,将“模式”选择为“面”,“材料侧”选择为“内部”,其他选项默认,再点击如图8-4-6所示a～f面作为边界面,点击“确定”按钮完成部件边界的创建。

(2)点击“指定毛坯边界”按钮,弹出“编辑几何体”对话框,将“模式”选择为“面”,“材料侧”选择为“内部”,其他选项默认,再点击加工部件的底面,点击

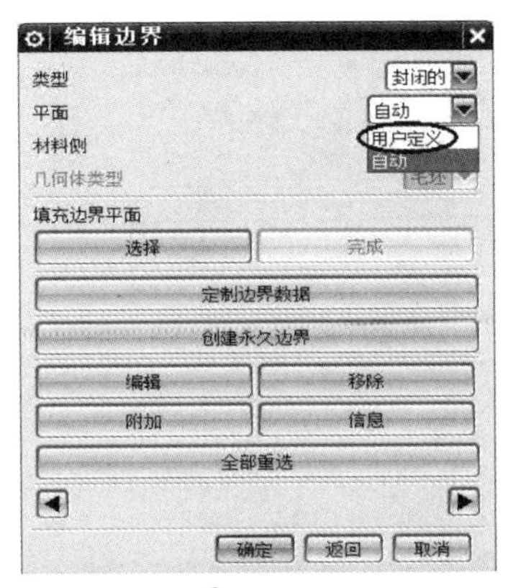

图 8-4-7

图 8-4-8

“确定”按钮，然后点击“指定毛坯边界按钮▣”，弹出“编辑边界”对话框，点击如图8-4-7所示“用户定义”按钮，弹出如图8-4-8所示对话框，点击加工部件的顶面，再点击“确定”按钮完成毛坯边界的创建。

（3）点击“指定底面▣”按钮，弹出“平面”对话框，点击加工部件的底面，点击“确定”按钮完成底面的创建。

（4）点击“切削层▣”按钮，弹出“切削层”对话框，参数设置如图8-4-9所示。

（5）刀轨设置如图8-4-10所示。点击“切削参数▣”按钮，弹出“切削参数”设置对话框，参数设置如图8-4-11所示；点击“余量”按钮，参数设置如图8-4-12所示，点击“确定”按钮完成切削参数的设置。

（6）点击“非切削移动▣”按钮，弹出“非切削移动”对话框，点击“进刀”按钮，参数设置如图8-4-13所示，点击“确定”按钮完成非切削参数的设置。

图8-4-9

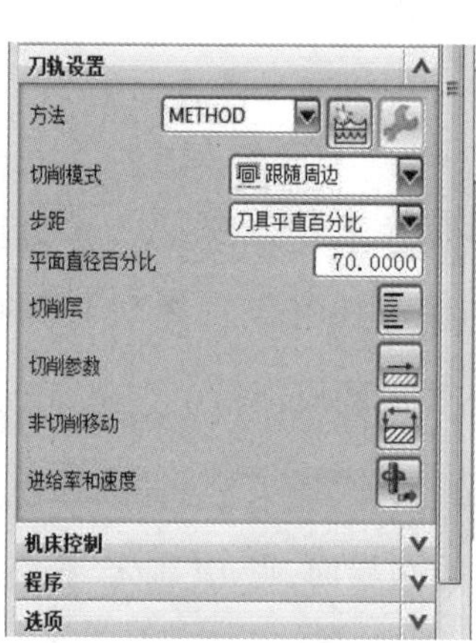

图8-4-10

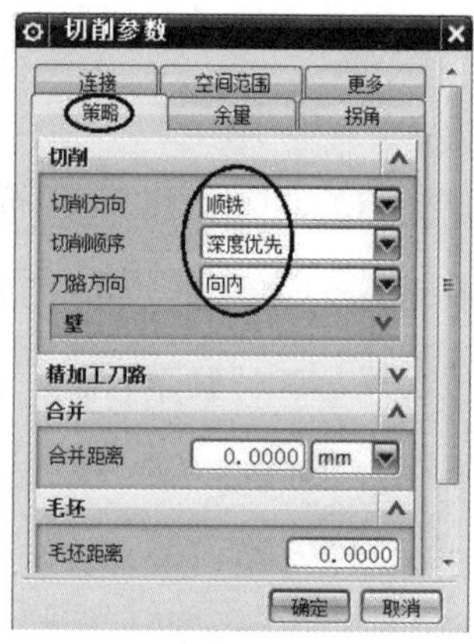

图8-4-11

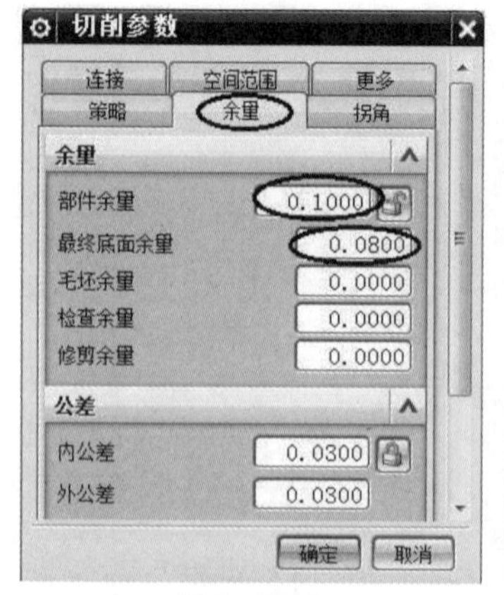

图8-4-12

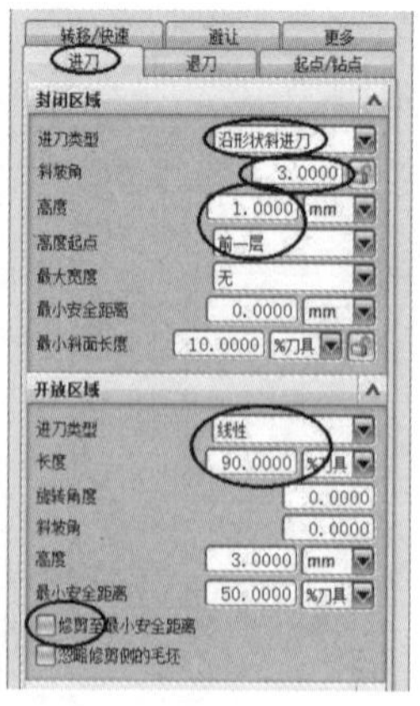

图8-4-13

(7)点击“进给率和速度”按钮，弹出“进给量和速度”设置对话框，把主轴速度设为3500 r/min，“进给率”设1200 mm/min，点击“确定”按钮完成进给率和速度的设置。

(8)点击“生成”按钮生成刀路，点击“确定”按钮完成该步工序的创建。

7. 精加工侧壁

(1)复制“GX3”工序，将复制的“GX3”工序改为“GX4”，再将该工序的刀具换为“$\Phi 8$”的平底铣刀，将“切削模式”改为“轮廓加工”，如图8-4-14所示；点击“切削参数”按钮，弹出“切削参数”对话框，点击“余量”按钮，将部件“余量”改为“0”，如图8-4-15所示，点击“确定”按钮；点击“生成”按钮生成刀路，点击“确定”按钮完成该步工序的创建。

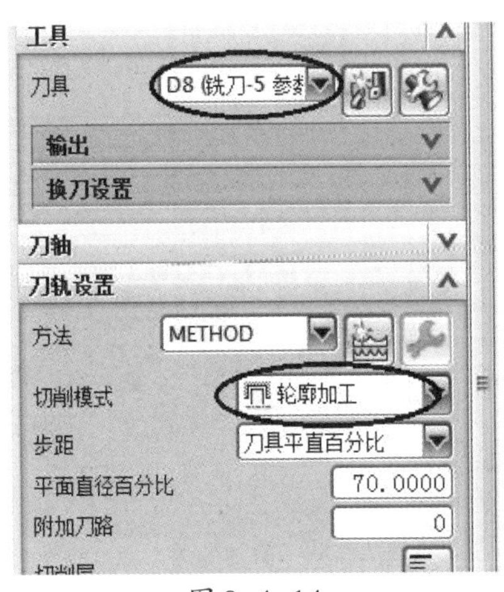

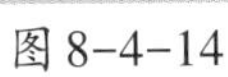
图8-4-14

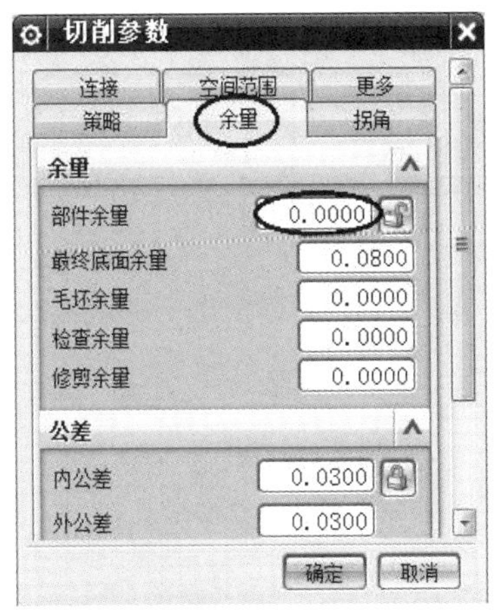

图8-4-15

8. 精加工底面

复制“GX3”工序，将复制的“GX3”工序改为“GX5”，再将该工序的刀具换为“$\Phi 8$”的平底铣刀，点击“切削层”按钮，弹出“切削层”对话框，将“类型”改为“底面及临界深度”，点击“确定”按钮，点击“切削参数”，弹出“切削参数”对话框，点击“余量”按钮，将“部件余量”“最终底面余量”都改为“0”，点击“确定”按钮；点击“生成”按钮生成刀路，点击“确定”按钮完成该步工序的创建。

相关知识

UG钻孔加工和平面铣削加工的相关说明

（1）钻孔加工中，选择“啄钻”循环类型时，弹出“距离”对话框，其含义如图8-4-16所示。

（2）“余量”选项里面常用参数的含义，如图8-4-17所示。

（3）“层优先”和“深度优先”的含义、用法及优缺点，如图8-4-18所示。

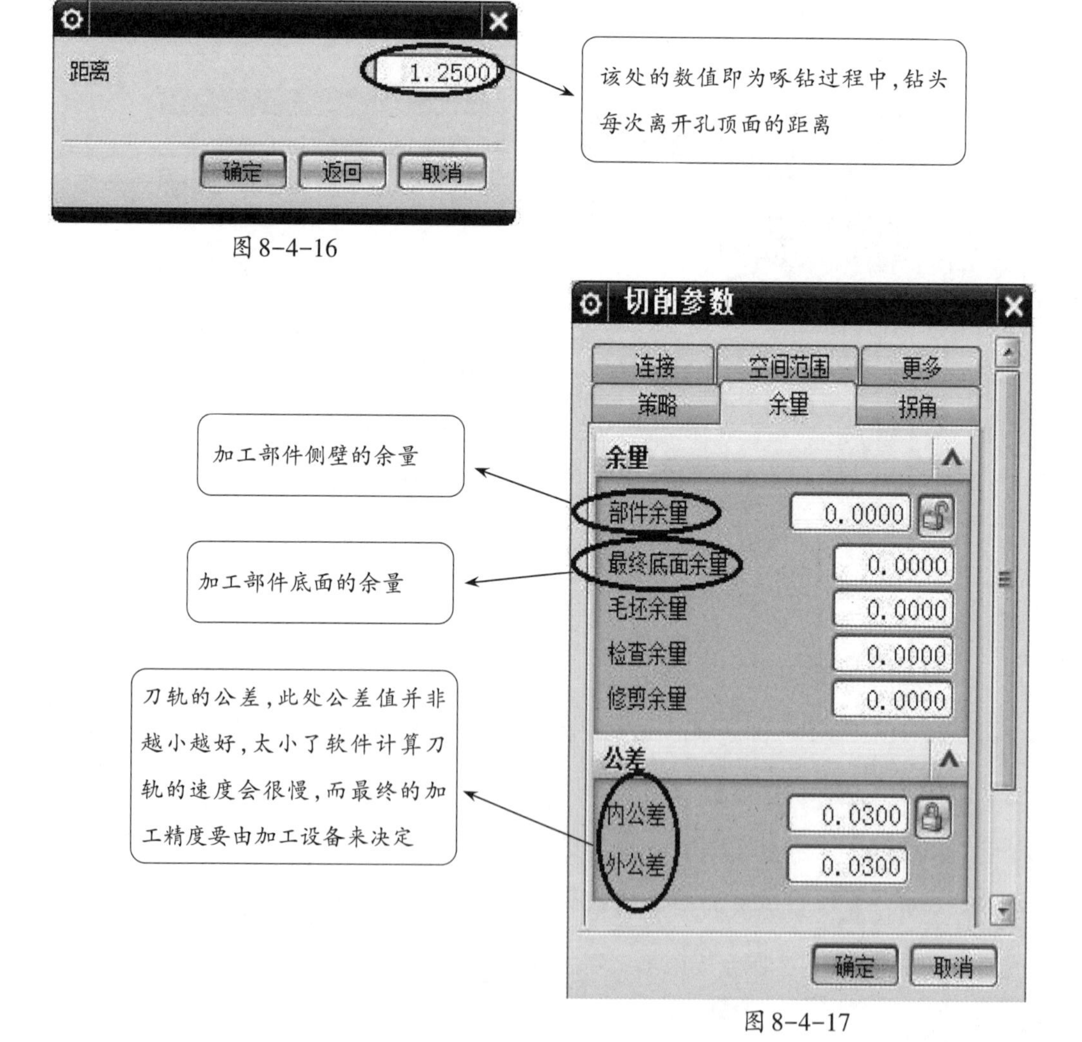

图8-4-16

图8-4-17

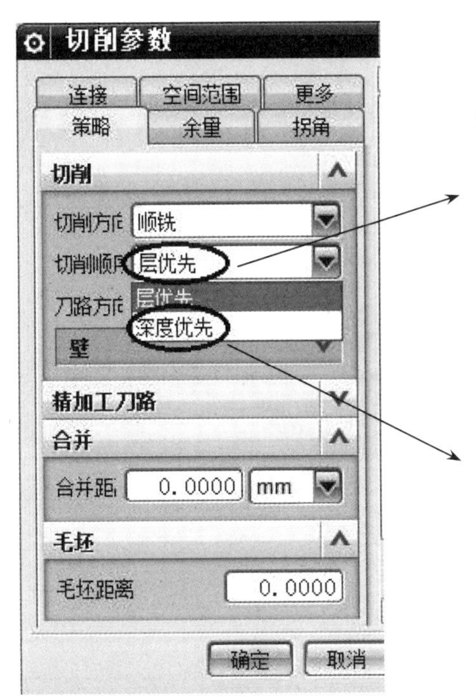

选择层优先时，刀路为逐层加工，一般用于薄壁零件的加工。优点是加工平稳；缺点是当加工区域有多个凹槽时提刀很多，效率低

选择深度优先时，刀路为一个区域一个区域的加工，一般的零件优先采用该方式加工。优点是提刀少，加工效率高；缺点是加工过程中震动较大

图 8-4-18

任务评价

落料凹模综合案例评价表，见表8-4-1。

表 8-4-1

评价内容	评价标准	分值	学生自评	教师评估
加工坐标系的创建	正确创建加工坐标系	5分		
工件及毛坯的创建	正确创建工件及毛坯	5分		
钻头的创建	正确创建钻头	5分		
钻中心孔工序	正确创建钻中心孔工序	10分		
钻通孔工序	正确创建钻通孔工序	10分		
粗加工工序	正确创建粗加工工序	25分		
精加工底面工序	正确创建精加工底面工序	15分		
精加工侧壁工序	正确创建精加工侧壁工序	15分		
情感评价	情感评价	10分		
学习体会				

打开“mj”文件夹下文件名为“8”的二级文件夹，打开里面命名为“8-4.prt”的文件，如图8-4-19所示。使用本任务学习的方法完成该零件的编程加工。

图8-4-20

项目九 塑料模主要零件固定轮廓加工

新时代信息化浸透到各行各业。为了使计算机能够理解人的意图,人类将需解决的问题的思路、方法和手段以其能够理解的形式告诉计算机,使得计算机能够根据人的指令一步一步地工作,完成某种特定的任务,这种人和计算机之间交流的过程就是编程。

本项目以台盒型腔铣削、型腔侧壁的曲面清根铣削、花瓶型腔的综合加工为案例,由浅入深地演练UG编程的方法和加工操作技巧,通过反复演练,可以培养学生的信息素养,强化学生的编程意识,提高学生的创新能力,培养学生的工匠精神。

固定轮廓铣削加工(mill_contour)适用有曲面或是有斜面的工件加工,同样也适用于平面类工件的加工。如右图所示可选多种切削方式对工件进行多层切削,每一切削层的刀轨形状跟随切削层所在高度的型芯到轮廓,其加工对象是以面为边界来限制切削区域的。该项目通过几个典型的案例对"mill_contour"中常用子类型以及基本参数的设置进行详细讲解。任务的实施过程是先分析工件形状尺寸,再确定所需刀具种类及规格大小,然后创建刀具、加工坐标系、工件及毛坯,创建加工工序,最后再生成刀路并对刀路进行模拟仿真。

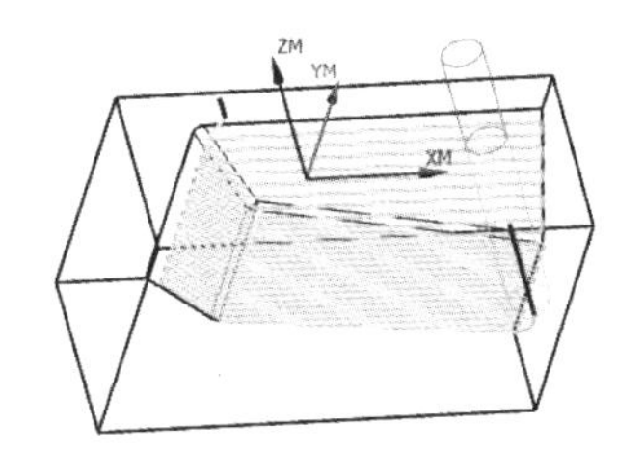

目标类型	目标要求
知识目标	(1)掌握UG CAM基本知识 (2)知道UG NX 8.5编程的基本流程 (3)知道刀具的种类及适用范围
技能目标	(1)学会UG NX 8.5“型腔铣”“深度加工轮廓”的编程方法 (2)学会UG NX 8.5“固定轮廓铣”常用子类型的编程方法 (3)能灵活运用相关编程方法进行粗、精加工
情感目标	(1)学会与人有礼貌地讨论、交流和合作 (2)学会表达自己的观点 (3)能自学或是与同伴一起学习 (4)能利用网络资源查看、搜集学习资料

任务一　台盒型腔铣削

任务目标

通过本任务的学习，知道使用型腔铣粗加工，学会使用型腔铣削二次开粗；学会使用型腔铣削精加工底面，使用深度加工轮廓精加工。

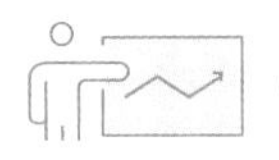

任务分析

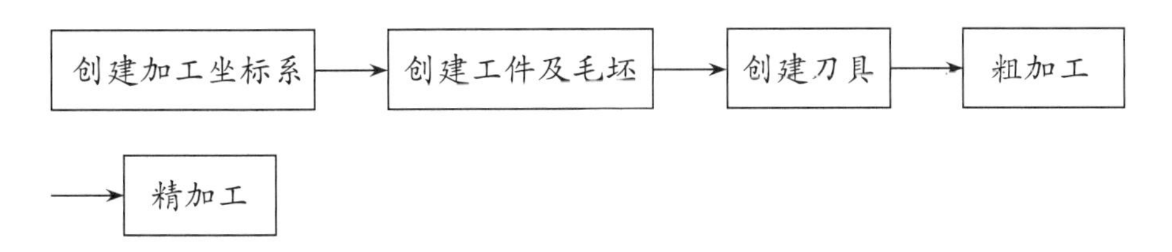

任务实施

一、任务准备

打开“UG NX 8.5”软件，打开“mj”文件夹下文件名为“11”的二级文件夹，打开里面命名为“9.1.prt”的文件，如图 9-1-1 所示。

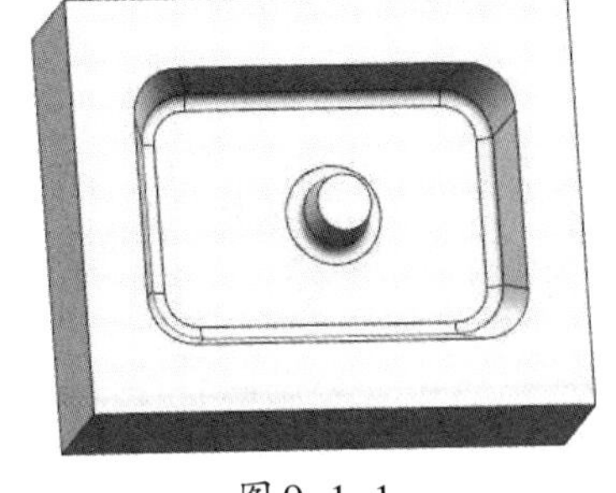

图 9-1-1

二、操作步骤

1. 创建加工坐标系

(1)点击“开始”按钮，在弹出的下拉菜单中点击“加工”按钮，在系统弹出的对话

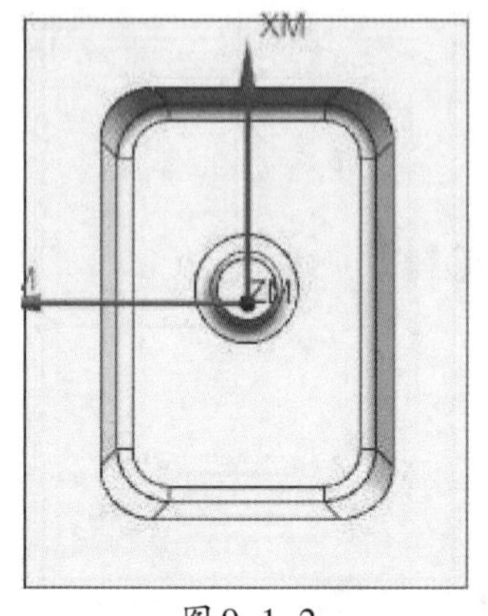

图 9-1-2

图 9-1-3

图 9-1-4

框里点击“确定”按钮进入加工环境。

(2)点击“创建几何体”按钮，创建加工坐标系，命名为“MCS”。将加工坐标系建立在工件上表面中心处，如图9-1-2所示。

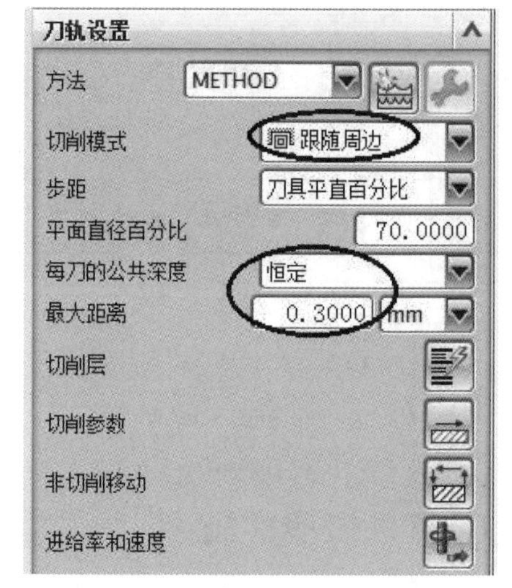

图 9-1-5

2. 创建工件及毛坯

点击“创建几何体”按钮，创建加工部件，命名为“WORKPIECE”；创建毛坯，毛坯的创建类型选择为“包容块”。

3. 创建刀具

根据部件的加工要素，创建一把$\Phi10$、$\Phi8$的平底铣刀，分别命名为“*D*10”“*D*8”，一把$\Phi16$、*R*0.8的飞刀命名为“*D*16*R*0.8”，一把$\Phi6$的球刀命名为“*D*6*R*3”。

4. 粗加工型腔

(1)点击“创建工序”按钮，选择工序类型为“mill_contour”，将该步工序命名为“GX1”，“刀具”选择“*D*16*R*0.8”的飞刀，如图9-1-3所示，点击“确定”按钮，在弹出的对话框中点击“指定切削区域”按钮，弹出“切削区域”对框，如图9-1-4所示，框选要切削的区域，点击“确定”按钮，完成切削区域的选择。刀轨设置如图9-1-5所示。

图 9-1-6

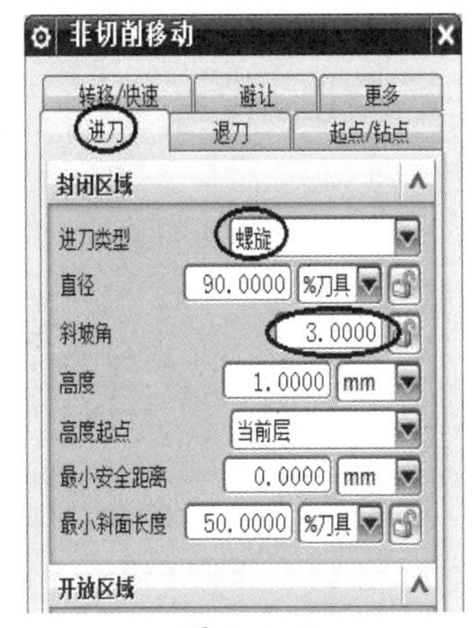

图 9-1-7

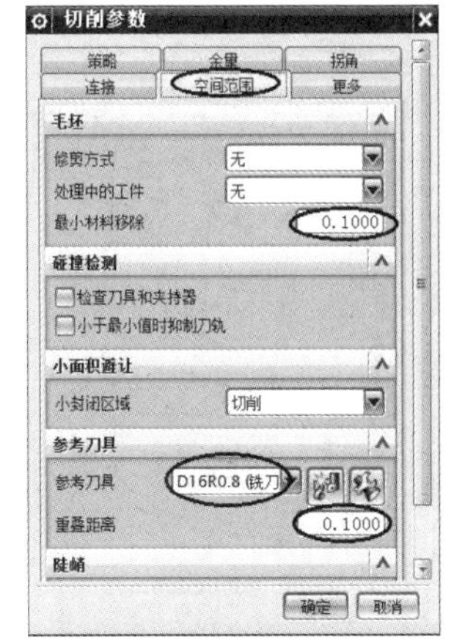

图 9-1-8

(2)点击“切削参数”按钮，弹出“切削参数”对话框，点击“余量”按钮，参数设置如图 9-1-6 所示，其他参数默认即可，点击“确定”按钮完成切削参数的设置。

(3)点击“非切削移动”按钮，弹出“非切削移动”对话框，点击“进刀”按钮，参数设置如图 9-1-7 所示，其他参数默认，点击“确定”按钮完成非切削参数的设置。

(4)点击“进给率和速度”按钮，将“主轴速度”设为 3000 r/min，进给率设为 1200 mm/min，点击“确定”按钮完成进给率和速度的设置。点击“生成”按钮生成刀路，点击“确定”按钮完成该步工序的创建。

5. 二次开粗

(1)复制“GX1”工序，将复制的“GX1”工序改为“GX2”，再将该工序的刀具换为“Φ10”的平底铣刀，点击“切削参数”按钮，弹出“切削参数”对话框，点击“空间范围”按钮，参数设置如图 9-1-8 所示，点击“确定”按钮完成切削参数的设置。

(2)点击“进给率和速度按”钮弹出“进给率和速度”对话框，将主轴速度改为 3500 r/min，点击“确定”按钮完成进给率和速度的设置；点击“生成”按钮生成刀路，生成的刀路如图 9-1-9 所示，点击“确定”按钮完成该步工序的创建。

6. 精加工侧壁

(1)点击“创建工序”按钮，选择工序类型为“mill_contour”，将该步工序命名为“GX3”，“刀具”选择“*D6R3*”的球刀，如图 9-1-10 所示，点击“确定”按钮，在弹出的对

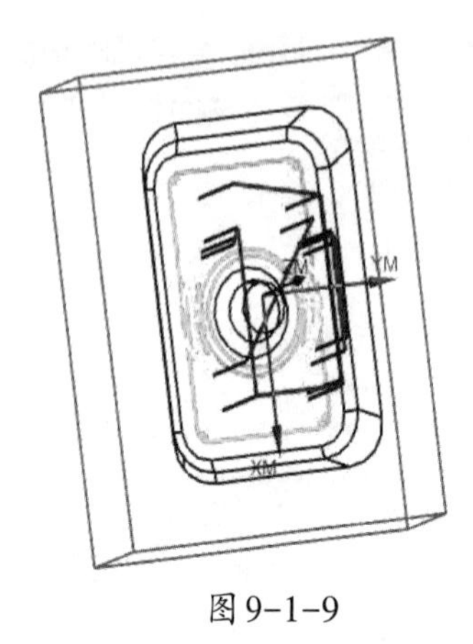

图 9-1-9

图 9-1-10

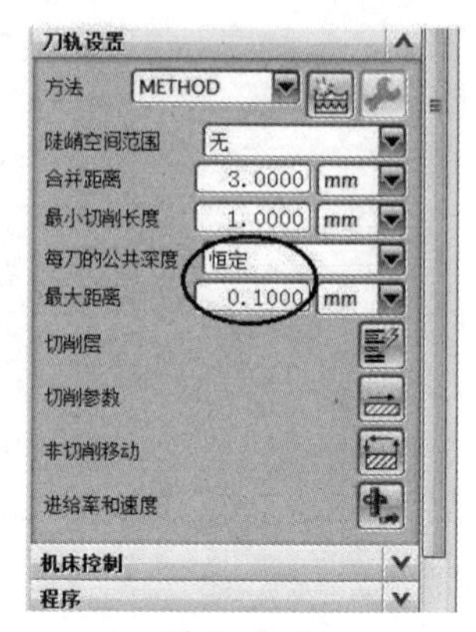

图 9-1-11

话框中点击“指定切削区域”按钮，弹出“切削区域”对框，框选所有切削区域和顶面，点击“确定”按钮完成切削区域的选择。刀轨设置如图 9-1-11 所示。

（2）点击“切削参数”按钮，弹出“切削参数”对话框，点击“策略”按钮，参数设置如图 9-1-12 所示，点击“余量”按钮，将“余量”都设为“0”，点击“连接”按钮，参数设置如图 9-1-13 所示，其他参数默认，点击“确定”按钮完成切削参数的设置。

（3）点击“进给率和速度”按钮，将“主轴速度”设为 3500 r/min，“进给率”设为 800 mm/min，点击“确定”按钮完成进给率和速度的设置。点击“生成”按钮生成刀路，生成的刀路如图 9-1-14 所示，点击“确定”按钮完成该步工序的创建。

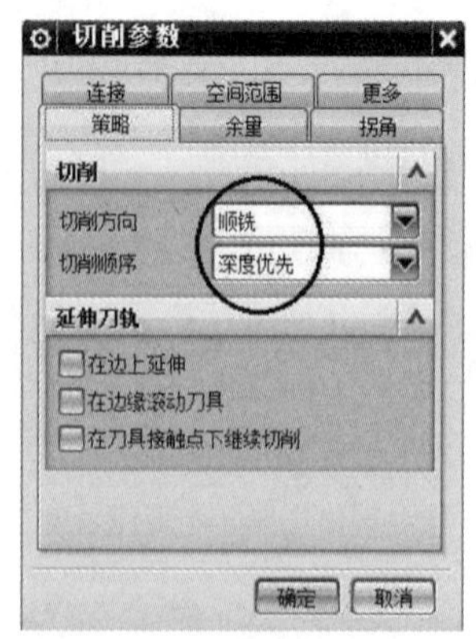

图 9-1-12

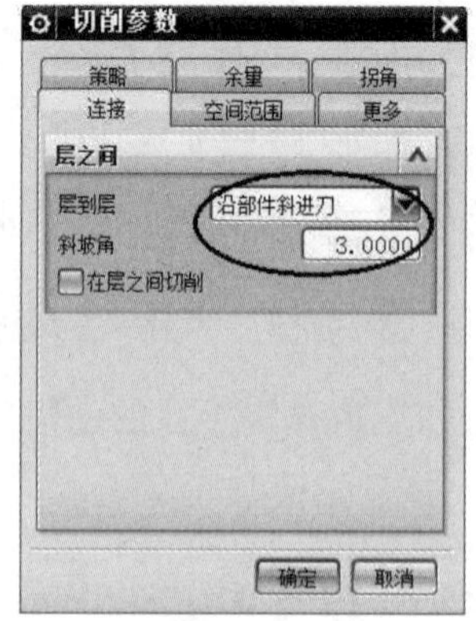

图 9-1-13

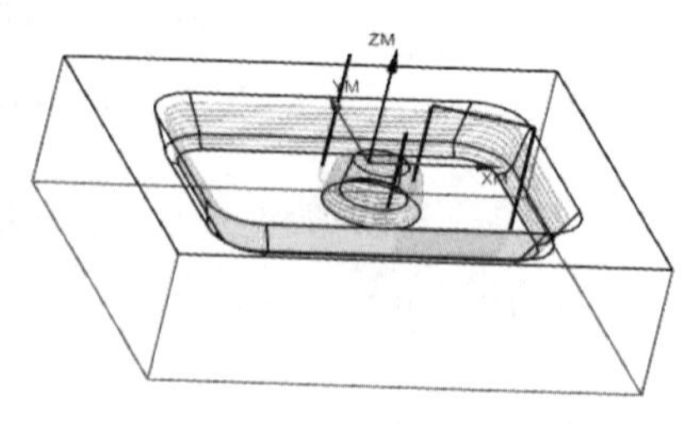

图 9-1-14

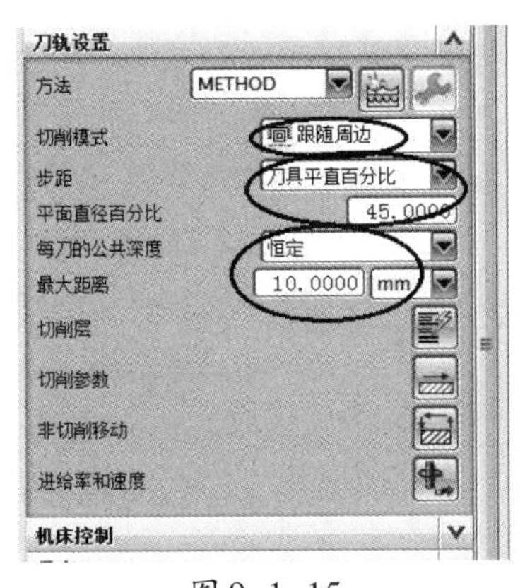

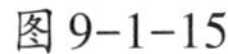
图 9-1-15

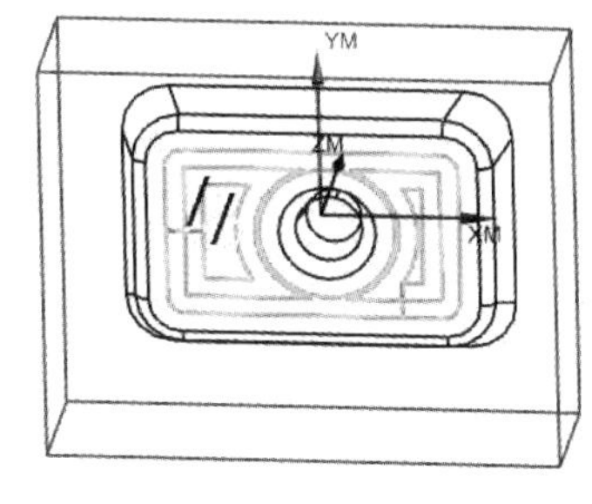

图 9-1-16

7. 精加工底面

（1）复制“GX1”工序，将复制的“GX1”工序改为“GX4”，再将该工序的刀具换为Φ8的平底铣刀，刀轨设置如图 9-1-15 所示；点击“切削参数”按钮，弹出“切削参数”对话框，点击“余量”按钮，将“余量”都设为“0”，点击“确定”按钮完成切削参数的设置；点击“进给率和速度”按钮弹出“进给率和速度”对话框，将“进给率”改为 800 mm/min，点击“确定”按钮完成进给率和速度的设置。

（2）点击“生成”按钮生成刀路，生成的刀路如图 9-1-16 所示，点击“确定”按钮完成该步工序的创建。

相关知识

什么是编程？编程是让计算机代码解决某个问题，对某个计算体系规定一定的运算方式，使计算体系按照该计算方式运行，并最终得到相应结果的过程。U G 编程常用的方法有型腔铣、等高铣等。

Mill_contour 3D 加工中型腔铣、深度加工轮廓的相关说明

（1）型腔铣、深度加工轮廓的切削方式和用途，如图 9-1-17 所示。

（2）Mill_contour 3D 加工中，型腔铣、深度加工轮廓等子类型中“切削层”作用，如图 9-1-18 所示。

（3）Mill_contour 3D 加工中，常用二次开粗方法使用“参考刀具”“使用基于层的”“使用 3D”的优缺点，如图 9-1-19 所示。

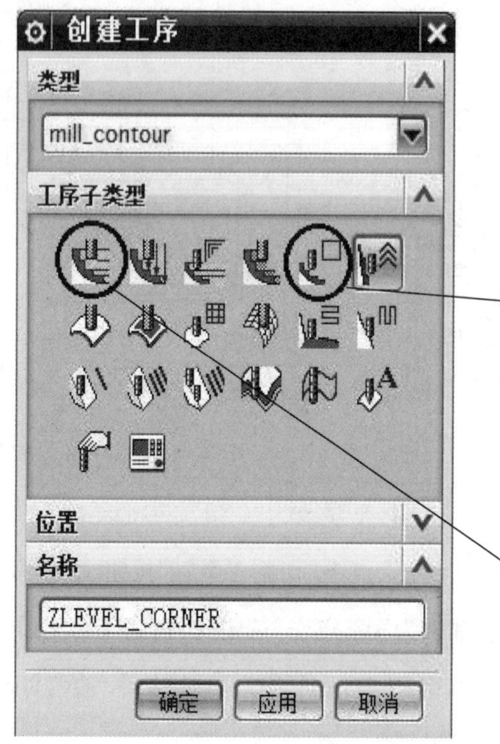

深度加工轮廓：只用轮廓切削方式对曲面侧壁进行侧向单层轴向多层切削，每一切削层的刀轨跟随切削层所在高度的轮廓；一般用于精加工侧壁

型腔铣：可选多种切削方式对工件进行多层切削，一般用于粗加工和二次开粗

图 9-1-17

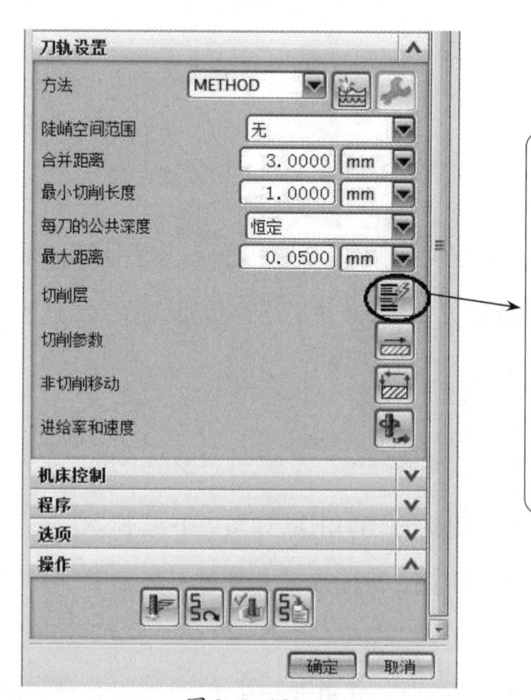

(1) 可以控制加工的深度范围，即在工件可加工范围内，可以将刀路控制在任意深度范围上

(2) 可以控制局部刀路的密度，即在工件的加工深度内，可以控制任意深度范围上刀路的密度

图 9-1-18

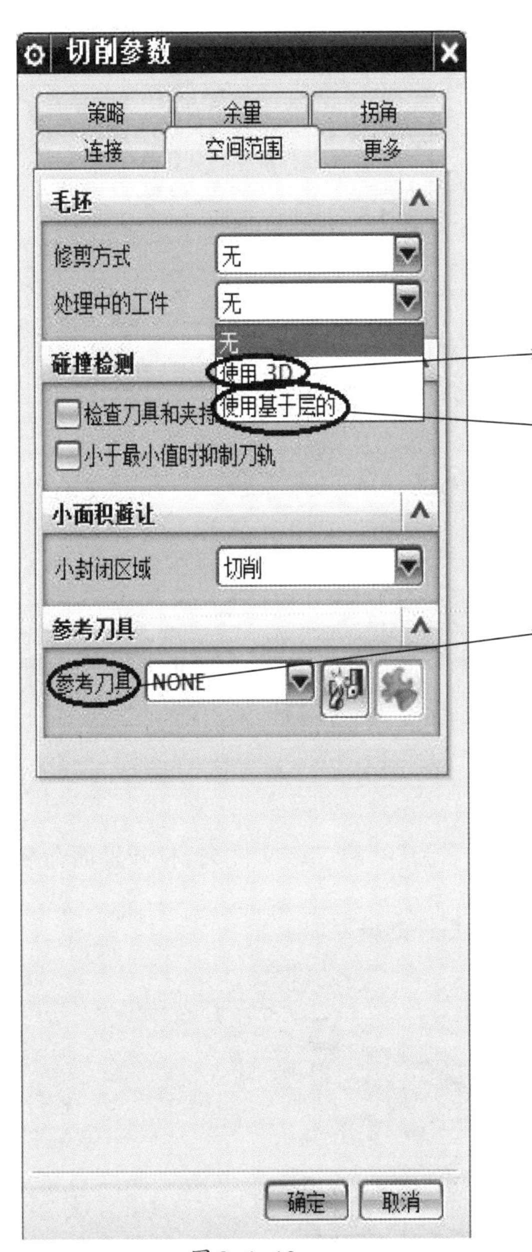

图 9-1-19

这三种方法都是针对上一把刀具开粗之后留下残余料的情况，都可用于二次开粗

(1)参考刀具：使用该方法与上一道加工工序不存在关联性，刀路计算时不会考虑上一步粗加工中的狭窄残料，因此有扎刀的危险；优点是刀路计算速度快。在使用该方法时，一般选择比粗加工略大的刀具作为参考刀具或者将重叠距离设置一个数值

(2)使用 3D：使用该方法二次开粗时，计算时间长还可能产生较多的空刀，因此加工效率不高。与上道加工工序有关联性，上道工序发生变化，当前操作必须重新计算。优点是该方法是把粗加工剩余材料当作毛坯进行二次开粗，因此二次开粗时不用担心刀具过载，也不用担心有什么位置没有加工到

(3)使用基于层的：该方法可以高效地切削先前操作中留下的弯角和阶梯面，计算刀轨的速度比参考刀具慢，比 3D 快，加工精度相比“使用 3D”低。与上道加工工序也存在关联性，上道工序发生变化，当前操作必须重新计算

任务评价

台盒型腔铣削评价表，见表9-1-1。

表9-1-1

评价内容	评价标准	分值	学生自评	教师评估
加工坐标系的创建	正确创建加工坐标系	5分		
工件及毛坯的创建	正确创建工件及毛坯	5分		
刀具的创建	正确创建刀具	5分		
型腔铣工序	正确创建型腔铣工序	10分		
深度加工轮廓工序	正确创建深度加工轮廓工序	20分		
二次开粗工序	正确创建二次开粗工序	25分		
精加工底面工序	正确创建精加工底面工序	10分		
切削区域的认识	正确创建切削区域	10分		
情感评价	认真、严谨	10分		
学习体会				

打开“mj”文件夹下文件名为“9”的二级文件夹，打开里面命名为“9-1.prt”的文件，如图9-1-20所示。完成该零件的编程加工。

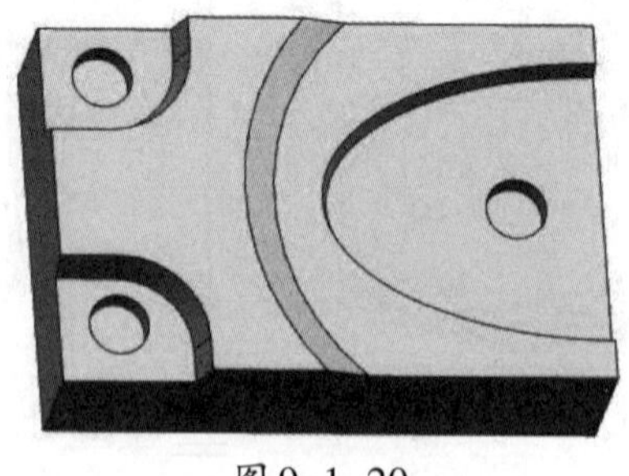

图9-1-20

任务二　型腔侧壁的曲面清根铣削

任务目标

通过本任务的学习，熟练使用型腔铣粗加工，能使用型腔铣二次开粗，学会使用“区域铣削”精加工和使用“清根”方式加工。

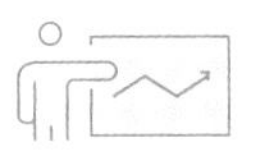

任务分析

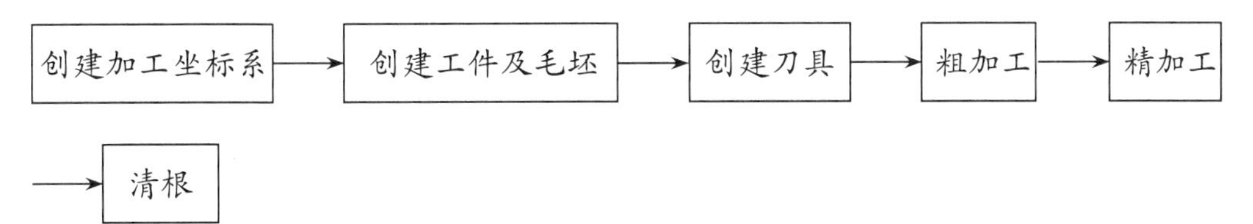

任务实施

一、任务准备

打开“UG NX 8.5”软件，打开“mj”文件夹下文件名为“11”的二级文件夹，打开里面命名为“9.2.prt”的文件，如图9–2–1所示。

图9–2–1

二、操作步骤

1. 创建加工坐标系

(1)点击“开始”按钮，在弹出的下拉菜单中点击“加工”按钮，在系统弹出的对话框里点击“确定”按钮进入加工环境。

(2)点击“创建几何体”按钮，创建加工坐标系，命名为“MCS”。将加工坐标系建立在工件上表面中心处，如图9–2–2所示。

2. 创建工件及毛坯

点击“创建几何体”按钮，创建加工部件，命名为“WORKPIECE”；创建毛坯，毛坯的创建类型选择为“包容块”。

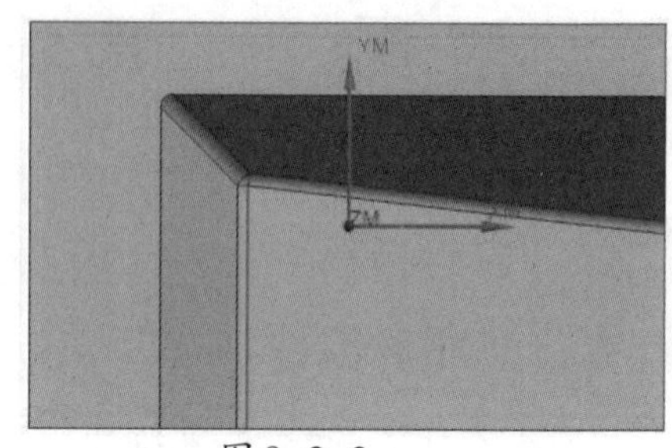

图 9-2-2

3. 创建刀具

根据部件的加工要素，创建一把 $\Phi 8$ 的平底铣刀，命名为“$D8$”；一把 $\Phi 25$、$R5$ 的飞刀，命名为“$D25R5$”；一把 $\Phi 6$、$\Phi 10$ 的球刀，命名为“$D6R3$” 、“$D10R5$”。

4. 粗加工

（1）点击“创建工序”按钮，选择工序类型为“mill_contour”，子类型为“型腔铣”，将该步工序命名为“GX1”，几何体选择“WORKPIECE”，刀具选择“$D25R5$”的飞刀，点击“确定”按钮。

（2）在弹出的对话框中点击“指定切削区域”按钮，框选要切削的区域，点击“确定”按钮完成切削区域的选择。

（3）刀轨设置如图 9-2-3 所示。

（4）点击“切削参数”按钮，弹出“切削参数”对话框，点击“余量”按钮，参数设置如图 9-2-4 所示。

（5）点击“策略”按钮，将“刀路方向”改为“向内”，如图 9-2-5 所示，其他参数默认，点击“确定”按钮完成切削参数的设置。

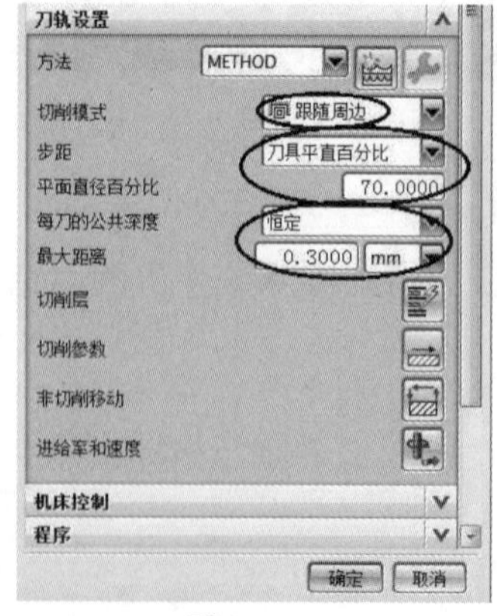

图 9-2-3

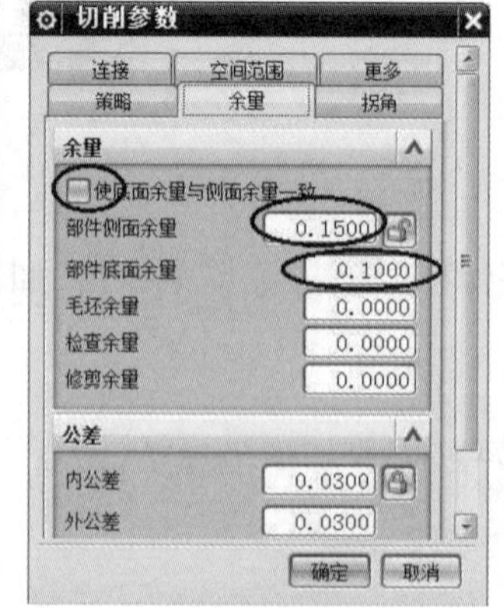

图 9-2-4

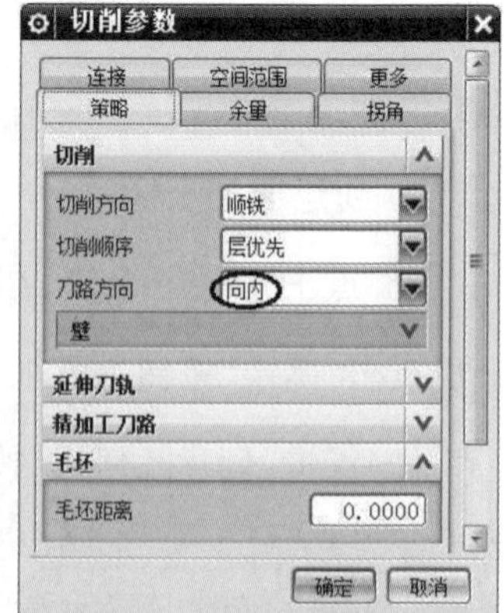

图 9-2-5

(6)点击“进给率和速度”按钮，将“主轴速度”设为2000 r/min，“进给率设”为1200 mm/min，点击“确定”按钮完成进给率和速度的设置。

(7)点击“生成”按钮生成刀路，生成的刀路如图9-2-6所示，点击“确定”按钮完成该步工序的创建。

图9-2-6

2. 二次开粗

(1)复制“GX1工序”，将复制的“GX1”工序改为“GX2”，再将该工序的刀具换为Φ8的平底铣刀。

(2)点击“切削参数”按钮，弹出“切削参数”对话框，点击“空间范围”按钮，参数设置如图9-2-7所示，点击“确定”按钮完成切削参数的设置。

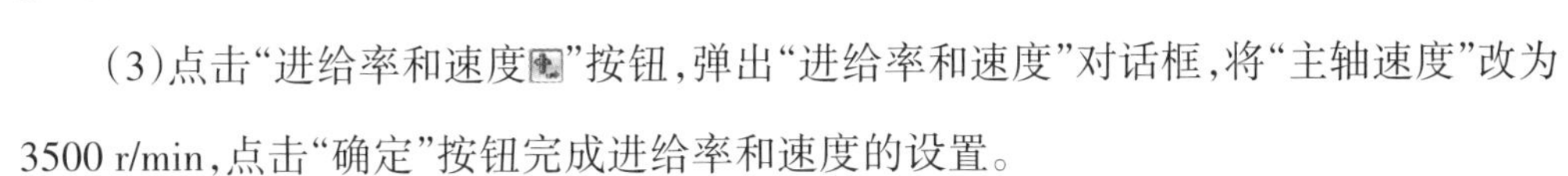

(3)点击“进给率和速度”按钮，弹出“进给率和速度”对话框，将“主轴速度”改为3500 r/min，点击“确定”按钮完成进给率和速度的设置。

(4)点击“生成”按钮生成刀路，生成的刀路如图9-2-8所示，点击“确定”按钮完成该步工序的创建。

5. 精加工

(1)点击“创建工序”按钮，选择工序类型为“mill_contour”，子类型为“轮廓区域”，将该步工序命名为“GX3”，刀具选择“*D*10*R*5”的球刀，如图9-2-9所示，点击“确定”按钮。

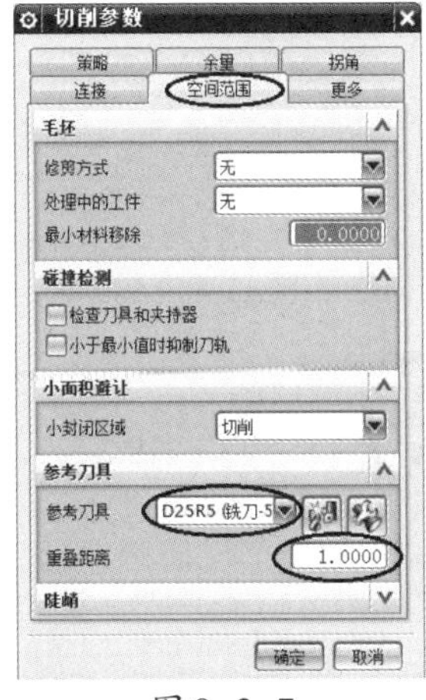

图9-2-7

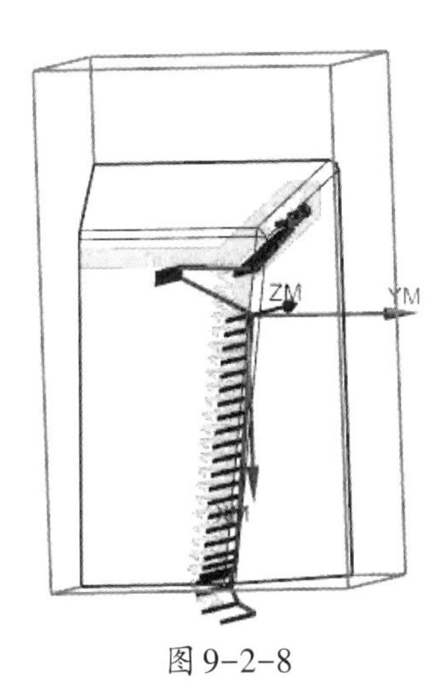

图9-2-8

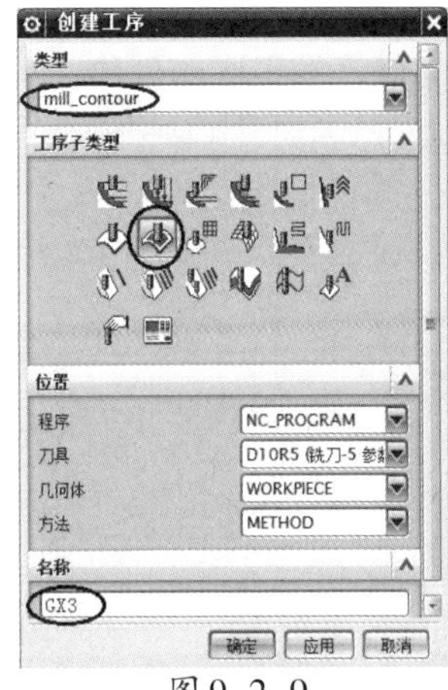

图9-2-9

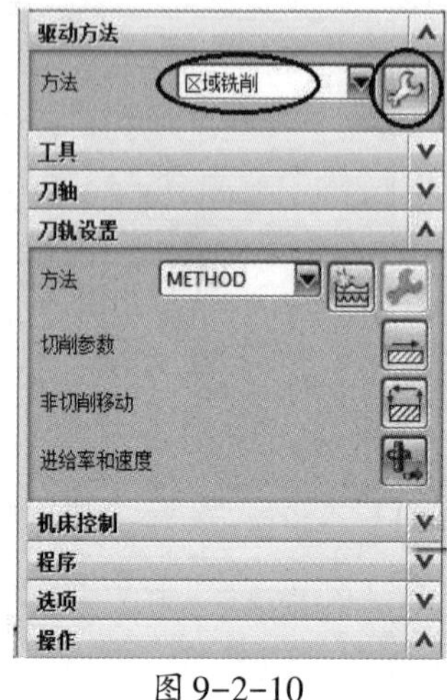

图 9-2-10

图 9-2-11

图 9-2-12

(2)在弹出的对话框中点击“指定切削区域”按钮，弹出“切削区域”对框，框选所有切削区域，点击“确定”按钮完成切削区域的选择。

(3)“驱动方法”选择“区域铣削”，如图 9-2-10 所示，点击“编辑”按钮，弹出“区域铣削驱动方法”对话框，参数设置如图 9-2-11 所示。

(4)点击“切削参数”按钮，弹出“切削参数”对话框，点击“策略”按钮，参数设置如图 9-2-12 所示。

(5)点击“余量”按钮，将“余量”都设为“0”，点击“确定”按钮完成切削参数的设置。

(6)点击“进给率和速度”按钮，将“主轴速度”设为 3500 r/min，“进给率”设为 800 mm/min，点击“确定”按钮完成进给率和速度的设置。

(7)点击“生成”按钮生成刀路，生成的刀路如图 9-2-13 所示，点击“确定”按钮完成该步工序的创建。

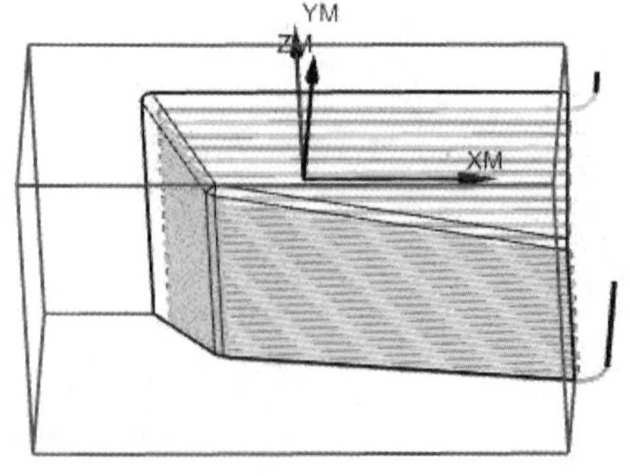

图 9-2-13

6. 清根

(1)复制“GX3”工序，将复制的“GX3”工序改为“GX4”，再将该工序的刀具换为“*D*6*R*3”的球刀。

(2)将该工序的“驱动方法”改为“清根”，弹出“清根驱动方法”对话框，“清根类型”选择“参考刀具偏置”，“参考刀具”选择“*D*10*R*5”的球刀，参数设置如图 9-2-14 所示，点击“确定”按钮完成清根驱动方法的设置。

图 9-2-14

(3)将“主轴速度”设为 4000 r/min，“进给率”设为 800 mm/min，点击“确定”按钮完成进给率和速度的设置。

(4)点击“生成”按钮生成“刀路”，生成的“刀路”如图 9-2-15 所示，点击“确定”按钮完成该步工序的创建。

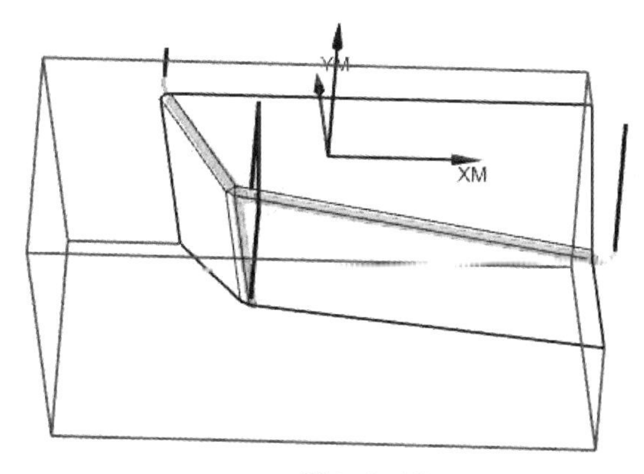

图 9-2-15

相关知识

什么是工艺流程？工艺流程亦称“加工流程”，指通过一定的生产设备，从原材料投入到成品产出，按顺序连续进行加工的全过程。一个完整的工艺流程，包括若干道工序。

什么是工序？工序是指一个（或一组）工人在一个工作地对一个（或几个）劳动对象连续进行生产活动的总称，是组成生产过程的基本单位。

Mill_contour 3D加工中轮廓区域铣削方式的相关说明

（1）轮廓区域铣削方式中设置“部件余量（负余量）”的使用场合，如图9-2-16所示。

（2）“区域铣削驱动方法”常用的驱动设置，如图9-2-17所示。

（3）“清根驱动方法”常用的驱动设置和相关参数的意义，如图9-2-18所示。

轮廓区域铣削方式中包括Mill_contour类型下大多数子类型铣削方式都可设置负余量，即该处的余量值可以是一个负数；通常该方法在电极加工中用的比较多，因为电火花加工要求电极要比工件小一个放电间隙；当然该方法也可灵活运用于其他情况，有时候能很大程度上提高工作效率

图9-2-16

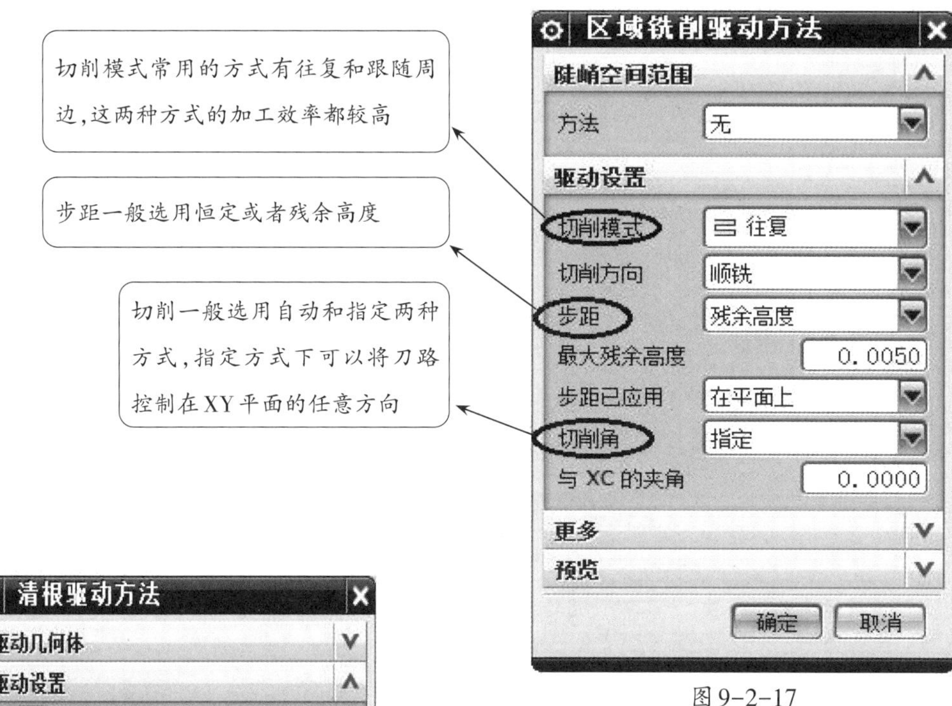
区域铣削驱动方法
陡峭空间范围
方法
无
驱动设置
切削模式
往复
切削方向
顺铣
步距
残余高度
最大残余高度
0.0050
步距已应用
在平面上
切削角
指定
与 XC 的夹角
0.0000
更多
预览
确定
取消
切削模式常用的方式有往复和跟随周边,这两种方式的加工效率都较高
步距一般选用恒定或者残余高度
切削一般选用自动和指定两种方式,指定方式下可以将刀路控制在XY平面的任意方向

图 9-2-17

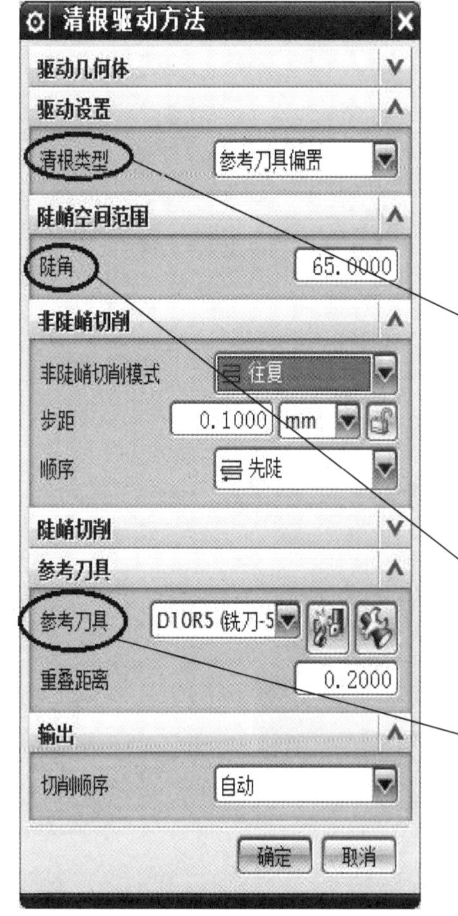
清根驱动方法
驱动几何体
驱动设置
清根类型
参考刀具偏置
陡峭空间范围
陡角
65.0000
非陡峭切削
非陡峭切削模式
往复
步距
0.1000
mm
顺序
先陡
陡峭切削
参考刀具
参考刀具
D10R5 (铣刀-5
重叠距离
0.2000
输出
切削顺序
自动
确定
取消
清根类型常选用参考刀具偏置,因为该方法能够捕捉到所参考的刀具加工后剩余的量是多少,而其他两种方法不行
陡角的值即是陡峭与非陡峭的临界值,大于该值的为陡峭,小于该值的为非陡峭
当前刀具参考该刀具没有加工到的地方进行加工,常配合重叠距离使用

图 9-2-18

任务评价

型腔侧壁的曲面清根铣削评价表，见表9-2-1。

表9-2-1

评价内容	评价标准	分值	学生自评	教师评估
加工坐标系的创建	正确创建加工坐标系	5分		
工件及毛坯的创建	正确创建工件及毛坯	5分		
型腔铣工序	正确创建型腔铣工序	10分		
二次开粗工序	正确创建二次开粗工序	10分		
精加工工序	正确创建精加工工序	25分		
清根工序	正确创建清根工序	20分		
对轮廓区域铣削的认识	正确使用轮廓区域铣削	15分		
情感评价	认真、严谨	10分		
学习体会				

打开“mj”文件夹下文件名为“9”的二级文件夹，打开里面命名为“9-2.prt”的文件，如图9-1-19所示，完成该零件的编程加工。

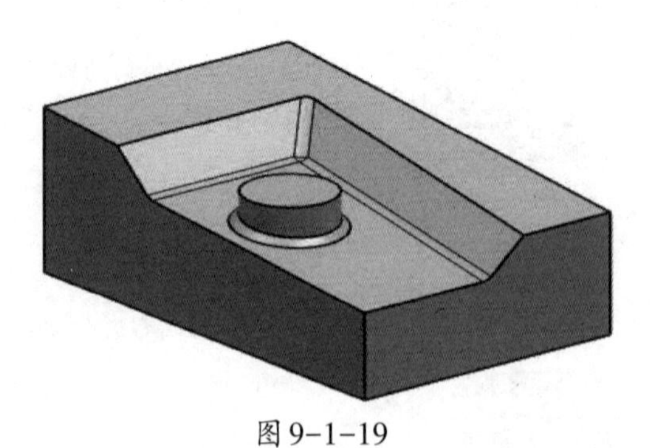

图9-1-19

任务三　花瓶型腔的综合加工案例

任务目标

通过本任务的学习，熟练使用区域铣削精加工和清根方式加工，能使用深度加工轮廓精加工侧壁。

任务分析

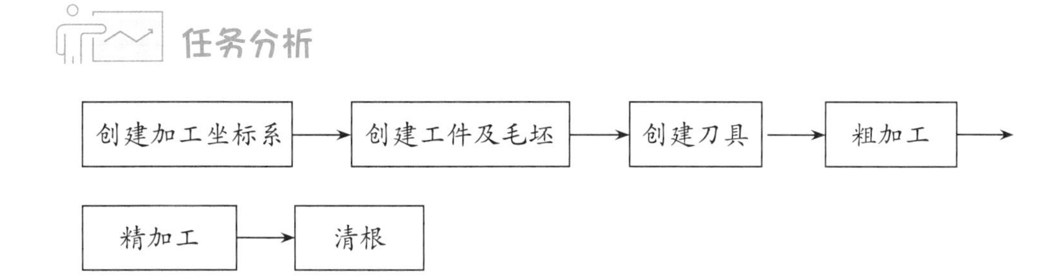

任务实施

一、任务准备

打开“UG NX 8.5”软件，打开“mj”文件夹下文件名为“9”的二级文件夹，打开里面命名为“9.3.prt”的文件，如图 9-3-1 所示。

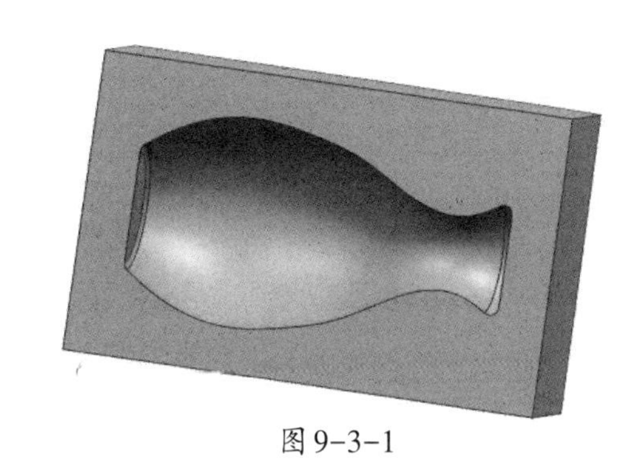

图 9-3-1

二、操作步骤

1. 创建加工坐标系

（1）点击“开始”按钮，在弹出的下拉菜单中点击“加工”按钮，在系统弹出的对话

框里点击“确定”按钮进入加工环境。

(2)点击“创建几何体”按钮，创建加工坐标系，命名为“MCS”。将加工坐标系建立在工件上表面中心处，如图9-3-2所示。

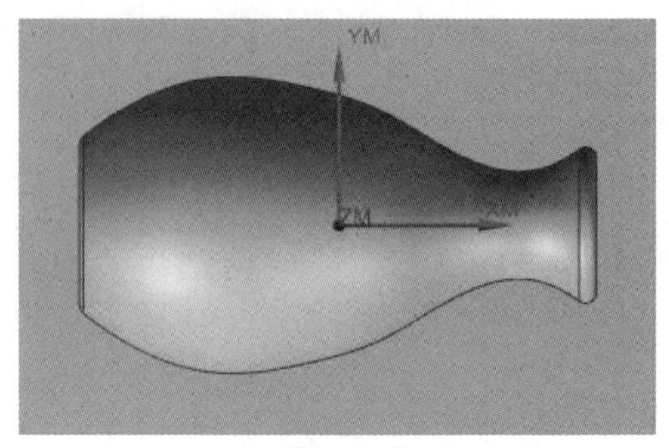

图9-3-2

2. 创建工件及毛坯

点击“创建几何体”按钮，创建加工工件，命名为“WORKPIECE”；创建毛坯，毛坯的创建类型选择为“包容块”。

3. 创建刀具

根据工件的加工要素，分别创建$\Phi16R0.8$、$\Phi6R0.5$的飞刀，分别命名为“$D16R0.8$”“$D6R0.5$”；再创建一把$\Phi6$和$\Phi4$的球刀，分别命名为“$D6R3$”“$D4R2$”。

4. 粗加工

(1)点击“创建工序”按钮，选择工序类型为“mill_contour”，子类型为“型腔铣”，将该步工序命名为“GX1”，几何体选择“WORKPIECE”，刀具选择“$D16R0.8$”的飞刀，点击“确定”按钮。

(2)在弹出的对话框中点击“指定切削区域”按钮，框选要切削的区域，点击“确定”按钮，完成切削区域的选择。

(3)刀轨设置如图9-3-3所示。

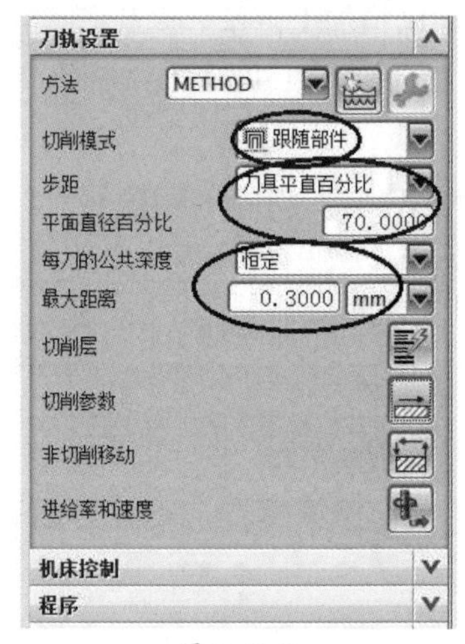

图9-3-3

(4)点击“切削参数”按钮，弹出“切削参数”对话框，点击“余量”按钮，参数设置如图9-3-4所示，其他参数默认，点击“确定”按钮完成切削参数的设置。

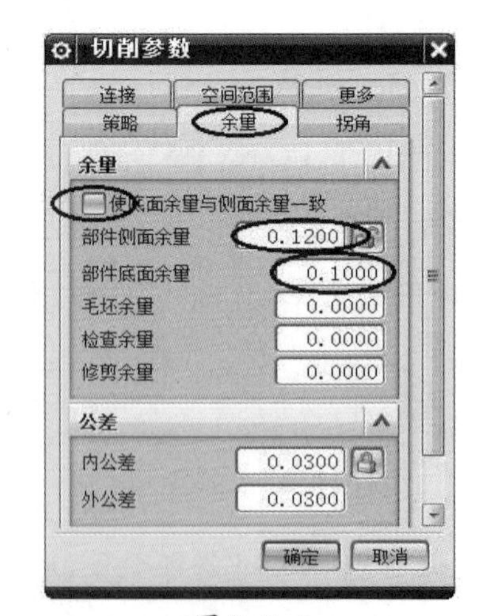

图9-3-4

(5)点击“非切削移动▣”按钮,弹出“非切削移动”对话框,点击“进刀”按钮,参数设置如图9-3-5所示,其他参数默认,点击“确定”按钮完成非切削参数的设置。

图9-3-5

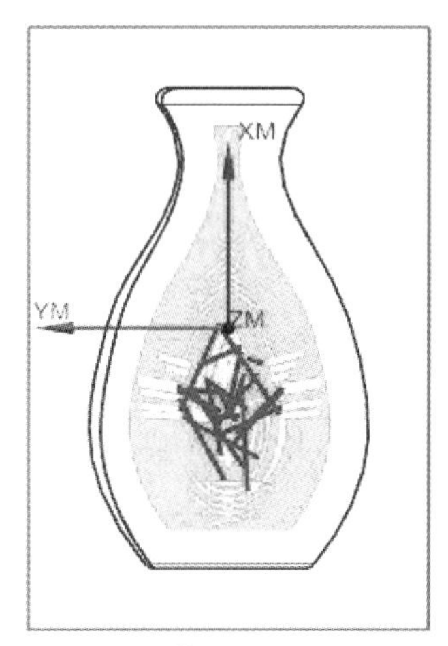

图9-3-6

(6)点击“进给率和速度▣”按钮,将“主轴速度”设为3000 r/min,“进给率”设为1200 mm/min,点击“确定”按钮完成进给率和速度的设置。

(7)点击“生成▣”按钮生成刀路,生成的刀路如图9-3-6所示,点击“确定”按钮完成该步工序的创建。

图9-3-7

图9-3-8

5. 二次开粗

(1)复制“GX1”工序,将复制的“GX1”工序改为“GX2”,再将该工序的刀具换为“*D*6*R*0.5”的飞刀。

(2)在“型腔铣”对话框中,把切削模式更换为“跟随周边”。

(3)点击“切削参数▣”按钮,弹出“切削参数”对话框,点击“空间范围”按钮,参数设置如图9-3-7所示。

(4)点击“策略”按钮,参数设置如图9-3-8所示,点击“确定”按钮完成切削参数的设置。

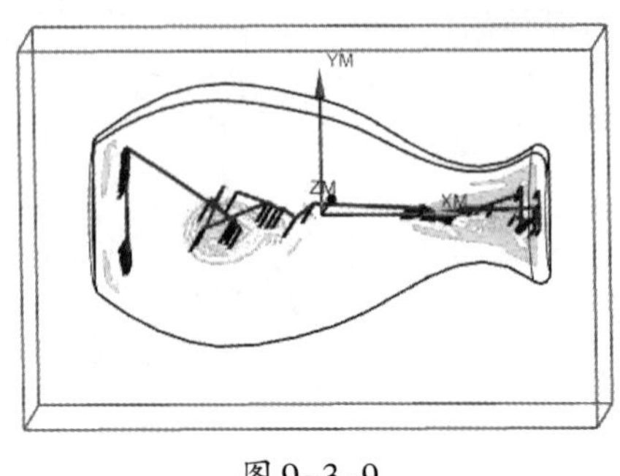

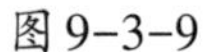
图9-3-9

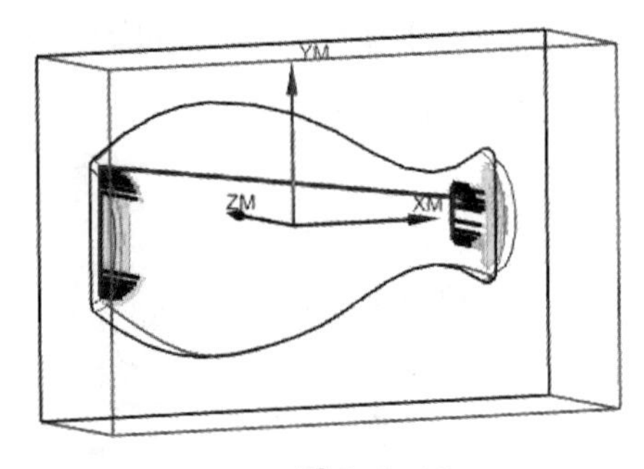

图9-3-10

(5)点击“进给率和速度”按钮，弹出“进给率和速度”对话框，将“主轴速度”改为3500 r/min，点击“确定”按钮完成进给率和速度的设置。

(6)点击“生成”按钮生成刀路，生成的刀路如图9-3-9所示，点击“确定”按钮完成该步工序的创建。

6. 精加工竖直面

(1)点击“创建工序”按钮，选择工序类型为“mill_contour”，子类型为“深度加工轮廓”，将该步工序命名为“GX3”，刀具选择“*D6R3*”的球刀，几何体选择“WORKPIECE”，点击“确定”按钮。

(2)在弹出的对话框中点击“指定切削区域”按钮，选择工件的上表面和加工区域的竖直面，点击“确定”按钮完成切削区域的选择。

(3)在“深度加工轮廓”对话框中，将每刀的“公共深度”设为“恒定”，“最大距离”设为“0.3”。

(4)点击“进给率和速度”按钮，弹出“进给率和速度”对话框，将“有轴速度”改为3500 r/min，“进给率”设为800 mm/min，点击“确定”按钮完成进给率和速度的设置。

(5)点击“生成”按钮生成刀路，生成的刀路如图9-3-10所示，点击“确定”按钮完成该步工序的创建。

7. 精加工曲面

(1)点击“创建工序”按钮，选择工序类型为“mill_contour”，子类型为“轮廓区域”，将该步工序命名为“GX4”，刀具选择“*D6R3*”的球刀，几何体选择“WORKPIECE”，点击“确定”按钮。

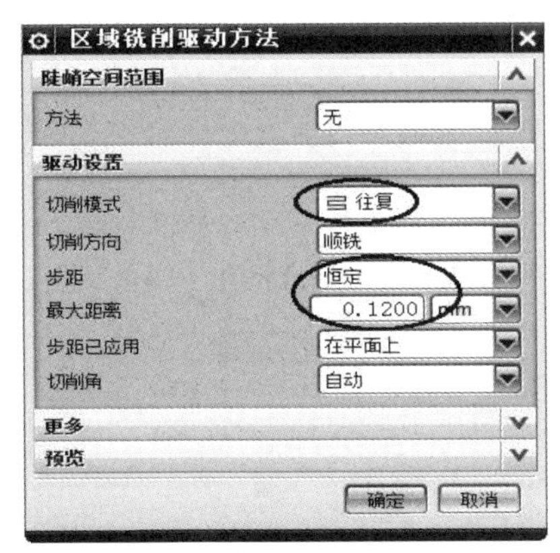

图 9-3-11

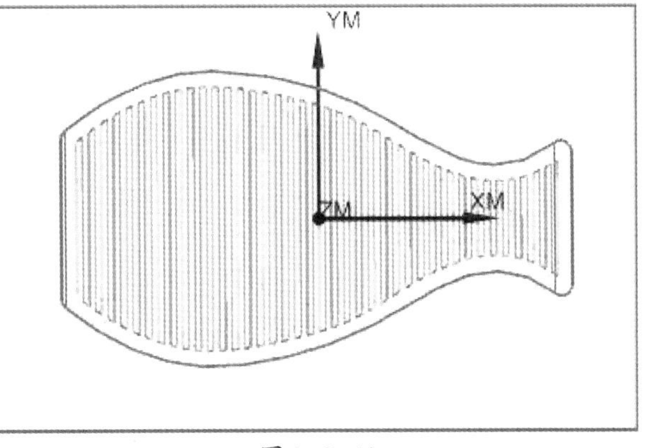

图 9-3-12

(2)在弹出的对话框中点击“指定切削区域”按钮，选择工件上加工区域类所有的曲面，点击“确定”按钮完成切削区域的选择。

(3)在“轮廓区域”对话框中将驱动方法选择为区域铣削，弹出“区域铣削驱动方法”对话框，参数设置如图 9-3-11 所示，点击“确定”按钮。

图 9-3-13

(4)点击“进给率和速度”按钮，弹出“进给率和速度”对话框，将“主轴速度”改为 4000 r/min，进给率设为 600 r/min，点击“确定”按钮完成进给率和速度的设置。

(5)点击“生成”按钮生成刀路，生成的刀路如图 9-3-12 所示，点击“确定”按钮完成该步工序的创建。

8. 清根

(1)复制“GX4”工序，将复制的“GX4”工序改为“GX5”，再将该工序的刀具换为 $\Phi 4R2$ 的球刀。

(2)在弹出的对话框中点击“指定切削区域”按钮，弹出“切削区域”，选择工件上加工区域内所有的面，点击“确定”按钮完成切削区域的选择。

(3)将该工序的驱动方法改为清根，弹出“清根驱动方法”对话框，“清根类型”选择“参考刀具偏置”，“参考刀具”选择“*D*6*R*3”的球刀，参数设置如图9-3-13所示，点击“确定”按钮完成清根驱动方法的设置。

(4)点击“生成”按钮生成刀路，生成的刀路如图9-3-14所示，点击“确定”按钮完成该步工序的创建。

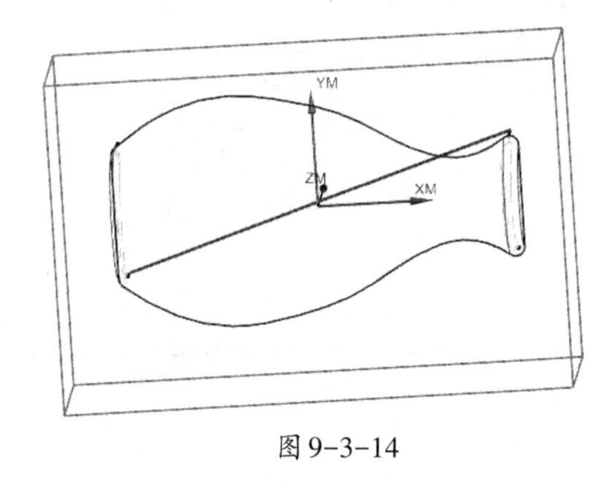

图9-3-14

相关知识

什么叫切削区域？切削区域，是指用于检测需切削的材料的数量，表示在考虑到所有操作参数后，切具实际可切削的最大面积。

Mill_contour 3D加工中轮廓区域铣削方式曲线、点驱动方法如图9-3-15所示。

曲线、点驱动方法是通过指定点或曲线来定义驱动几何体。指定点后，刀具轨迹为点跟点之间的线段；指定曲线后，刀具轨迹会沿着曲线生成。曲线可以是开放的、封闭的、连续的或非连续的，可以在一个平面上，也可以在非平面上。该方法一般用于模具流道加工和刻字加工，也可以用来铣螺纹

图9-3-15

任务评价

花瓶型腔的综合加工案例评价表，见表9-3-1。

表9-3-1

评价内容	评价标准	分值	学生自评	教师评估
加工坐标系的创建	正确创建加工坐标系	5分		
工件及毛坯的创建	正确创建工件及毛坯	5分		
型腔铣工序	正确创建型腔铣工序	10分		
二次开粗工序	正确创建二次开粗工序	10分		
精加工竖直面工序	正确创建精加工竖直面工序	20分		
精加工曲面工序	正确创建精加工曲面工序	20分		
清根工序	正确创建清根工序	20分		
情感评价	认真、严谨	10分		
学习体会				

打开“mj”文件夹下文件名为“9”的二级文件夹，打开里面命名为“9.3.prt”的文件，如图9-1-16所示，完成该零件的编程加工。

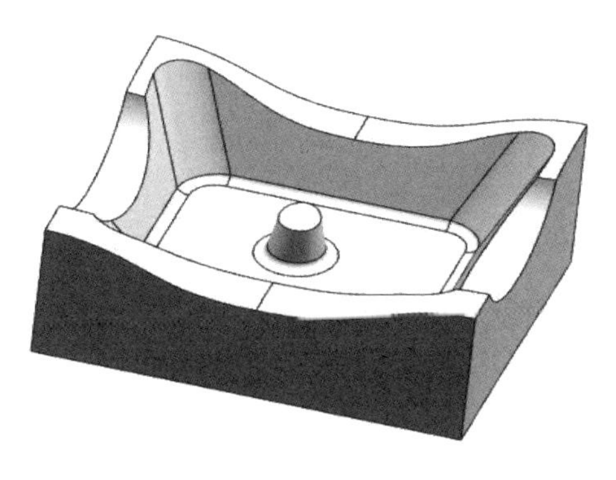

图9-3-16

项目十 花盖塑料模具设计与制造

本项目以花盖塑料模具的设计与制造为例,详细分析其设计思路和制造过程,通过型芯型腔的模具编程的详析和训练,培养学生热爱模具专业,树立制造强国的信念,传承优秀传统文化,彰显中华文化自信。

手动分模一般分为两种,实体补孔和曲面补孔,但实质都是要做出分型面。本项目选用一个典型的案例,采用"实体补孔"的方法进行模具分型,再用"注塑模向导"导入模架及相关标准件,最后对型芯、型腔编程加工,如右图所示。

目标类型	目标要求
知识目标	(1)掌握UG CAM 基本知识 (2)熟悉注塑模设计的基本知识 (3)掌握UG NX 8.5零件设计的基本方法
技能目标	(1)学会手动分模 (2)能够熟练调用注塑模向导相关标准件 (3)能灵活运用相关编程方法进行粗、精加工
情感目标	(1)学会与人有礼貌地讨论、交流和合作 (2)学会表达自己的观点 (3)能自学或是与同伴一起学习 (4)能利用网络资源查看、搜集学习资料

任务一　花盖的模具设计

任务目标

通过本任务的学习,学会实体补孔、手动分型,熟练调用标准件。

任务分析

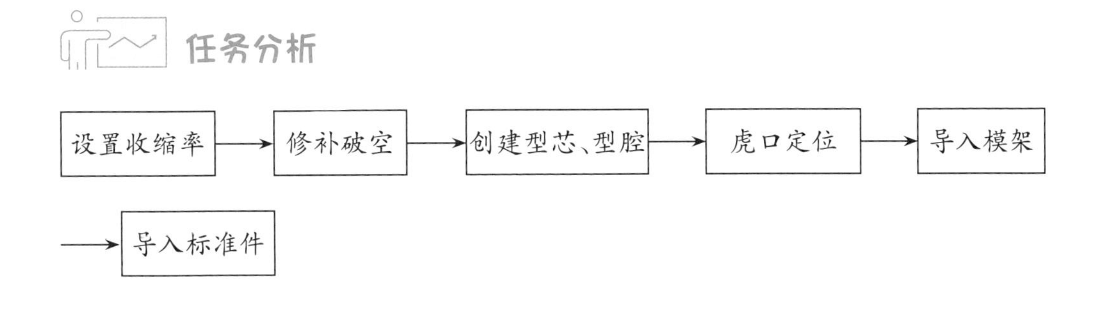

任务实施

一、任务准备

打开“UG NX 8.5”软件,打开“mj”文件夹下文件名为“10”的二级文件夹,打开里面命名为“10.1.prt”的文件,如图 10-1-1 所示。

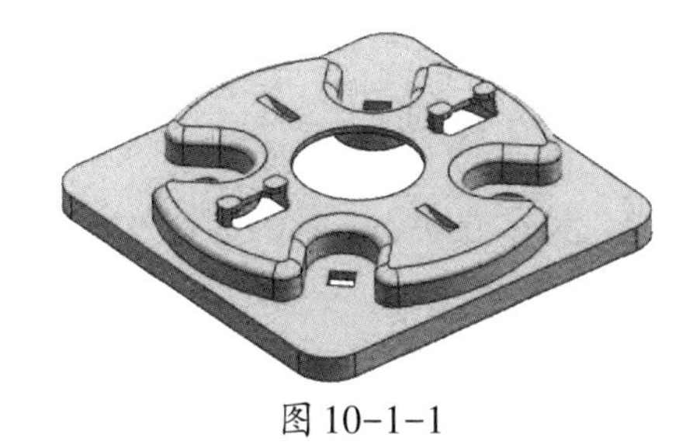
图 10-1-1

二、操作步骤

1. 手动分模

(1)在建模模块下,使用“缩放体”工具设置产品的收缩率,在“缩放体”对话框

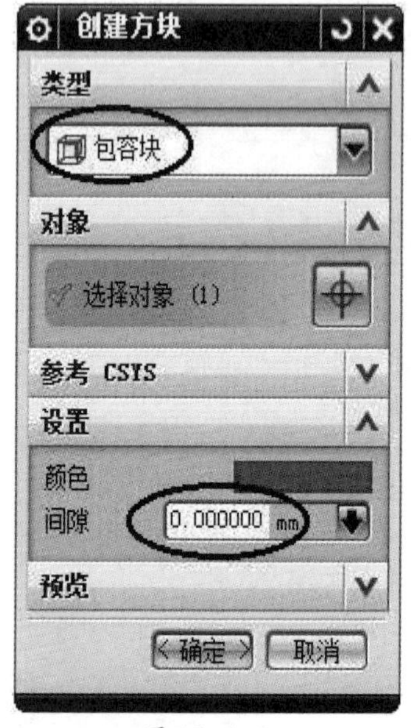

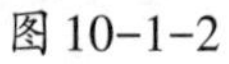
图 10-1-2

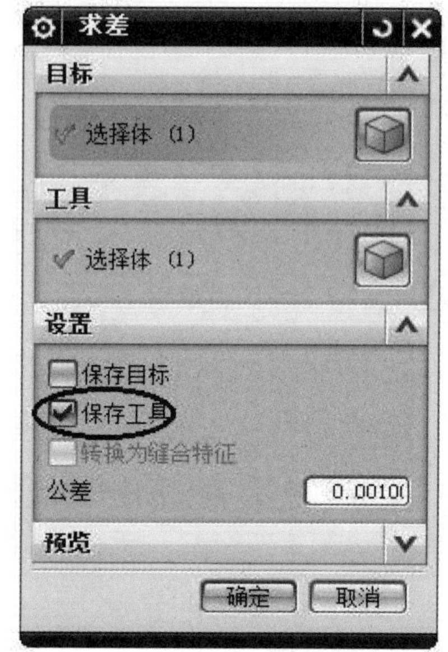

图 10-1-3

内将“类型”设置为“均匀”,“比例因子”设为“1.005”,点击“确定”按钮完成产品收缩率的设置。

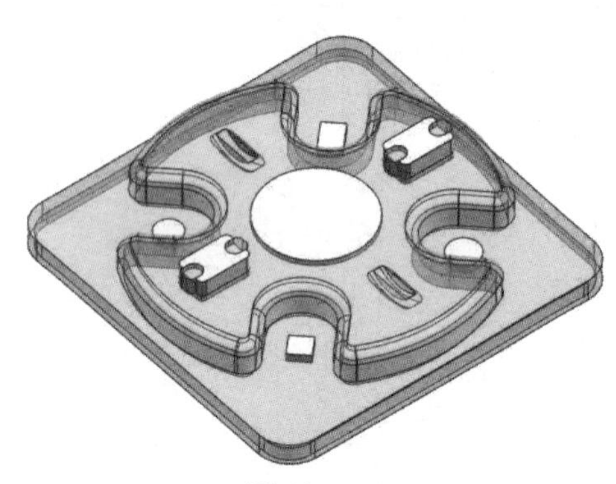

图 10-1-4

(2)本案例采用实体修补破空。使用“创建方块”工具结合“替换面”工具创建出合适的方块修补破空,再用“求差”工具修剪方块。点击“创建方块”按钮,弹出“创建方块”对话框,参数设置如图10-1-2所示,点击产品正中心圆孔的侧壁,系统自动创建出一方块,点击“确定”按钮。因该方块应留在型芯侧,故该方块的上表面应与该圆孔所在的上表面齐平。用“替换面”工具将方块的上表面替换到厂品中心圆孔所在的上表面上。

(3)点击“求差”按钮,弹出“求差”对话框,参数设置如图10-1-3所示。“目标”选择“产品”,“工具”选择“用于修补破空的方块”,点击“确定”按钮完成该处破空的修补。用同样的方法完成其他位置破空的修补,修补完成后如图10-1-4所示。

图 10-1-5

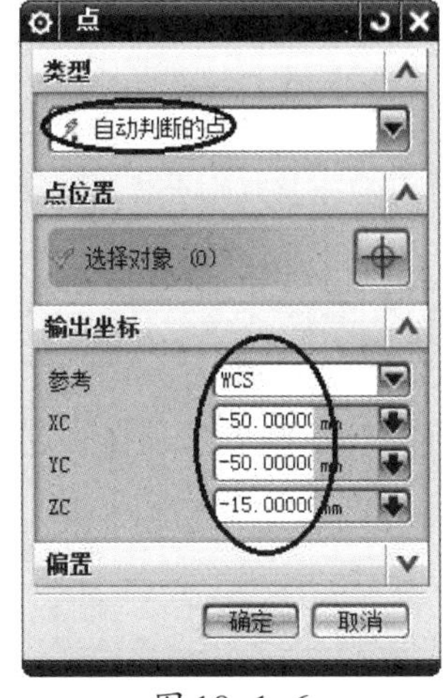

图 10-1-6

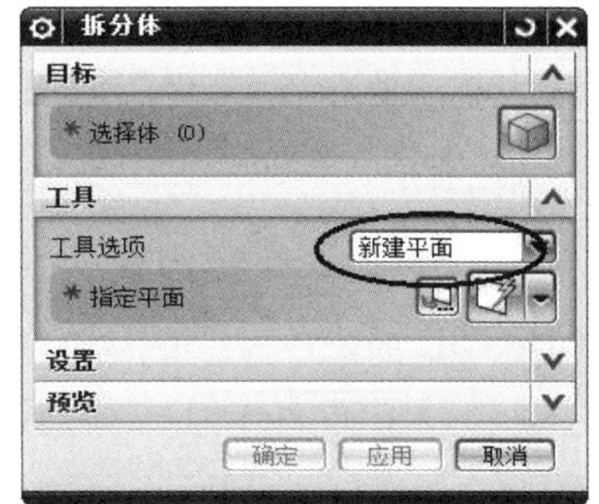

图 10-1-7

(4)使用“长方体”工具创建模坯。点击“长方体”按钮,弹出“块”对话框,参数设置如图10-1-5所示。点击“块”对话框中“点对话框”按钮,弹出“点”对话框,参数设置如图10-1-6所示,两次点击“确定”按钮,完成模坯的创建。

(5)点击“求差”按钮,弹出“求差”对话框,“目标”选择“模坯”,“刀具”选择产品及所有修补破空所用的方块,保存工具,点击“确定”按钮。

(6)点击“拆分体”按钮,弹出“拆分体”对话框,参数设置如图10-1-7所示。“目标”选择“模坯”,“工具”选择产品的下表面,点击“确定”按钮,完成型芯、型腔的拆分。

(7)用“移除参数”工具将全部特征的参数移除,再用“求和”工具将相应的特征求和在一起。此时型芯、型腔分别如图10-1-8、图10-1-9所示。

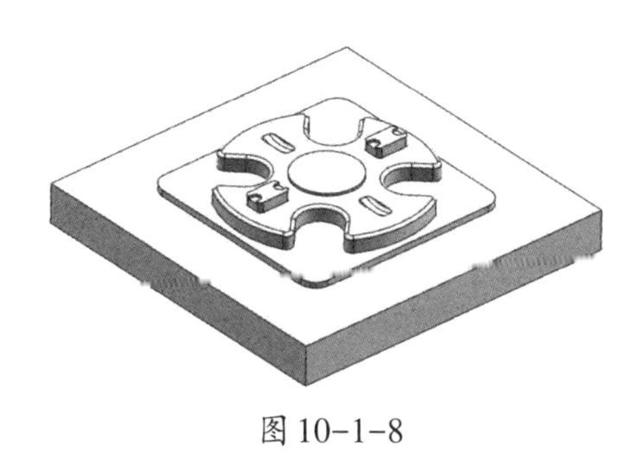

图 10-1-8

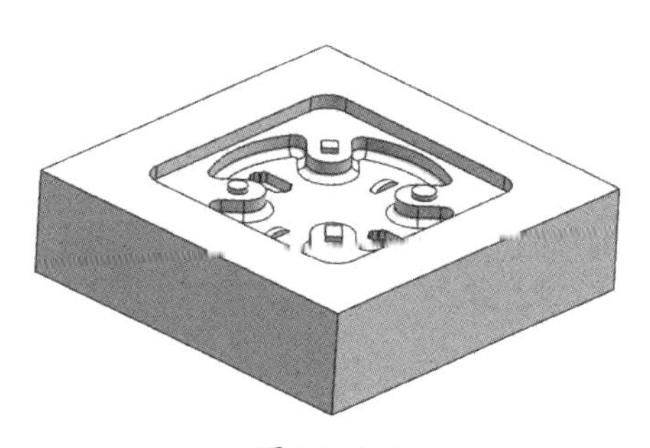

图 10-1-9

(8)根据本产品的特征,采用斜度为5°的虎口定位。用“创建方块”工具结合“替换面”工具在型芯侧的其中一个角做出一个长15 mm、宽15 mm、高10 mm的方块,再用“拔模”工具在相应的面做出5°的斜度,再用“镜像特征”工具将该方块镜像到其他三个角上。点击“求差”工具,“目标”选择“型腔”,“刀具”选择已镜像的全部方块,保存“工具”,点击“确定”按钮。点击“替换面”工具将虎口的侧壁做出0.5 mm的避空,点击“求和”工具将虎口与型芯求和在一起,再用“倒角”和“倒圆”工具倒出相应的圆角与斜角。完成后的型芯、型腔如图10-1-10所示,虎口避空位置如图10-1-11所示。

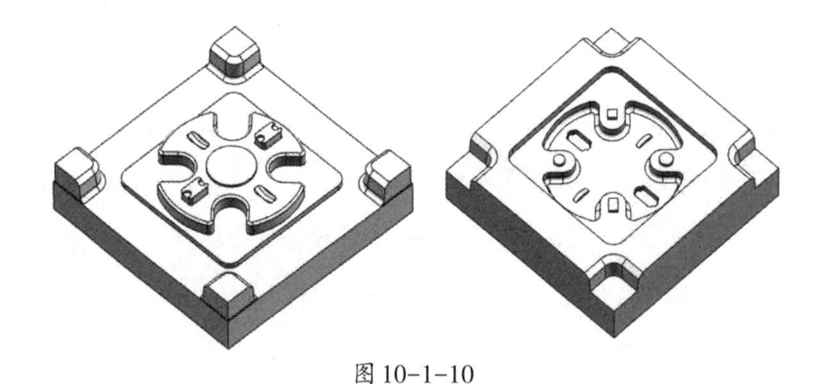

图10-1-10

图10-1-11

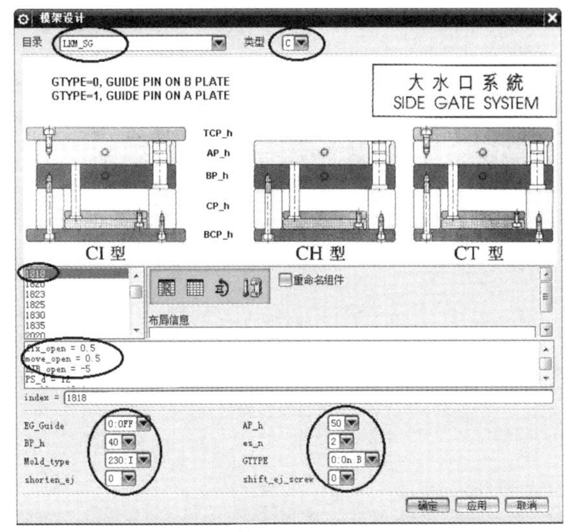

图 10-1-12

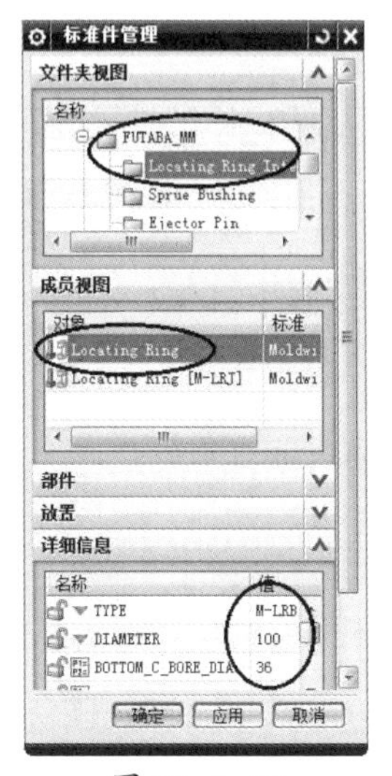

图 10-1-13

2. 导入标准模架

点击“模架库▤”按钮，弹出“模架设计”对话框，选择“龙记CI型模架”，需设置的参数如图10-1-12所示，其他参数默认，点击“确定”按钮完成模架的加载。

3. A、B板开框

(1)用“拉伸”工具拉伸型腔底面边缘线，拉出一个略高于型腔的方块，“隐藏”型腔，再点击“管道”工具，用该方块四条边缘线为中心线做出直径为10 mm的圆柱体，再用“求和”工具将方块与所有的圆柱体求和。用同样的方法，在型芯侧也做出一个合适的方块。

(2)点击“腔体”按钮，弹出“腔体”对话框，“模式”选择“减去材料”，“工具类型”选择“实体”，“目标”选择“A板”，“刀具”选择型腔上的方块，点击“确定”按钮，完成A板的开框。用同样的方法完成B板的开框。

4. 导入定位环

(1)点击“标准件库”按钮，弹出“标准件库”对话框，参数设置如图10-1-13所示，点击“确定”按钮完成定位环的加载。

(2)点击“腔体”按钮，弹出“腔体”对话框，“模式”选择“减去材料”，“工具类型”选择“组件”，“目标”选择“上模固定板”，“刀具”选择“定位环”，点击“确定”按钮。

5. 导入浇口套

（1）点击“标准件库”按钮，弹出“标准件管理”对话框，参数设置如图 10-1-14 所示，点击“确定”按钮。

（2）双击“浇口套”，使浇口套处于编辑状态，删除螺钉组件。

（3）使用“重定位”功能，将浇口调整到合适位置。

（4）点击“腔体”按钮，弹出“腔体”对话框，“模式”选择“减去材料”，“工具类型”选择“组件”，“目标”选择“上模固定板、A 板、型腔”，“刀具类型”选择“组件”，“刀具”选择“浇口套”，点击“确定”按钮。

图 10-1-14

6. 导入锁紧螺钉

（1）点击“标准件库”按钮，弹出“标准件管理”对话框，参数设置如图 10-1-15 所示，点击“确定”按钮，弹出“标准件位置”对话框，调整螺钉到合适位置，点击“确定”按钮完成螺钉的加载。

（2）双击已加载完成的螺钉，使螺钉处于编辑状态，用“移动”工具在 Z 轴方向上将螺钉调整到合适位置，再用“镜像装配”工具完成其余三个角锁紧螺钉的加载。

（3）点击“腔体”按钮，弹出“腔体”对话框，“目标”选择“A 板”，“刀具类型”选择“组件”，“刀具”选择所有已加载的锁紧螺

图 10-1-15

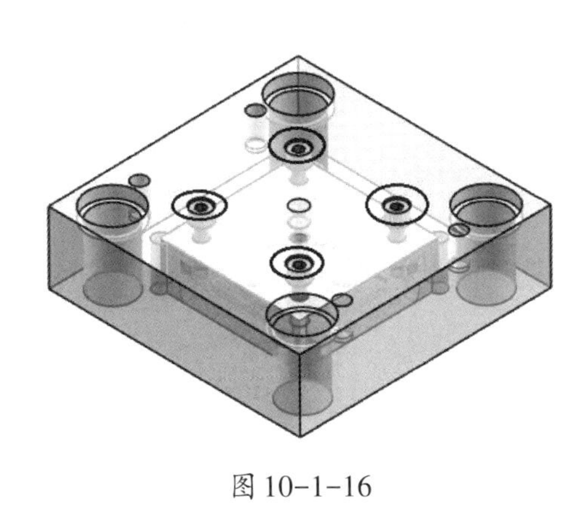

图 10-1-16

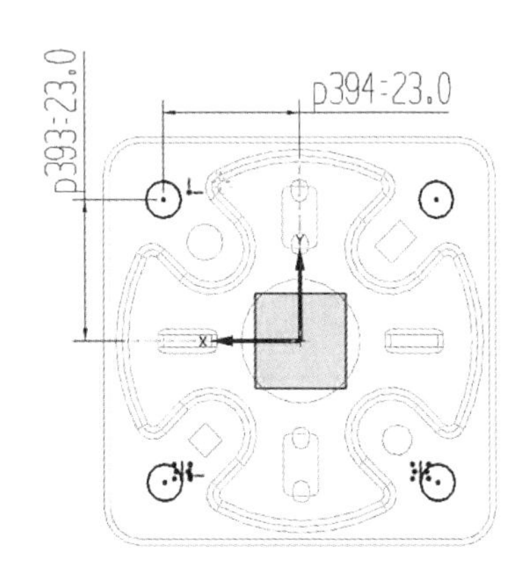

图 10-1-17

钉，点击“确定”按钮。再次点击“腔体”按钮，弹出“腔体”对话框，“目标”选择“型腔”，“刀具类型”选择“实体”，“刀具”选择所有已加载的锁紧螺钉，点击“确定”按钮，完成修剪后如图 10-1-16 所示。用同样的方法，做出型芯上的锁紧螺钉。

7. 导入顶杆和拉料杆

（1）在 X-Y 平面上画出如图 10-1-17 所示的圆，圆心作为加载顶杆时的捕捉点。

（2）点击“标准件库”按钮，弹出“标准件管理”对话框，选择 6 mm 的顶杆，点击“确定”按钮。弹出“点”对话框，选中图 10-1-17 所画圆的圆心点，点击“确定”按钮完成顶杆加载。用同样的方法加载一根 6 mm 的拉料杆。

（3）点击“腔体”按钮，“模式”选择“减去材料”，“目标”选择“B 板、顶针固定板”，“刀具类型”选择“组件”，“刀具”选择所有已加载好的顶针和拉料杆，点击“确定”按钮。再次点击“腔体”按钮，“模式”选择“减去材料”，“目标”选择“型芯”，“刀具类型”选择“实体”，“刀具”选择所有已加载好的顶针和拉料杆，点击“确定”按钮。

（4）双击任意一根顶杆，使顶杆处于编辑状态，用“移动面”工具调整顶杆长度到合适的位置。“移除”型芯参数，再调整拉料杆到合适位置。

8. 导入弹簧

(1)点击“标准件库”按钮，弹出“标准件管理”对话框，放置面选择顶针固定板上表面，参数设置如图10-1-18所示，点击“确定”按钮，弹出“标准件位置”对话框，弹簧的放置点为复位杆的中心点，依次完成四根弹簧的创建。

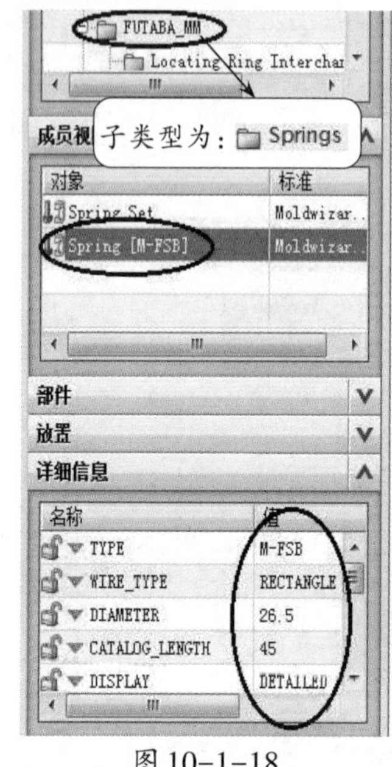

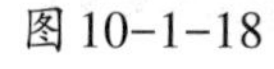
图 10-1-18

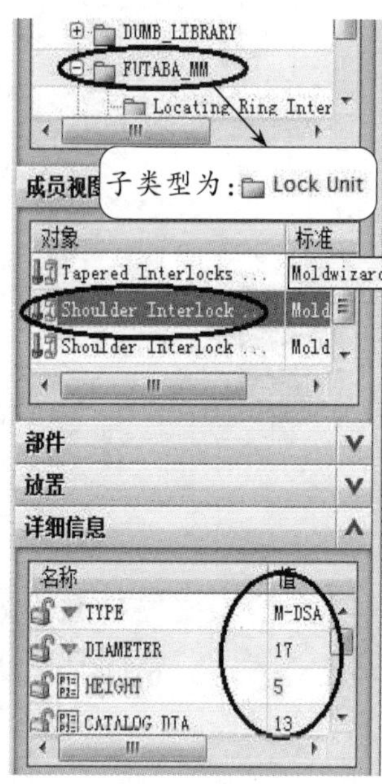

图 10-1-19

(2)点击“腔体”按钮，弹出“腔体”对话框，“模式”选择“减去材料”，“目标”选择“B板”，“刀具”类型选择“组件”，“刀具”选择所有已加载的弹簧，点击“确定”按钮。

9. 导入垃圾钉

(1)点击“标准件库”按钮，弹出“标准件管理”对话框，放置面选择下模座板上表面，参数设置如图10-1-19所示，点击“确定”按钮，弹出“标准件位置”对话框。捕捉到复位杆中心点作为垃圾钉的放置点。

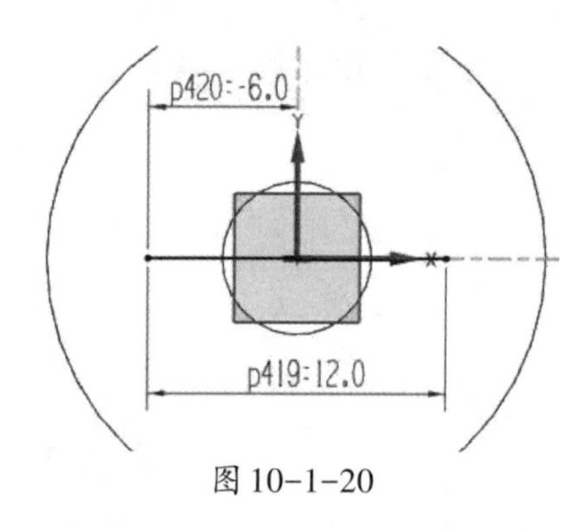

图 10-1-20

(2)点击“腔体”按钮，弹出“腔体”对话框，“模式”选择“减去材料”，“目标”选择“下模座板”，“刀具类型”选择“实体”，“刀具”选择垃圾钉的螺钉，点击“确定”按钮。

10. 流道和浇口

(1)用草图在型芯中心的圆台上表面沿着X方向画一根长为12的曲线，如图10-1-20所示。

(2)点击“流道”按钮，弹出“流道”对话框，参数设置如图10-1-21所示，引导线选择上一步骤所画直线，点击“确定”按钮完成流道的创建。

(3)使用“创建方块”工具，创建出宽度为4 mm，深度为0.6 mm的浇口，接着用“求和”工具将流道与浇口求和，完成后的浇口和流道如图10-1-22所示。

(4)点击“腔体”按钮，弹出“腔体”对话框，“目标”选择“型芯”，“刀具类型”选择“实体”，“刀具”选择“流道”和“浇口”，点击“确定”按钮完成流道和浇口的创建，如图10-1-23所示。

(5)双击下模座板，使下模座板处于编辑状态，在下模座板的正中心用“孔”工具做出一个直径为40 mm的通孔并倒上C2的斜角，保存全部文件完成该任务。模具动模部分如图10-1-24所示，定模部分如图10-1-25所示。

(6)将型芯、型腔以部件的形式导出，命名为“10.2”，为下一个任务编程用。

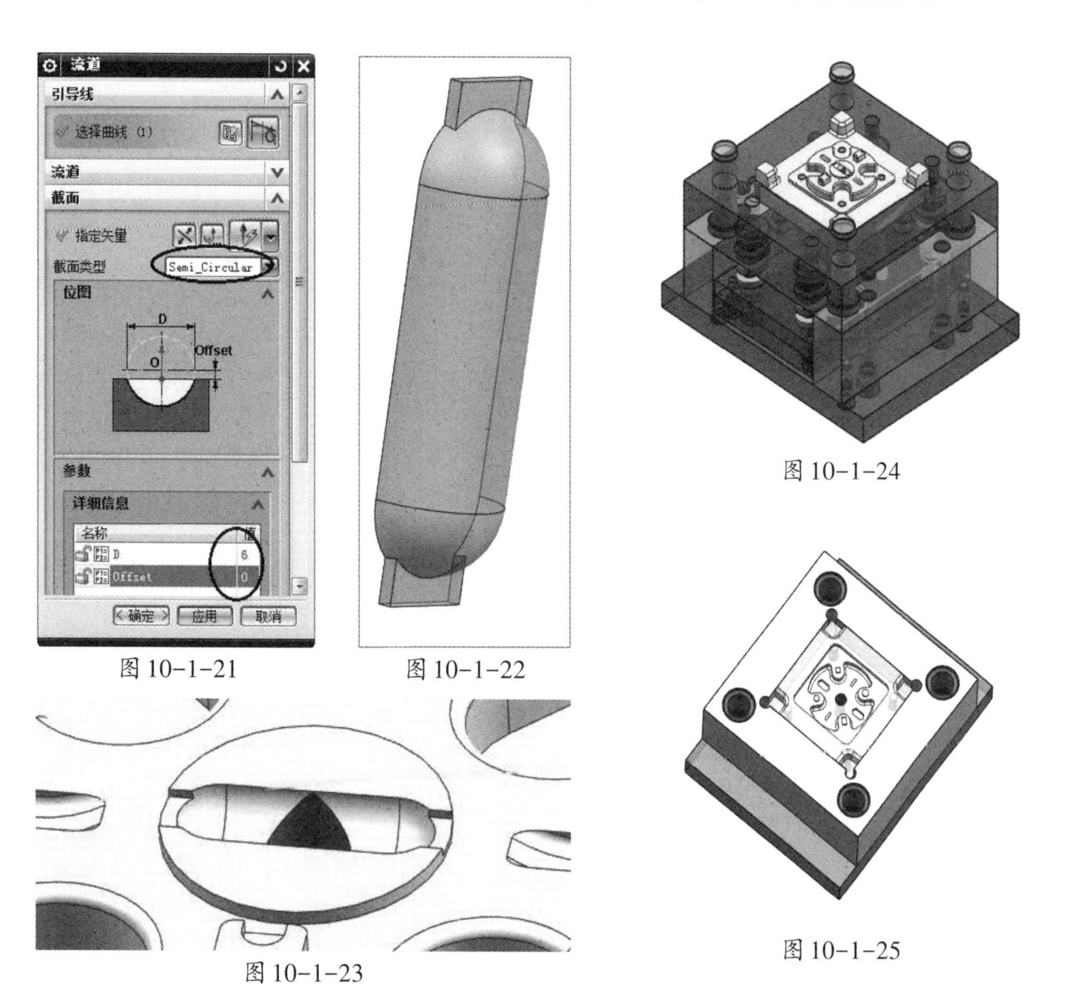

图10-1-21

图10-1-22

图10-1-23

图10-1-24

图10-1-25

任务评价

花益的模具设计评价表,见表10-1-1。

表10-1-1

评价内容	评价标准	分值	学生自评	教师评估
设置收缩率	正确设置收缩率	5分		
实体补孔	正确进行实体补孔	15分		
型芯、型腔的创建	正确创建型芯、型腔	20分		
虎口的设计	正确设计虎口	10分		
导入模架	正确导入模架	10分		
导入相关标准件	正确导入相关标准件	30分		
情感评价	认真、严谨	10分		
学习体会				

任务二　型芯、型腔的模具编程

任务目标

通过本任务的学习，熟练掌握常用刀具类型的创建方法，掌握创建加工坐标系的常用方法，熟练掌握粗加工和二次粗加工的常用方法和精加工的常用方法。

任务分析

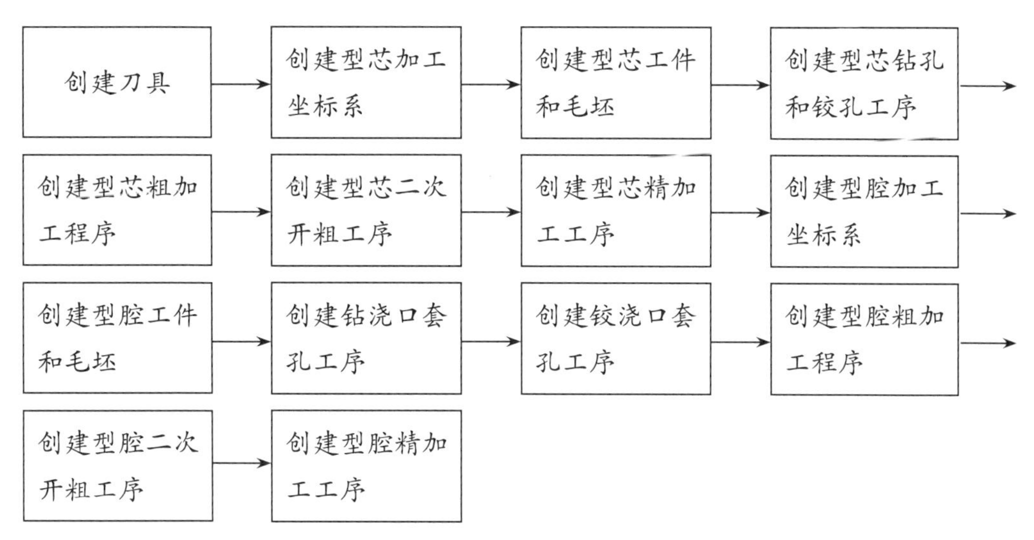

任务实施

一、任务准备

打开“UG NX 8.5”软件，打开“mj”文件夹下文件名为“10”的二级文件夹，打开里面命名为“10.2.prt”的文件，如图 10-2-1 所示，把型腔移动到“2”图层并隐藏“2”图层。

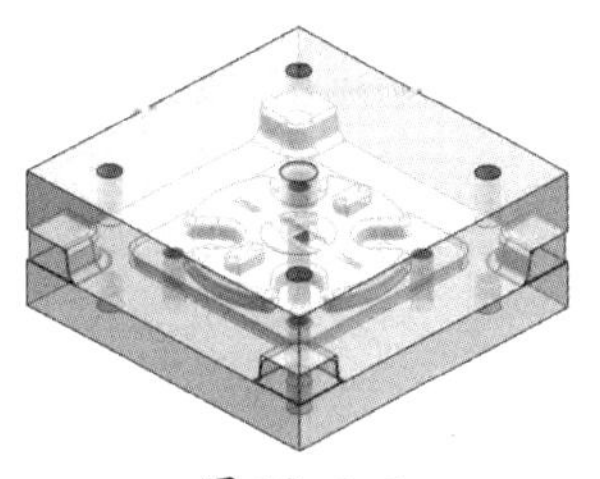

图 10-2-1

二、操作步骤

1. 创建刀具

进入加工环境，根据部件的加工要素，创建Φ10、Φ4、Φ2的平底铣刀，Φ4、Φ2的球刀，Φ9.8、Φ5.8的钻头，Φ6、Φ10的铰刀，Φ5的中心钻。

2. 创建型芯加工坐标系

（1）点击“包容块”工具，“对象”选择“型芯”，“间隙”设为“0”，点击“确定”按钮完成包容块的创建。

（2）点击“创建几何体”按钮，创建加工坐标系，命名为“MCS”，将加工坐标系建立在包容块上表面中心处，删除“包容块”。

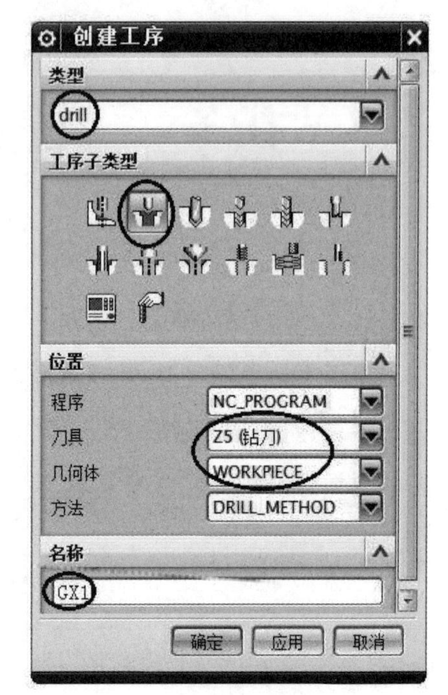

图 10-2-2

3. 创建型芯工件及毛坯

点击“创建几何体”按钮，创建加工工件，命名为“WORKPIECE”；创建毛坯，毛坯的创建类型选择为“包容块”。

4. 钻顶杆孔和拉料杆孔的中心孔

（1）点击“创建工序”按钮，在弹出的对话框中“名称”输入“GX1”，其余选择如图10-2-2所示，点击“确定”按钮，在弹出的对话框中点击“编辑参数”按钮，使用“刀尖深度”方法，“深度”设为“3”。

（2）点击“指定孔”按钮，在弹出对话框点击“选择”按钮，依次点击型芯上的顶杆孔和拉料杆孔，两次点击“确定”按钮完成加工孔的选择。

（3）点击“指定顶面”按钮，弹出“顶面”对话框，选择型芯上最高的一个平面，点击“确定”按钮。

（4）点击“进给率和速度”按钮，将“主轴速度”设为1200 r/min，“进给率”设为60 mm/min，点击“确定”按钮完成进给率和速度的设置。

(5)点击“生成▣”按钮生成“刀路”，生成的刀路如图10-2-3所示，点击“确定”按钮完成该步工序的创建。

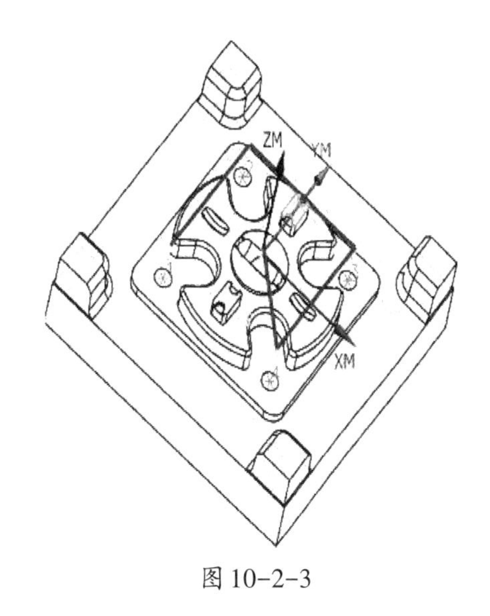

图10-2-3

5. 钻、铰顶杆孔和拉料杆孔

(1)点击“创建工序”按钮，在弹出的对话框中名称输入“GX2”，选择“啄钻▣”，使用“Φ5.8”的钻头，点击“确定”按钮，“通孔安全距离”设为“2”，“循环类型”设为“啄钻”。

(2)点击“指定孔▣”按钮，选择顶杆孔和拉料杆孔。

(3)点击“指定顶面▣”按钮，选择型芯上最高的平面，点击“确定”按钮。

(4)点击“指定底面▣”按钮，选择型芯的底面，点击“确定”按钮。

(5)点击循环类型中“编辑参数▣”按钮，弹出“距离”设置对话框，将“距离”设置为“2”，两次点击“确定”按钮，“深度类型”选择“穿过底面”，点击“Increment”按钮，弹出“增量”对话框，点击“恒定”按钮，在弹出的对话框中将“增量”设置为“5”。两次点击“确定”按钮完成循环参数的设置。

(6)点击“进给率和速度▣”按钮，弹出“进给率和速度设置”对话框，把“主轴速度”设为600 r/min，“进给率”设60 mm/min，点击“确定”按钮完成进给率和速度的设置。

(7)点击“生成▣”按钮生成刀路，点击“确定”按钮完成该步工序的创建。

(8)参照以上步骤，使用标准钻完成铰孔工序。删除顶杆孔和拉料杆孔以方便后续程序的编制。

6. 型芯粗加工

(1)点击“创建工序”按钮，选择工序类型为“mill_contour”，子类型选择“型腔铣▣”，将该步工序命名为“GX4”，刀具选择“*D*10”的平底铣刀，点击“确定”按钮，在弹出

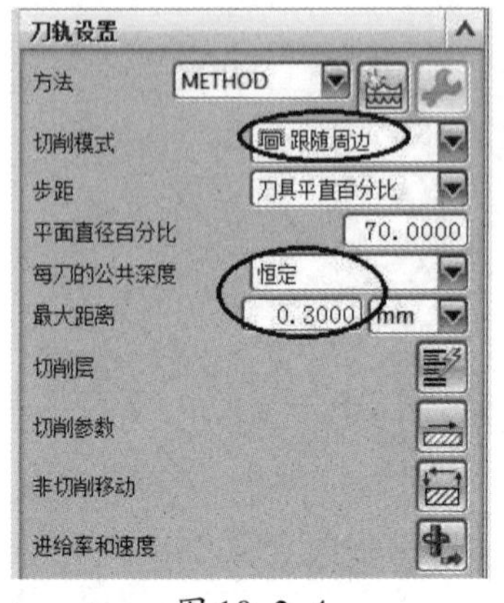

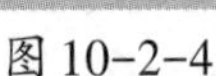
图 10-2-4

图 10-2-5

图 10-2-6

的对话框中点击“指定切削区域”按钮，框选要切削的区域，点击“确定”按钮，完成切削区域的选择。刀轨设置如图 10-2-4 所示。

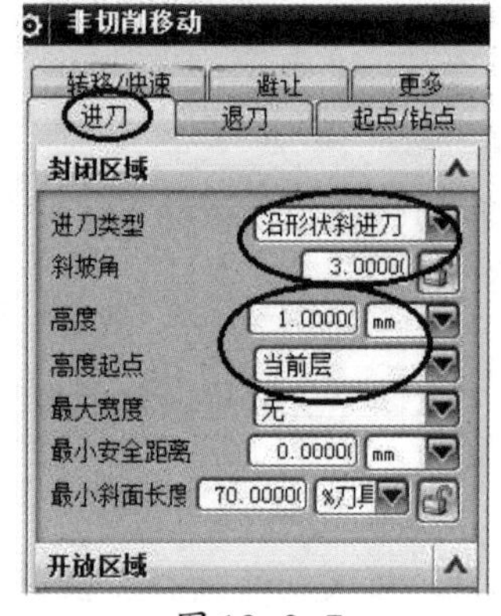

图 10-2-7

（2）点击“切削参数”按钮，弹出“切削参数”对话框，点击“策略”按钮，把“刀路方向”改为“向内”；点击“余量”按钮，参数设置如图 10-2-5 所示，其他参数默认即可，点击“确定”按钮，完成切削参数的设置。

（3）点击“进给率和速度”按钮，将“主轴速度”设为 3000 r/min，“进给率”设为 1200 mm/min，点击“确定”按钮完成进给率和速度的设置。点击“生成”按钮生成刀路，点击“确定”按钮完成该步工序的创建。

7. 型芯二次开粗

（1）复制“GX4”工序，将复制的“GX4”工序改为“GX5”，再将该工序的刀具换为“$\Phi4$”的平底铣刀，点击“切削参数”按钮，弹出“切削参数”对话框，点击“空间范围”按钮，参数设置如图 10-2-6 所示，点击“策略”按钮，把“切削顺序”改为“深度优先”，点击“确定”按钮完成切削参数的设置。

（2）点击“非切削移动”按钮，点击“进刀”按钮，参数设置如图 10-2-7 所示，其他参数默认。

(3)点击“进给率和速度”按钮，弹出“进给率和速度”对话框，将转速改为3500 r/min，“进给率”改为600 mm/min，点击“确定”按钮完成进给率和速度的设置。

(4)点击“生成”按钮生成刀路，点击“确定”按钮完成该步工序的创建。

(5)复制“GX5”工序，将复制的“GX5”工序改为“GX6”，点击“指定切削区域”按钮，删除之前选择了的面，重新选择型芯上两个凹槽上的所有的面，点击“确定”完成切削区域的选择。把刀具改为“Φ2”的平底刀。

(6)把每刀的“公共深度”改为0.1 mm，把“主轴速度”改为5000 r/min，“进给率”改为100 mm/min，点击“确定”按钮完成进给率和速度的设置。点击“生成”按钮生成刀路，如图10-2-8所示，点击“确定”按钮完成该步工序的创建。

8. 型芯精加工

(1)点击“创建工序”按钮，选择工序类型为“mill_contour”，子类型为“深度加工轮廓”，将该步工序命名为“GX7”，刀具选择“Φ4”的球刀，点击“确定”按钮，在弹出的对话框中点击“指定切削区域”按钮，选择流道面和型芯上的倒圆角面，点击“确定”按钮，完成切削区域的选择。刀轨设置如图10-2-9所示。

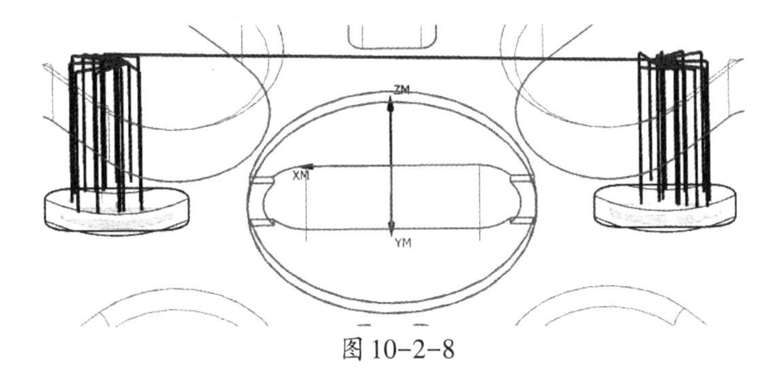

图10-2-8

(2)点击“切削参数”按钮，弹出“切削参数”对话框，点击“连接”按钮，参数设置如图10-2-10所示，其他参数默认，点击“确定”按钮完成“切削参数”的设置。

(3)点击“非切削移动”按钮，弹出“非

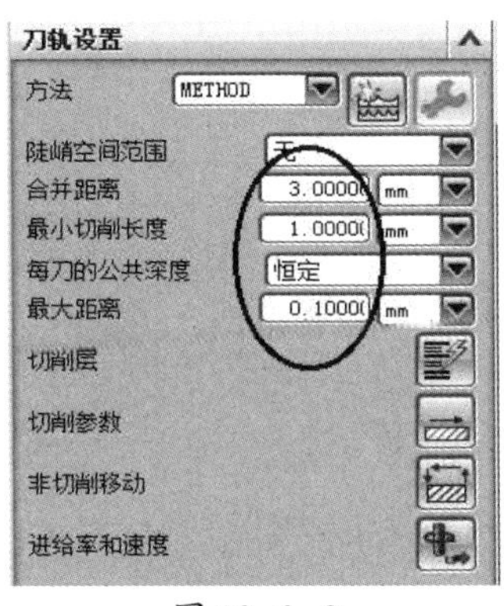

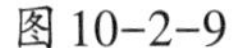

图10-2-9

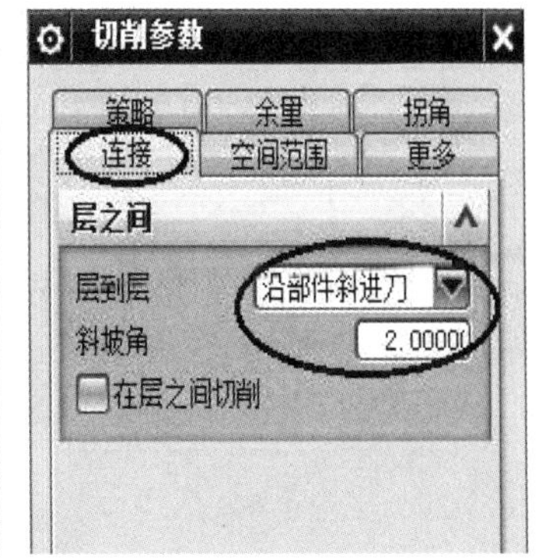

图10-2-10

切削移动”对话框，把封闭区域的“进刀类型”设为“沿形状斜进刀”，“斜坡角”设为“2”，点击“确定”完成非切削移动的设置。

（4）将“主轴速度”设为3500 r/min，“进给率”设为300 mm/min。点击“生成”按钮生成刀路，生成的刀路如图10-2-11所示，点击“确定”按钮完成该步工序的创建。

（5）复制“GX7”工序，将复制的“GX7”工序改为“GX8”，点击“指定切削区域”按钮，删除之前选择了的面，重新选择虎口上的倒角面、斜面、倒圆角面，点击“确定”完成切削区域的选择。

（6）点击“切削参数”按钮，弹出“切削参数”对话框，点击“连接”按钮，把“层到层”改为“直接对部件下刀”；点击“策略”按钮，把“切削方向”改为“混合”，在边上延伸0.1 mm，点击“确定”按钮完成切削参数的设置。

（7）点击“非切削移动”按钮，弹出“非切削移动”对话框，点击“转移/快速”按钮，把区域内的“转移类型”改为“直接”，点击“确定”按钮完成非切削移动的设置，

（8）点击“生成”按钮生成“刀路”，生成的“刀路”如图10-2-12所示，点击“确定”按钮完成该步工序的创建。

（9）复制“GX7”工序，将复制的“GX7”工序改为“GX9”，点击“指定切削区域”按钮，删除之前选择了的面，重新选择需要加工的所有竖直面和竖直面所在的底面，点击“确定”完成切削区域的选择。

（10）把刀具改为“$\Phi 4$”的平底铣刀；每刀的“公共深度”设为0.5 mm，“底面余量”设为0.08 mm。

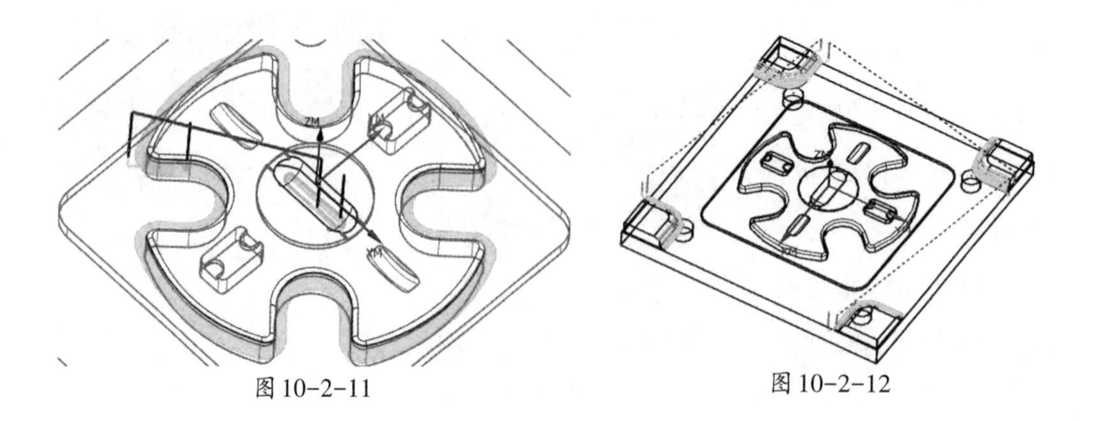

图10-2-11　　图10-2-12

(11)点击“生成”按钮生成刀路，生成的刀路如图10-2-13所示，点击“确定”按钮完成该步工序的创建。

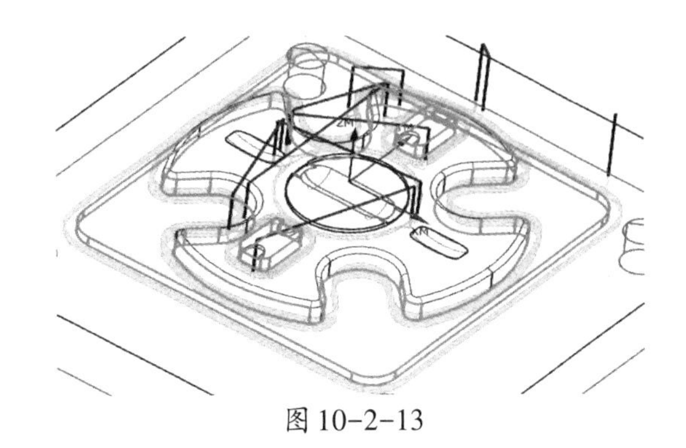
图 10-2-13

(12)点击“创建工序”按钮，选择工序类型为“mill_contour”，子类型为“固定轮廓铣”，将该步工序命名为“GX10”，刀具选择“Φ4”的球刀，点击“确定”按钮，在弹出的对话框中点击“指定切削区域”按钮，选择所有需要加工的平面，点击“确定”按钮，完成切削区域的选择。

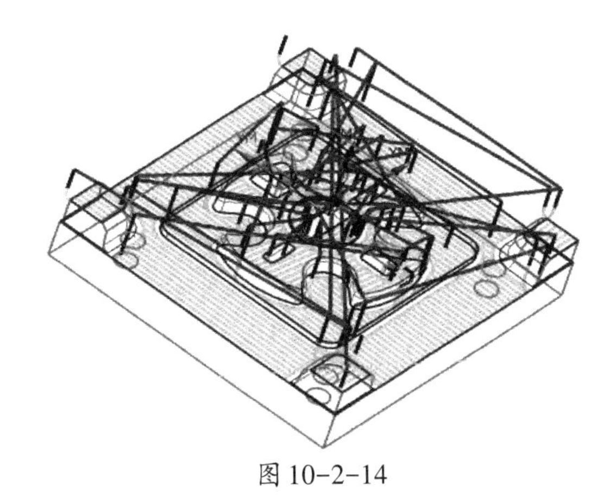
图 10-2-14

(13)把“驱动方法”改为“区域铣削”，弹出“区域铣削驱动方法”对话框，“切削模式”选择“往复”，勾选“精加工刀路”，其他参数默认，点击“确定”按钮。

(14)将“主轴速度”设为3500 r/min，“进给率”设为300 mm/min。点击“生成”按钮生成“刀路”，生成的“刀路”如图10-2-14所示，点击“确定”按钮完成该步工序的创建。

(15)复制“GX10”工序，将复制的“GX10”工序改为“GX1”，点击“指定切削区域”按钮，删除之前选择了的面，重新选择型芯上两个凹槽上的所有的面，点击“确定”完成切削区域的选择。

(16)把刀具改为“Φ2”的球刀，点击“编辑”按钮，弹出“区域铣削驱动方法”对话框，把“步距”设为“恒定”，“最大距离”设为“0.1”，去掉勾选“精加工刀路”，其他参数不变，点击“确定”按钮。在“切削参数”里面把“刀路”设置在边上延伸0.1 mm。

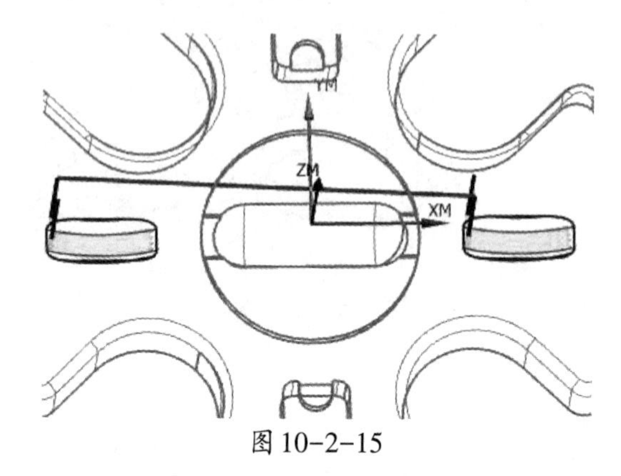

图 10-2-15

(17)将“主轴速度”设为5000 r/min，“进给率”设为100 mm/min。点击“生成”按钮生成“刀路”，生成的“刀路”如图10-2-15所示，点击“确定”按钮完成该步工序的创建。

(18)复制“GX7”工序，将复制的“GX7”工序改为“GX12”，点击“指定切削区域”按钮，删除之前选择了的面，重新选择浇口上的面和两个凸块上的凹槽面，点击“确定”完成切削区域的选择。

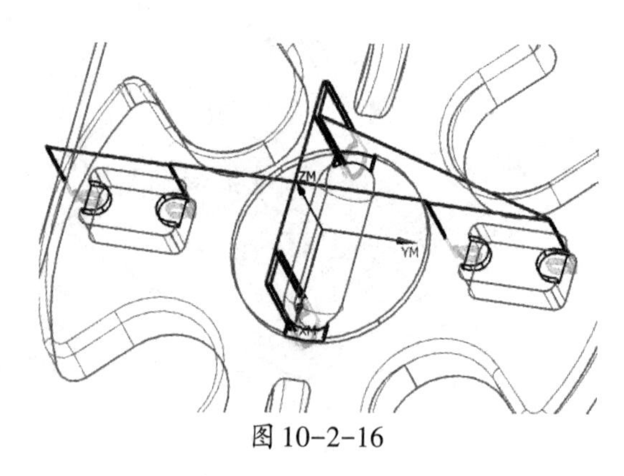

图 10-2-16

(19)把刀具改为“$\Phi 2$”的平底刀，把每刀的“公共深度”设为0.2 mm，将“主轴速度”设为5000 r/min，“进给率”设为100 mm/min。

(20)点击“生成”按钮生成刀路，生成的刀路如图10-2-16所示，点击“确定”按钮完成该步工序的创建。到这里整个型芯的加工程序编制完毕，接下来编制型腔的加工程序。

9. 创建型腔加工坐标系

(1)设置型腔所在的图层为“工作图层”，隐藏“1”图层。

(2)点击“创建几何体”按钮，创建加工坐标系，命名为“MCS1”，将加工坐标系建立在型腔上表面中心处。

10. 创建型腔工件和毛坯

点击“创建几何体”按钮，创建型腔为加工部件，命名为“WORKPIECE1”；创建毛坯，毛坯的创建类型选择为“包容块”。

11. 钻型腔上浇口套中心孔

（1）复制“GX1”工序，将复制的“GX1”工序改为“GB1”，双击“GB1”，弹出“定心钻”对话框，将几何体改为“WORKPIECE1”。在接下来的所有工序中几何体都是“WORKPIECE1”，不再做特殊说明。

（2）将孔重新指定为型腔上的浇口孔，孔的顶面指定为型腔的上表面。

（3）点击“生成”按钮生成“刀路”，点击“确定”按钮完成该步工序的创建。

12. 铰型腔上浇口套孔

（1）复制“GX2”工序，将复制的“GX2”工序改为“GB2”，双击“GB2”，弹出“啄钻”对话框。把刀具换成“Φ9.8”的钻头。将孔重新指定为型腔上的浇口孔；孔的顶面指定为型腔的上表面；孔的底面指定为型腔的下表面。

（2）点击“生成”按钮生成刀路，点击“确定”按钮完成该步工序的创建。

（3）复制“GB2”工序，将复制的“GB2”工序改为“GB3”，把刀具换成“Φ10”的铰刀改为标准钻重新生成即可。

13. 型腔粗加工

（1）复制“GX4”工序，将复制的“GX4”工序改为“GB4”，双击“GB4”，弹出“型腔铣”对话框。点击“指定切削区域”按钮，将切削区域重新指定为型腔上所要加工的区域，点击“确定”按钮完成切削区域的选择。

（2）点击“切削参数”按钮，把“切削顺序”改为“深度优先”，点击“确定”按钮。

（3）点击“非切削移动”按钮，弹出“非切削移动”对话框，点击“进刀”按钮，参数设置如图10-2-17所示，其他参数不变，点击“确定”按钮。

（4）点击“生成”按钮生成刀路，点击“确定”按钮完成该步工序的创建。

图10-2-17

14. 型腔二次开粗

复制“GX5”工序，将复制的“GX5”工序改为“GB5”，点击“指定切削区域”按钮，将切削区域重新指定为型腔上所要加工的区域，点击“生成”按钮生成刀路，生成的刀路如图10-2-18所示。

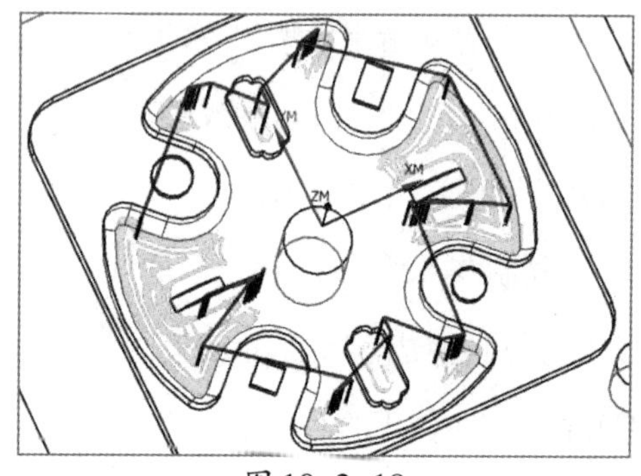

图10-2-18

15. 型腔精加工

（1）复制“GX9”工序，将复制的“GX9”工序改为“GB6”，点击“指定切削区域”按钮，将切削区域重新指定为型腔上第一个台阶面以及以上的所有竖直面，点击“生成”按钮生成刀路，生成的刀路如图10-2-19所示。

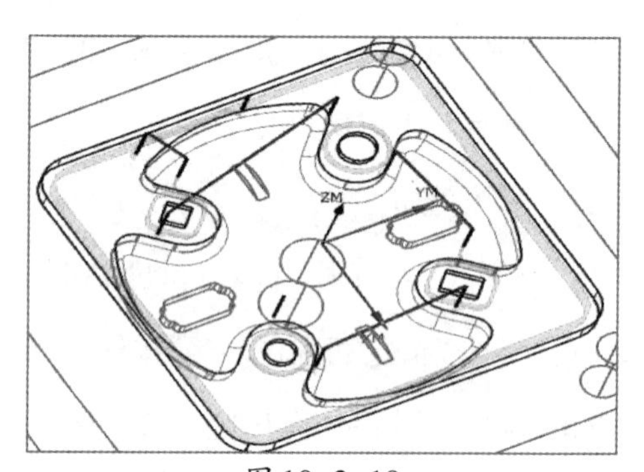

图10-2-19

（2）复制“GX8”工序，将复制的“GX8”工序改为“GB7”，点击“指定切削区域”按钮，删除之前选择了的面，重新选择虎口上的斜面，点击“确定”完成切削区域的选择。

（3）把刀具换成“$\Phi4$”的平底铣刀，每刀的“公共深度”改为0.02 mm。点击“生成”按钮生成刀路，生成的刀路如图10-2-20所示，点击“确定”按钮完成该步工序的创建。

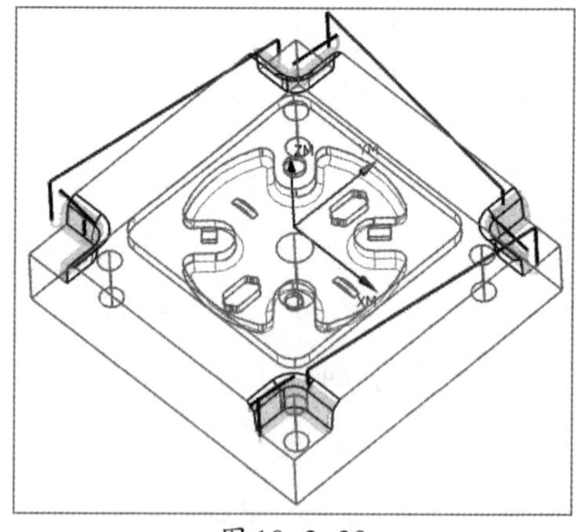

图10-2-20

（4）复制“GX10”工序，将复制的“GX10”工序改为“GB8”，点击“指定切削区域”按钮，将切削区域重新指定为型腔上第一个台阶面以及以上需要加工的平面和虎口底面，点击“确定”

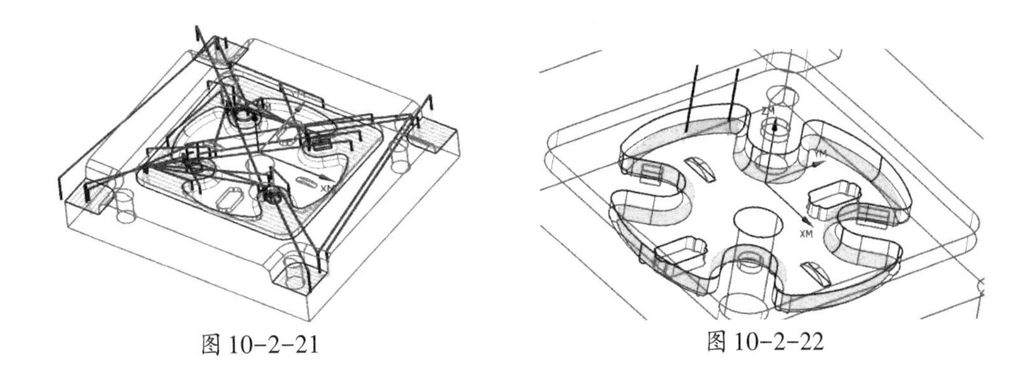

图 10-2-21　　　　图 10-2-22

完成切削区域的选择。点击“生成”按钮生成刀路，生成的刀路如图 10-2-21 所示，点击“确定”按钮完成该步工序的创建。

（5）复制“GB6”工序，将复制的“GB6”工序改为“GB9”，点击“指定切削区域”按钮，删除之前选择了的面，重新选择型腔上倒圆角面以及与倒圆角面相切的竖直面和平面，点击“确定”完成切削区域的选择。把刀具换成“Φ4”的球刀，“底面余量”改为0。点击“生成”按钮生成刀路，生成的刀路如图 10-2-22 所示，点击“确定”按钮完成该步工序的创建。

（6）复制“GB6”工序，将复制的“GB6”工序改为“GB10”，点击“指定切削区域”按钮，删除之前选择了的面，重新选择型腔上两个凹坑上的竖直面和底面，点击“确定”完成切削区域的选择；把刀具换成“Φ2”的平底铣刀；把“主轴速度”改为 5000 r/min，“进给率”设为 100 mm/min；点击“生成”按钮生成刀路，生成的刀路如图 10-2-23 所示，点击“确定”按钮完成该步工序的创建。

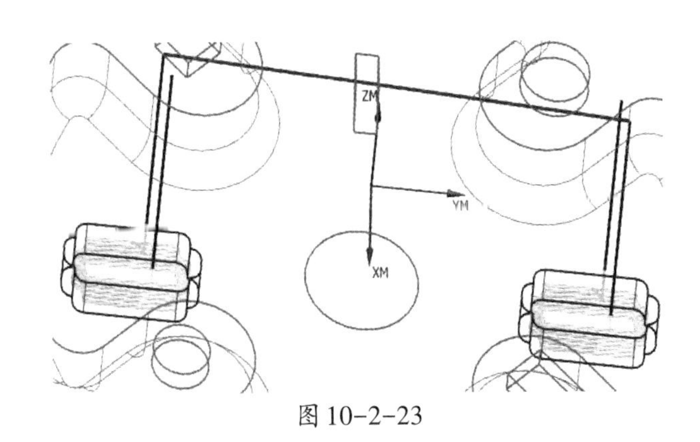

图 10-2-23

图 10-2-24

(7) 复制“GB8”工序，将复制的“GB8”工序改为“GB11”，点击“指定切削区域”按钮，删除之前选择了的面，重新选择型腔上两个凸块上的弧面，点击“确定”完成切削区域的选择。把刀具换成“Φ2”的平底铣刀。

(8)点击“编辑”按钮，弹出“区域铣削驱动方法”对话框，参数设置如图10-2-24所示，点击“确定”按钮。

(9)把“主轴速度”改为5000 r/min，“进给率”设为100 mm/min。点击“生成”按钮生成刀路，生成的刀路如图10-2-25所示，点击“确定”按钮完成该步工序的创建。

(10)复制“GB8”工序，将复制的“GB8”工序改为“GB12”，点击“指定切削区域”按钮，删除之前选择了的面，重新选择型腔上两个凹坑上的底面和顶面，点击“确定”完成切削区域的选择。把刀具换成“Φ2”的平底铣刀。点击“生成”按钮生成刀路，生成的刀路如图10-2-26所示，点击“确定”按钮完成该步工序的创建。到此型芯、型腔的全部工序已完成，保存文件。

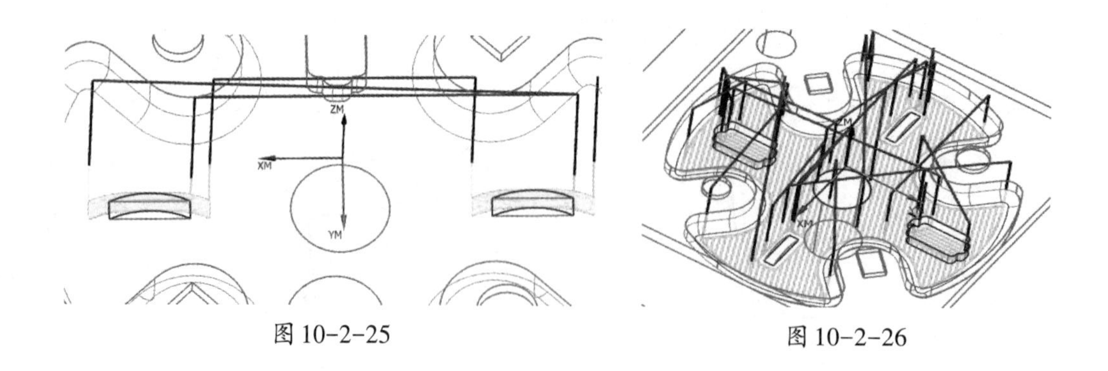

图 10-2-25　　图 10-2-26

任务评价

型芯、型腔的模具编程，见表10-2-1。

表10-2-1

评价内容	评价标准	分值	学生自评	教师评估
加工坐标系的创建	正确创建加工坐标系	5分		
工件及毛坯的创建	正确创建工件及毛坯	5分		
刀具的创建	正确创建刀具	5分		
粗加工工序的创建	正确创建粗加工工序	15分		
二次开粗工序的创建	正确创建二次开粗工序	20分		
精加工工序的创建	正确创建精加工工序	25分		
钻削加工工序的创建	正确创建钻削加工工序	15分		
情感评价	认真、严谨	10分		
学习体会				

参考文献

REFERENCE

[1] 奉远财．中望3D三维设计实例教程[M]. 北京：电子工业出版社，2014.

[2] 王树勋．UGNX7.5注塑模具设计[M]. 北京：电子工业出版社，2012.

[3] 李东明．UGCAD三维建模项目教程[M]. 重庆：重庆大学出版社，2013.

[4] 赵勇．模具CAD/CAM（UG NX4.0综合应用）（上下册）[M]. 武汉：华中科技大学出版社，2008.

[5] 赵勇．AutoCAD机械项目教程[M]. 重庆：西南师范大学出版社，2011.